"十三五"职业教育国家规划教材

高等职业教育"新资源、新智造"系列精品教材

三菱 FX3U PLC 应用实例教程

许连阁　石敬波　马宏骞　编著

电子工业出版社

Publishing House of Electronics Industry

北京·BEIJING

内 容 简 介

本书共有 14 个编程项目，包括组合逻辑电路控制程序设计、长动控制程序设计、电动机控制程序设计、定时器应用程序设计、计数器应用程序设计、暂停控制程序设计、顺序控制程序设计、SFC 程序设计、时钟控制程序设计、运算控制程序设计、数码显示程序设计、电梯程序设计、程序流程控制程序设计和 PLC 控制变频器程序设计。

本书突出编程实践，用实例来展示编程方法和技巧，程序范例具有典型性、示范性和普适性，同时还融入了多媒体教学。本书既适合高职学生选用，也可供相关专业工程技术人员参考。

未经许可，不得以任何方式复制或抄袭本书之部分或全部内容。
版权所有，侵权必究。

图书在版编目（CIP）数据

三菱 FX3u PLC 应用实例教程 / 许连阁，石敬波，马宏骞编著. —北京：电子工业出版社，2018.6
ISBN 978-7-121-34391-9

Ⅰ.①三… Ⅱ.①许… ②石… ③马… Ⅲ.①PLC 技术－高等学校－教材 Ⅳ.①TM571.61

中国版本图书馆 CIP 数据核字（2018）第 122904 号

策划编辑：王昭松
责任编辑：王凌燕
印　　刷：涿州市京南印刷厂
装　　订：涿州市京南印刷厂
出版发行：电子工业出版社
　　　　　北京市海淀区万寿路 173 信箱　邮编 100036
开　　本：787×1092　1/16　印张：16.25　字数：416 千字
版　　次：2018 年 6 月第 1 版
印　　次：2022 年 11 月第 10 次印刷
定　　价：49.80 元

凡所购买电子工业出版社图书有缺损问题，请向购买书店调换。若书店售缺，请与本社发行部联系，联系及邮购电话：(010) 88254888，88258888。
质量投诉请发邮件至 zlts@phei.com.cn，盗版侵权举报请发邮件至 dbqq@phei.com.cn。
本书咨询联系方式：(010) 88254015　wangzs@phei.com.cn　QQ：83169290。

前　　言

一、缘起

PLC 作为工业自动化核心设备，其应用极为广泛，可以说只要有工厂，有控制要求，就会有 PLC 的应用，而 PLC 的应用关键就在于编程，有不少读者学完 PLC 以后，在真正进行编程的时候往往显得束手无策，不知如何下手，究其原因是什么呢？那就是缺少一定数量的练习。如果只靠自己冥思苦想，结果往往收效甚微，而学习和借鉴别人的编程方法无疑是一条学习的捷径。作者编写这本书的目的就是在读者已经掌握 PLC 基础知识的前提条件下，为读者提供一个快速掌握 PLC 编程方法的学习捷径。

二、结构

本书共有 14 个编程项目，包括组合逻辑电路控制程序设计、长动控制程序设计、电动机控制程序设计、定时器应用程序设计、计数器应用程序设计、暂停控制程序设计、顺序控制程序设计、SFC 程序设计、时钟控制程序设计、运算控制程序设计、数码显示程序设计、电梯程序设计、程序流程控制程序设计和 PLC 控制变频器程序设计。针对不同的编程内容，每个编程项目又包含若干编程实例，本书共提供了 66 个编程实例。

编程实例由"设计要求"、"输入/输出元件及其控制功能"和"控制程序设计"三部分组成。
- "设计要求"对本实例要解决的实际任务进行描述。
- "输入/输出元件及其控制功能"对本实例所涉及的硬件接口进行规划。
- "控制程序设计"对本实例所设计的程序进行解读。

三、特色

（1）本书的编写，既是编者多年来从事教学研究和科研开发实践经验的概括和总结，又博采了目前各教材和著作的精华。书中所有程序样例都经过作者反复推敲、实践，并经多次修改而成，力求做到范例典型、启发深刻和适用广泛。

（2）编程方法和技巧是本书的核心内容，用实例来展示编程方法和技巧是本书的特点。正文中的【思路点拨】、【经验总结】、【错误反思】及【注意事项】大多针对编程实际遇到的问题，具有很高的实用性，对提高读者的编程能力帮助很大。

（3）本书不仅巩固了基本指令的应用，更加强了功能指令的应用，以提高读者的程序设计能力，有些实例还给出了多种不同的编程方法，以帮助读者比较不同指令的编程特点。

（4）本书创新了编写形式，大量融入了动画、视频和微课等多媒体教学内容，不仅使学习变得生动有趣，还方便了读者自主学习。

四、使用

本书可满足自动化大类，尤其是电气自动化专业可编程技术课程的教学需要，也可供工控从业人员自学。

为了适应不同院校课程教学目标及课时要求，各校可根据实际情况选取部分项目灵活安排教学。

五、致谢

本书由辽宁机电职业技术学院老师编写，其中，迟颖编写了项目 1 和项目 2，石敬波编写了项目8、项目9和项目13，马宏骞编写了项目3、项目5和项目6，许连阁编写了项目4、项目7和项目12，谢海洋编写了项目10和项目11，丁紫佩编写了项目14和附录。

任何一本新书的出版都是在认真总结和引用前人知识和智慧的基础上创新发展起来的，本书的编写无疑也参考和引用了许多前人优秀教材与研究成果的精华。在此向本书所参考和引用的资料、教材和专著的编著者表示最诚挚的敬意和感谢！

由于作者水平所限，书中不妥之处在所难免，敬请兄弟院校的师生给予批评和指正。请您把对本书的建议告诉我们，以便修订时改进。所有意见和建议请寄往：E-mail:zkx2533420@163.com。

编著者

目　录

项目1　组合逻辑电路控制程序设计 ……………………………………………………… (1)
　　实例1-1　用3个开关控制一个照明灯 ………………………………………………… (1)
　　实例1-2　用信号灯指示3台电动机的运行状况 ……………………………………… (4)

项目2　长动控制程序设计 ………………………………………………………………… (7)
　　实例2-1　双按钮控制电动机启停程序设计 …………………………………………… (7)
　　实例2-2　单按钮控制电动机启停程序设计 …………………………………………… (12)
　　实例2-3　单按钮控制圆盘转动程序设计 ……………………………………………… (16)

项目3　电动机控制程序设计 ……………………………………………………………… (18)
　　实例3-1　电动机"正-停-反"运行控制程序设计 …………………………………… (18)
　　实例3-2　电动机"正-反-停"运行控制程序设计 …………………………………… (24)
　　实例3-3　小车自动往复运行控制程序设计 …………………………………………… (28)
　　实例3-4　电动机运行预警控制程序设计 ……………………………………………… (30)
　　实例3-5　单按钮控制3台电动机顺启顺停程序设计 ………………………………… (32)
　　实例3-6　单按钮控制3台电动机顺启逆停程序设计 ………………………………… (35)
　　实例3-7　6个按钮控制3台电动机顺启逆停控制程序设计 ………………………… (38)
　　实例3-8　车库门控制程序设计 ………………………………………………………… (41)

项目4　定时器应用程序设计 ……………………………………………………………… (44)
　　实例4-1　定时器控制彩灯闪烁程序设计 ……………………………………………… (44)
　　实例4-2　定时器控制电动机正/反转程序设计 ……………………………………… (47)
　　实例4-3　定时器控制电动机星/角减压启动程序设计 ……………………………… (51)
　　实例4-4　用一个按钮定时预警控制电动机运行程序设计 …………………………… (52)
　　实例4-5　定时器控制小车定时往复运行程序设计 …………………………………… (53)
　　实例4-6　定时器控制流水灯程序设计 ………………………………………………… (55)
　　实例4-7　定时器控制交通信号灯运行程序设计 ……………………………………… (60)

项目5　计数器应用程序设计 ……………………………………………………………… (69)
　　实例5-1　24h时钟程序设计 …………………………………………………………… (69)
　　实例5-2　计数器控制圆盘转动程序设计 ……………………………………………… (72)
　　实例5-3　计数器控制彩灯闪烁程序设计 ……………………………………………… (73)
　　实例5-4　计数器控制电动机星/角减压启动程序设计 ……………………………… (74)
　　实例5-5　计数器控制小车运货程序设计 ……………………………………………… (76)
　　实例5-6　计数器控制流水灯程序设计 ………………………………………………… (79)
　　实例5-7　计数器控制交通信号灯运行程序设计 ……………………………………… (82)

项目6　暂停控制程序设计 ………………………………………………………………… (93)
　　实例6-1　用继电器实现暂停控制程序设计 …………………………………………… (93)
　　实例6-2　用计数器实现暂停控制程序设计 …………………………………………… (95)
　　实例6-3　用传送指令实现暂停控制程序设计 ………………………………………… (97)

实例 6-4　用跳转指令实现暂停控制程序设计 …………………………………………（98）
项目 7　顺序控制程序设计 ……………………………………………………………………（100）
　　实例 7-1　天塔之光控制程序设计 ………………………………………………………（100）
　　实例 7-2　电动机星/角减压启动控制程序设计 …………………………………………（104）
　　实例 7-3　小车定时往复运行控制程序设计 ……………………………………………（107）
　　实例 7-4　两台电动机限时启动、限时停止控制程序设计 ……………………………（110）
　　实例 7-5　洗衣机控制程序设计 …………………………………………………………（111）
项目 8　SFC 程序设计 …………………………………………………………………………（114）
　　实例 8-1　3 条传送带顺序控制程序设计 ………………………………………………（114）
　　实例 8-2　8 个彩灯单点左右循环控制程序设计 ………………………………………（117）
　　实例 8-3　交通信号灯控制程序设计 ……………………………………………………（125）
　　实例 8-4　混料罐液体搅拌控制程序设计 ………………………………………………（129）
　　实例 8-5　机械手搬运控制程序设计 ……………………………………………………（133）
　　实例 8-6　大小球分拣控制程序设计 ……………………………………………………（139）
项目 9　时钟控制程序设计 ……………………………………………………………………（144）
　　实例 9-1　PLC 时钟设置程序设计 ………………………………………………………（144）
　　实例 9-2　整点报时程序设计 ……………………………………………………………（145）
　　实例 9-3　电动机工作时段限制程序设计 ………………………………………………（147）
　　实例 9-4　打铃控制程序设计 ……………………………………………………………（149）
　　实例 9-5　时间预设控制程序设计 ………………………………………………………（151）
项目 10　运算控制程序设计 …………………………………………………………………（154）
　　实例 10-1　定时器控制电动机运行时间程序设计 ……………………………………（154）
　　实例 10-2　转速测量程序设计 …………………………………………………………（155）
　　实例 10-3　自动售货机控制程序设计 …………………………………………………（157）
项目 11　数码显示程序设计 …………………………………………………………………（161）
　　实例 11-1　数字循环显示程序设计 ……………………………………………………（161）
　　实例 11-2　电梯指层显示程序设计 ……………………………………………………（162）
　　实例 11-3　拔河比赛程序设计 …………………………………………………………（166）
　　实例 11-4　抢答器程序设计 ……………………………………………………………（168）
　　实例 11-5　篮球比赛记分牌程序设计 …………………………………………………（172）
项目 12　电梯程序设计 ………………………………………………………………………（175）
　　实例 12-1　杂物梯程序设计 ……………………………………………………………（175）
　　实例 12-2　客梯程序设计 ………………………………………………………………（181）
项目 13　程序流程控制程序设计 ……………………………………………………………（197）
　　实例 13-1　电动机运行时间累计程序设计 ……………………………………………（197）
　　实例 13-2　电动机正反转运行程序设计 ………………………………………………（200）
　　实例 13-3　电动机星角启动和正反转控制程序设计 …………………………………（202）
　　实例 13-4　急停控制程序设计 …………………………………………………………（204）
　　实例 13-5　小车 5 位自动循环往返控制程序设计 ……………………………………（205）
　　实例 13-6　寻找最大数程序设计 ………………………………………………………（210）

项目14 PLC控制变频器程序设计 ……………………………………………………（213）
　　实例14-1 PLC开关量方式控制变频器运行程序设计 …………………………（213）
　　实例14-2 PLC模拟量方式控制变频器运行程序设计 …………………………（216）
　　实例14-3 PLC通信方式控制变频器运行程序设计 ……………………………（219）
附录A FX系列PLC常用指令详解 ……………………………………………………（225）
参考文献 …………………………………………………………………………………（251）

项目 1

组合逻辑电路控制程序设计

由于组合逻辑电路的控制结果只与输入变量的状态有关,所以对于简单组合逻辑电路可通过真值表直接编写程序;对于复杂组合逻辑电路可以依据真值表先写出逻辑表达式并进行化简,然后再由最简表达式编写控制程序。

❯ 实例 1-1 用 3 个开关控制一个照明灯

用 3 个开关控制一个照明灯

> **设计要求:** 用 3 个开关控制一个照明灯,任何一个开关都可以控制照明灯的点亮与熄灭。

1. 输入/输出元件及其控制功能

实例 1-1 中用到的输入/输出元件及其控制功能如表 1-1-1 所示。

表 1-1-1 实例 1-1 输入/输出元件及其控制功能

说 明	PLC 软元件	元件文字符号	元件名称	控制功能
输入	X0	S1	开关	控制照明灯
	X1	S2	开关	控制照明灯
	X2	S3	开关	控制照明灯
输出	Y0	EL	照明灯	照明

2. 控制程序设计

依据题意可知,当有一个开关处于闭合状态,照明灯点亮;当有两个开关处于闭合状态,照明灯熄灭。推而广之,当有奇数个开关处于闭合状态,照明灯点亮;当有偶数个开关处于闭合状态,照明灯熄火。根据控制要求列出真值表,如表 1-1-2 所示。

从表 1-1-2 中可以看出,Y0 有 4 组高电平逻辑,所以在梯形图中就应有 4 个逻辑行,并且这 4 行用逻辑"或"进行合并,程序如图 1-1-1 所示。

表 1-1-2　实例 1-1 的真值表

X0	X1	X2	Y0
0	0	0	0
0	0	1	1
0	1	0	1
0	1	1	0
1	0	0	1
1	0	1	0
1	1	0	0
1	1	1	1

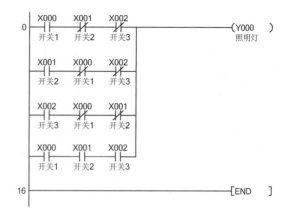

图 1-1-1　用真值表法编写的梯形图

知识准备

学习 PLC，必须学习 PLC 的编程。而学习编程，首先要详细了解 PLC 内各种软元件的属性及其应用，其次学习系统的指令，最后再针对控制要求进行编程。

在继电器控制电路中，控制系统是由各种实体器件组成的，如按钮、开关、继电器、计数器及各种电磁线圈等，人们把这些器件称为元件。而在 PLC 控制系统中，控制系统是由 PLC 内部各种电路构成的，人们把这些内部电路称为软元件。下面介绍几种较为常用的软元件。

（1）输入继电器 X。输入继电器 X 是 PLC 与外部用户输出设备连接的接口单元，用以接收用户输出设备发来的指令信号，其编址采用八进制方式进行地址编号，每 8 个 X 为一组，如 X001～X007、X010～X017、X020～X027 等，具体编址与所用基本单元和扩展单元（模块）相关。其使用要点包括：

① 输入继电器的触点只能用于内部编程，不能驱动外部负载。
② PLC 的程序不能改变外部输入继电器的状态。
③ 输入继电器在编程时使用的次数没有限制。

（2）输出继电器 Y。输出继电器 Y 是 PLC 与外部用户输入设备连接的接口单元，用以将输出信号传给负载，其编址方式与输入继电器相同。其使用要点包括：

① 空余的输出继电器可按与内部继电器相同的方法使用。
② 当作为触点使用时，输出继电器编程的次数没有限制。
③ 当作为保持输出时，输出继电器不允许重复使用同一继电器。

（3）辅助继电器 M。辅助继电器 M 相当于继电器控制系统中的中间继电器，它仅用于 PLC 内部，不提供外部输出。辅助继电器编址采用十进制方式，一般分为通用型、断电保持型和特殊型三种类型。

① 通用型辅助继电器。通用型辅助继电器和输出继电器一样，当电源接通后，它处于 ON 状态；一旦掉电后再次上电，除非因程序使其变为 ON 状态，否则该继电器仍继续处于 OFF 状态。通用型辅助继电器地址范围与所用基本单元有关，如三菱 FX3U 机型 PLC 通用型辅助继电器的地址范围为 M0～M499。

② 断电保持型辅助继电器。当 PLC 再次上电后，断电保持型辅助继电器能保持断电前的状态，其他特性与通用型辅助继电器完全一样。断电保持型辅助继电器地址范围与所用基本单元有关，如三菱 FX$_{3U}$ 机型 PLC 断电保持型辅助继电器的地址范围为 M500～M3071。

③ 特殊型辅助继电器。特殊型辅助继电器是具有某项特定功能的辅助继电器，它分为触点型和线圈型。触点型特殊辅助继电器反映 PLC 的工作状态或 PLC 为用户提供某项特定功能，用户只能利用其触点，线圈则由 PLC 自动驱动。线圈型特殊辅助继电器是可控制的特殊辅助继电器，当线圈得电后，驱动这些继电器，PLC 可做出一些特定的动作。

三菱 FX 系列 PLC 特殊型辅助继电器的地址范围为 M8000～M8255，本书使用的特殊型辅助继电器如表 1-1-3 所示。

表 1-1-3　常用特殊型辅助继电器功能表

编　号	名　称	功　能　说　明
M8000	RUN 监控 a 接点	RUN 时为 ON
M8001	RUN 监控 b 接点	RUN 时为 OFF
M8002	初始脉冲 a 接点	RUN 后一个扫描周期为 ON
M8003	初始脉冲 b 接点	RUN 后一个扫描周期为 OFF
M8011	10ms 时钟	10ms 周期振荡
M8012	100ms 时钟	100ms 周期振荡
M8013	1s 时钟	1s 周期振荡
M8014	1min 时钟	1min 周期振荡
M8011	10ms 时钟	10ms 周期振荡
M8034	禁止输出	当 M8034 为 ON 时，PLC 禁止外部输出

（4）数据寄存器。PLC 之所以能处理数据量，是因为其内部有许多由开关量组成的存储单元整体。在三菱 FX 系列 PLC 中，这个存储整体就是数据寄存器 D，其结构为一个 16 位寄存器，即参与各种数值处理的是一个 16 位整体的数据。这个 16 位的数据量通常称为"字"，也称为字元件。

（5）组合位元件。由连续编址位元件所组成的一组位元件称为组合位元件。三菱 FX 系列对组合位元件进行了一系列规定：

① 组合位元件的编程符号是 Kn+组件起始地址。其中，n 表示组数，起始地址为组件最低编址。按照规定，三菱 FX 系列组合位元件的类型有 KnX、KnY、KnM、KnS 4 种，这 4 种组合位元件均按照字元件进行处理。

② 组合位元件的位组规定：一组有 4 位位元件，表示 4 位二进制数。多于一组以 4 的倍数增加，组合位元件的编址必须是连续的。

组合位元件的起始地址没有特别的限制，一般可自由指定，但对于位元件 X、Y 来说，它们的编址是八进制的，因此，起始地址最好设定为尾数为 0 的编址。同时还应注意，由于 X、Y 的数量是有限的，设定的组数不要超过实际应用范围。

（6）常数 K/H。常数也可作为元件处理，它在存储器中占有一定的空间，主要用于向 PLC 输入数据。PLC 最常用两种常数：一种是以 K 表示的十进制数，另一种是以 H 表示的十六进制数。

实例 1-2　用信号灯指示 3 台电动机的运行状况

3 台电动机运行状况指示

设计要求：用红、黄、绿 3 个信号灯显示 3 台电动机的运行情况，要求：
（1）当无电动机运行时，红灯亮。
（2）当只有一台电动机运行时，黄灯亮。
（3）当有两台及以上电动机运行时，绿灯亮。

1．输入/输出元件及其控制功能

实例 1-2 中用到的输入/输出元件及其控制功能如表 1-2-1 所示。

表 1-2-1　实例 1-2 输入/输出元件及其控制功能

说　明	PLC 软元件	元件文字符号	元件名称	控　制　功　能
输出	Y0	KM1	接触器	控制第 1 台电动机
	Y1	KM 2	接触器	控制第 2 台电动机
	Y2	KM 3	接触器	控制第 3 台电动机
	Y3	HL1	红色信号灯	无电动机运行信号指示
	Y4	HL2	黄色信号灯	一台电动机运行信号指示
	Y5	HL3	绿色信号灯	两台以上电动机运行信号指示

2．用真值表法进行程序设计

根据控制要求列出真值表，如表 1-2-2 所示。

表 1-2-2　实例 1-2 的真值表

Y0	Y1	Y2	Y3	Y4	Y5
0	0	0	1		
0	0	1		1	
0	1	0		1	
1	0	0		1	
0	1	1			1
1	0	1			1
1	1	0			1
1	1	1			1

从表 1-2-2 中可以看出，Y3 有 1 组高电平逻辑，所以在梯形图中应有 1 个逻辑行；Y4 有 3 组高电平逻辑，所以在梯形图中应有 3 个逻辑行，并且这 3 行用逻辑"或"进行合并；Y5 有 4 组高电平逻辑，所以在梯形图中应有 4 个逻辑行，并且这 4 行用逻辑"或"进行合并；程序如图 1-2-1 所示。

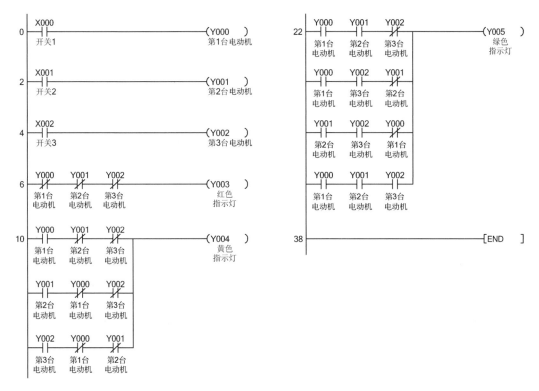

图 1-2-1 实例 1-2 梯形图

知识准备

在 PLC 程序中,梯形图作为一种编程语言,其语法规则是有严格要求的,梯形图绘制的基本原则如下。

规则 1:如图 1-2-2 所示,梯形图每一行都是从左侧母线开始,线圈接在右侧母线上(右侧母线也可省略)。每一行的前部是触点群组成的"工作条件",最右边是线圈表达的"工作结果"。一行绘完,依次自上而下再绘下一行。

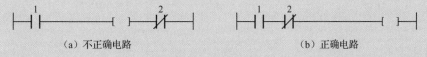

图 1-2-2 规则 1 说明

规则 2:如图 1-2-3 所示,线圈不能直接与左侧母线相连。如果需要,可以通过一个没有使用的辅助继电器的常闭触点或者特殊辅助继电器的常开触点来连接。

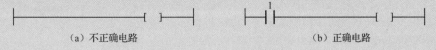

图 1-2-3 规则 2 说明

规则 3:同一编号的线圈在一个程序中使用两次称为双线圈输出。有的 PLC 将双线圈输出视为语法错误。三菱 FX 系列 PLC 则将前面的输出视为无效，视最后一次输出为有效。

规则 4：触点应画在水平线上，不能画在垂直分支线上。图 1-2-4（a）中触点 3 被画在垂直线上，很难正确识别它与其他触点的关系。因此，应根据自左至右、自上而下的原则画成如图 1-2-4（b）所示的形式。

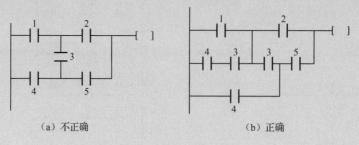

图 1-2-4　规则 4 说明

规则 5：不包含触点的分支应放在垂直方向，不可以放在水平位置，以便于识别触点的组合和对输出线圈的控制路径，如图 1-2-5 所示。

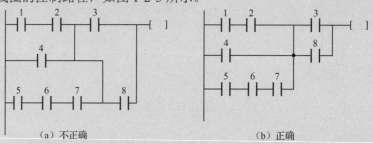

图 1-2-5　规则 5 说明

规则 6：在有几个串联回路相并联时，应将触点最多的那个串联回路放在梯形图的最上面。在有几个并联回路相串联时，应将触点最多的那个并联回路放在梯形图的最左边。这样才能使编制的程序简洁明了，语句减少，程序执行速度快，如图 1-2-6 所示。

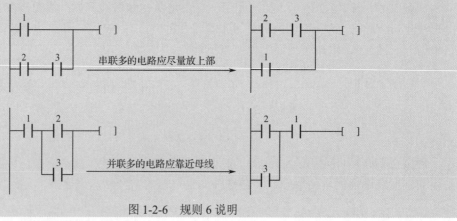

图 1-2-6　规则 6 说明

项目 2 长动控制程序设计

在实际生产中，经常需要电动机能够长时间连续运行，即长动控制，如车床主轴的旋转运动、传送带的物料运送、搅拌机的物料混合等。启保停电路作为长动控制的主要方法，其应用非常广泛，是其他控制电路的衍生基础。

✈ 实例 2-1 双按钮控制电动机启停程序设计

双按钮启停控制

> **设计要求**：按下启动按钮，电动机连续运行；按下停止按钮，电动机停止运行。

1. 输入/输出元件及其控制功能

实例 2-1 中用到的输入/输出元件及其控制功能如表 2-1-1 所示。

表 2-1-1 实例 2-1 输入/输出元件及其控制功能

说　明	PLC 软元件	元件文字符号	元件名称	控制功能
输入	X0	SB1	按钮	启动控制
	X1	SB2	按钮	停止控制
输出	Y0	KM1	接触器	接通或分断主电路

2. 控制程序设计

> **【思路点拨】**
> 凡是具有保持功能的指令或逻辑电路都可以用来编写启保停控制程序，编写的方法多种多样，可以是逻辑电路，也可以是位操作、赋值、运算和移位等。常用的指令有"与、或、非"指令、SET/RST 指令、ALT 指令、计数器 C 指令、INC/DEC 指令、MOV 指令、触点比较指令及 SFTL/SFTR 指令等。

（1）用逻辑电路设计。用具有保持功能的逻辑电路实现长动控制，程序如图 2-1-1 所示。

用逻辑电路设计

程序说明：按下启动按钮 SB1，X0 常开触点闭合，Y0 线圈得电；由于 Y0 的常开触点闭合，所以 X0 的常开触点被短接。松开启动按钮 SB1，Y0 线圈可以通过自锁路径保持得电状态。按下停止按钮 SB2，Y0 线圈失电，自锁状态解除。

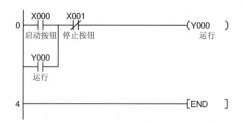

图 2-1-1 用逻辑电路设计的梯形图 1

【实践问题】

在实际工程中，对于停止的控制必须使用强制释放性质的硬触点元件。就触点特性而言，常闭触点的动作响应比常开触点要快，而且动作的可靠性也比常开触点要高，若发生触点熔焊，常闭触点还可以直接用人为作用力使其断开。如果控制电路采用常开触点，一旦发生人们不易察觉的故障（触点变形、严重氧化或导线虚接等）时，常开触点可能闭合不上，传动设备不能及时停止，就可能造成设备损坏或危及人身安全。因此，从安全的角度出发，停止按钮应使用常闭按钮。这样，在强制停止时，控制电路就能可靠、迅速地断电。所以对 PLC 控制的设备，其停止控制的硬件件应该使用常闭触点。必须明确，为了保证安全，对限位及过载等各种保护急停，也都应该使用常闭形式的触点作为禁令控制触点。

为了便于读者理解，本书实例中做停止用的触点一般为常开触点。在使用停止按钮时，如果外电路停止按钮选用的是常开触点，则梯形图中对应的触点一定使用常闭触点，如图 2-1-1 所示；如果外电路停止按钮选用的是常闭触点，则梯形图中对应的触点一定使用常开触点，如图 2-1-2 所示。

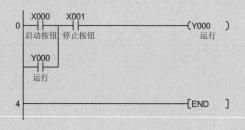

图 2-1-2 用逻辑电路设计的梯形图 2

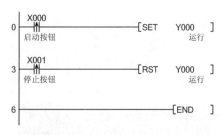

图 2-1-3 用 SET/RST 指令设计的梯形图

（2）用位操作方式设计。通过位操作方式，可以直接改变存储器位的逻辑状态，实现长动控制。

① 用 SET/RST 指令设计。用 SET/RST 指令编写的启保停控制程序如图 2-1-3 所示。

程序说明：按下启动按钮 SB1，PLC 执行[SET Y000]指令，Y0 位为 ON 状态，Y0 线圈得电。松开启动按钮 SB1，Y0 位保持 ON 状态，Y0 线圈继续得电。

按下停止按钮 SB2，PLC 执行[RST　Y000]指令，Y0 位为 OFF 状态，Y0 线圈失电。

【实践问题】

在图 2-1-3 所示程序中，如果采用普通的常开触点驱动 SET 指令，那么当启动按钮发生卡死机械故障而无法回弹时，Y0 线圈就会一直得电，即使按下停止按钮，也只能控制 Y0 线圈短暂地失电，一旦松开停止按钮，Y0 线圈还会再得电。那如何避免此类问题发生呢？解决的办法就是按钮的常开触点必须采用边沿脉冲触发形式，以启动按钮为例，该按钮的控制作用只在刚被按下的那一瞬时有效，在以后其他时间里即使始终按压启动按钮，该按钮已经失去了启动控制作用。

② 用 ALT 指令设计。用 ALT 指令编写的启保停控制程序如图 2-1-4 所示。

用交替取反指令设计

程序说明：初次按压启动按钮 SB1，PLC 执行[ALT　Y000]指令，Y0 位被取一次逻辑反，Y0 位为 ON 状态，Y0 线圈得电。在 Y0 线圈得电期间，如果再次按压启动按钮 SB1，由于 Y0 的常闭触点已经变为常开状态，所以 PLC 不能执行[ALT Y000]指令，Y0 位保持 ON 状态，Y0 线圈会继续保持得电状态。按压停止按钮 SB2，由于 Y0 的常开触点已经变为常闭状态，所以 PLC 执行[ALT　Y000]指令，Y0 位被再取一次逻辑反，Y0 位为 OFF 状态，Y0 线圈失电。

（3）用赋值方式设计。使用 MOV 指令，通过赋值方式，间接改变了存储器位的逻辑状态，实现长动控制，如图 2-1-5 所示。

用数据传送指令设计

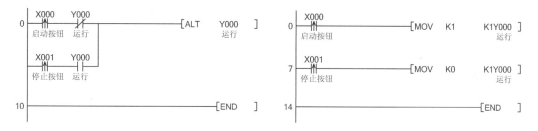

图 2-1-4　用 ALT 指令设计的梯形图　　　图 2-1-5　用 MOV 指令设计的梯形图

程序说明：当按压启动按钮 SB1 时，PLC 执行[MOV　K1　K1Y000]指令，将十进制立即数 K1 传送到组合位元件 K1Y000 当中，使（K1Y000）=1，即 Y0=1，Y0 线圈得电。当按压停止按钮 SB2 时，PLC 执行[MOV　K0　K1Y000]指令，将十进制立即数 K0 传送到组合位元件 K1Y000 当中，使（K1Y000）=0，即 Y0=0，Y0 线圈失电。

（4）用运算方式设计。使用 INC/DEC 指令，通过运算方式，间接改变了存储器位的逻辑状态，实现长动控制。

① 用 INC 指令设计。用 INC 指令编写的启保停控制程序如图 2-1-6 所示。

用加 1 指令设计

程序说明：按压启动按钮 SB1，PLC 执行 [INC　K1Y000]指令，使（K1Y000）=1，Y0 线圈得电。按压停止按钮 SB2，由于 Y0 的常开触点已经变为常闭状态，所以 PLC 执行[INC K1Y000]指令，使（K1Y000）=2，Y0 线圈失电。

② 用 INC/DEC 指令设计。用 INC/DEC 指令编写的启保停控制程序如图 2-1-7 所示。

程序说明：按压启动按钮 SB1，PLC 执行 [INC　K1Y000]指令，

用加 1 和减 1 指令设计

使（K1Y000）=1，Y0 线圈得电。按压停止按钮 SB2，由于 Y0 的常开触点已经变为常闭状态，所以 PLC 执行 [DEC　K1Y000]指令，使（K1Y000）=0，Y0 线圈失电。

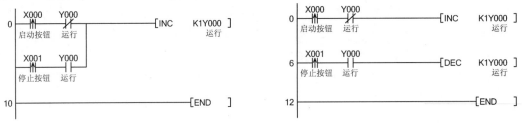

图 2-1-6　用 INC 指令设计的梯形图　　　　图 2-1-7　用 INC/DEC 指令设计的梯形图

（5）用间接驱动方式设计。使用具有自保持功能的元件驱动继电器，可以实现长动控制。

① 用计数器 C 设计。用计数器 C 指令编写的启保停控制程序如图 2-1-8 所示。

程序说明：按压启动按钮 SB1，PLC 执行[C0　K1]指令，计数器 C0 计数满 1 次，计数器 C0 的常开触点闭合，驱动 Y0 线圈得电。如果再次按压启动按钮 SB1，由于计数器 C0 没有复位，所以 C0 的常开触点会一直保持闭合状态，Y0 线圈继续得电。按压停止按钮 SB2，PLC 执行[RST　C0]指令，计数器 C0 复位，C0 常开触点恢复断开状态，Y0 线圈失电。

② 用比较指令设计。用比较指令编写的启保停控制程序如图 2-1-9 所示。

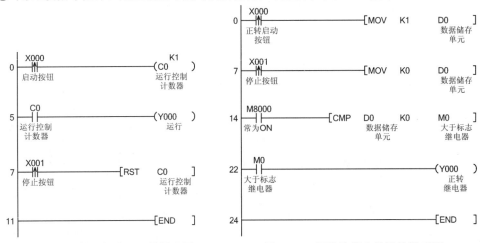

图 2-1-8　用计数器指令设计的梯形图　　　　图 2-1-9　用比较指令设计的梯形图

程序说明：按压启动按钮 SB1，PLC 执行[MOV　K1　D0]指令，将十进制立即数 K1 传送到 D0 数据存储单元当中，使（D0）=K1。按压停止按钮 SB2，PLC 执行[MOV　K0　D0]指令，将十进制立即数 K0 传送到 D0 数据存储单元当中，使（D0）=K0。在 M8000 的驱动下，PLC 执行[CMP　D0　K0　M0]指令，如果（D0）=K1，即（D0）>K0，则中间继电器 M0 得电，Y0 线圈得电；如果（D0）=K0，则中间继电器 M0 不得电，Y0 线圈也不得电。

③ 用区间比较指令设计。用区间比较指令编写的启保停控制程序如图 2-1-10 所示。

程序说明：按压启动按钮 SB1，PLC 执行[MOV　K2　D0]指令，将十进制立即数 K2 传送到 D0 数据存储单元当中，使（D0）=K2。按压停止按钮 SB2，PLC 执行[MOV　K0　D0]指令，将十进制立即数 K0 传送到 D0 数据存储单元当中，使（D0）=K0。在 M8000 的驱动下，PLC 执行[ZCP K-1 K1 D0 M0]指令时，如果（D0）=K2，即（D0）>K1，则中间继电器 M2 得电，Y0 线圈得电；如果（D0）=K0，即（D0）<K1，则中间继电器 M2 不得电，Y0 线圈也不得电。

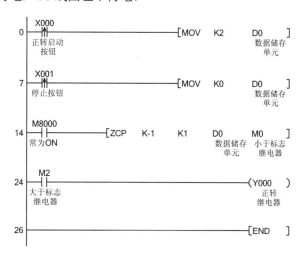

图 2-1-10 用区间比较指令设计的梯形图

④ 用触点比较指令设计。用触点比较指令编写的启保停控制程序如图 2-1-11 所示。

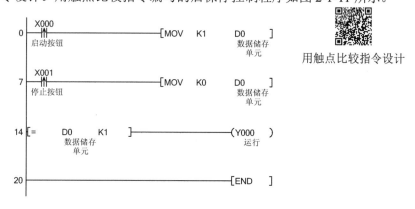

图 2-1-11 用触点比较指令设计的梯形图

程序说明：按压启动按钮 SB1，PLC 执行[MOV K1 D0]指令，将十进制立即数 K1 传送到 D0 数据存储单元当中，使（D0）=K1。按压停止按钮 SB2，PLC 执行[MOV K0 D0]指令，将十进制立即数 K0 传送到 D0 数据存储单元当中，使（D1）=K0。PLC 执行[= D0 K1]指令，判断 D0 的当前值是否等于 K1，如果等于 K1，则 Y0 线圈得电；如果不等于 K1，则 Y0 线圈不得电。

（6）用位移动方式设计。使用 SFTL/SFTR 指令，通过移动方式，间接改变存储器位的逻辑状态，实现长动控制，如图 2-1-12 所示。

程序说明：按压启动按钮 SB1，PLC 执行[SFTL M8000 Y000 K8 K1]指令，使逻辑"1"被左移进入 Y0 位，即 Y0=1，Y0 线圈得电。按压停止按钮 SB2，PLC 执行[SFTR M8000 Y000 K8 K1]指令，使逻辑"0"被右移进入 Y0 位，Y0 位原来的逻辑"1"已被右移溢出，即 Y0=0，Y0 线圈失电。

三菱 FX3U PLC 应用实例教程

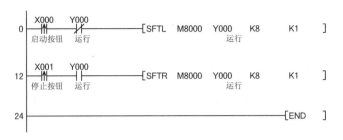

图 2-1-12 用 SFTL/SFTR 指令设计的梯形图

实例 2-2 单按钮控制电动机启停程序设计

单按钮启停控制

设计要求：用一个按钮控制一台电动机连续运行，当奇数次按下按钮时，电动机启动并连续运行；当偶数次按下按钮时，电动机停止运行。

1. 输入/输出元件及其控制功能

实例 2-2 中用到的输入/输出元件及其控制功能如表 2-2-1 所示。

表 2-2-1 实例 2-2 输入/输出元件及其控制功能

说 明	PLC 软元件	元件文字符号	元件名称	控 制 功 能
输入	X0	SB1	按钮	启动和停止控制
输出	Y0	KM1	接触器	接通或分断主电路

2. 控制程序设计

【思路点拨】

单按钮启停控制其实就是一键启/停控制，它可以减少 PLC 的输入点数，从而节省成本。一键启/停控制程序设计方法与启保停控制方法一样，也是使用逻辑电路或具有保持功能的指令进行编程。由于该控制要求只允许使用一个按钮，所以在编写该程序时需要正确处理按钮与输出之间的连锁关系。

（1）用辅助继电器设计。

■ 用中间继电器编写的一键启/停控制程序 1 如图 2-2-1 所示。

用中间继电器设计 1

程序说明：初次按压按钮 SB1，中间继电器 M0 瞬时得电，M0 的常开触点瞬时闭合，Y0 线圈得电，并处于自锁状态。再次按压按钮 SB1，M0 的常闭触点瞬时断开，Y0 线圈的自锁状态被解除，Y0 线圈失电。

■ 用中间继电器编写的一键启/停控制程序 2 如图 2-2-2 所示。

用中间继电器设计 2

程序说明：初次按压按钮 SB1，中间继电器 M0 瞬时得电，M0 的常开触点瞬时闭合，Y0 线圈得电并自锁。再次按压按钮 SB1，由于 Y0 的常开触点已经闭合，所以中间继电器 M1 瞬时得电，M1 的常闭触点瞬时断开，Y0 线圈失电。

项目2 长动控制程序设计

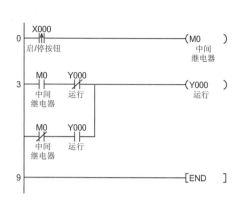

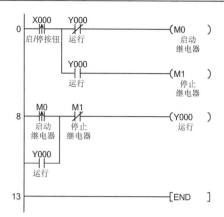

图 2-2-1 用中间继电器设计的梯形图 1　　图 2-2-2 用中间继电器设计的梯形图 2

■ 用中间继电器编写的一键启/停控制程序 3 如图 2-2-3 所示。

用中间继电器设计 3

程序说明：初次按压按钮 SB1，PLC 执行[SET　M0]指令，中间继电器 M0 线圈得电，M0 的常开触点闭合，Y0 线圈得电。再次按压按钮 SB1，PLC 执行[RST　M0]指令，中间继电器 M0 线圈失电，M0 的常开触点断开，Y0 线圈失电。

（2）用计数器 C 设计。

① 用 1 个计数器设计。

用 1 个计数器设计 1

■ 用 1 个计数器编写的一键启/停控制程序 1 如图 2-2-4 所示。

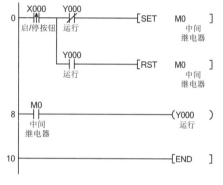

图 2-2-3 用中间继电器设计的梯形图 3

程序说明：初次按压按钮 SB1，计数器 C0 计满 1 次并动作。计数器 C0 的常开触点闭合，驱动 Y0 线圈得电。再次按压按钮 SB1，Y0 线圈失电，在 Y0 下降沿的驱动下，PLC 执行[RST　C0]指令，计数器 C0 复位。

用 1 个计数器设计 2

■ 用 1 个计数器编写的一键启/停控制程序 2 如图 2-2-5 所示。

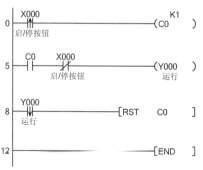

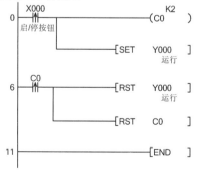

图 2-2-4 用 1 个计数器设计的梯形图 1　　图 2-2-5 用 1 个计数器设计的梯形图 2

程序说明：初次按压按钮 SB1，计数器 C0 计数 1 次，PLC 执行[SET　Y000]指令，使 Y0 线圈得电。再次按压按钮 SB1，计数器 C0 计数满 2 次，C0 的常开触点闭合，PLC 执行[RST　Y000]

指令，使 Y0 线圈失电；PLC 执行[RST C0]指令，使计数器 C0 复位。

■ 用 1 个计数器编写的一键启/停控制程序 3 如图 2-2-6 所示。

程序说明：初次按压按钮 SB1，计数器 C0 计数 1 次，PLC 执行[= C0 K1]指令，由于（C0）= K1，[= C0 K1]指令的比较条件得到满足，所以该触点接通，使 Y0 线圈得电。再次按压按钮 SB1，计数器 C0 计数 2 次，一方面由于（C0）≠K1，[= C0 K1]指令的比较条件没有得到满足，所以该触点断开，Y0 线圈失电；另一方面 PLC 执行[= C0 K2]指令，由于（C0）= K2，[= C0 K2]指令的比较条件得到满足，所以该触点接通，PLC 执行[RST C0]指令，使计数器 C0 复位。

用 1 个计数器设计 3

② 用 2 个计数器设计。用 2 个计数器编写的一键启/停控制程序如图 2-2-7 所示。

用 2 个计数器设计

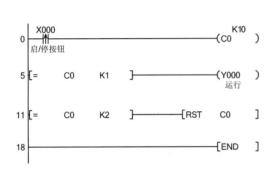

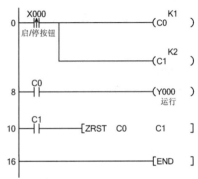

图 2-2-6 用 1 个计数器设计的梯形图 3　　　图 2-2-7 用 2 个计数器设计的梯形图

程序说明：初次按压按钮 SB1，计数器 C0 计数满 1 次，C0 动作；计数器 C1 计数 1 次，C1 不动作。由于 C0 的常开触点闭合，所以驱动 Y0 线圈得电并状态保持。再次按压按钮 SB1，计数器 C1 计数满 2 次，C1 动作。由于 C1 的常开触点闭合，所以 PLC 执行[ZRST C0 C1]指令，计数器 C0 和 C1 均被复位，计数器 C0 常开触点恢复断开状态，使 Y0 线圈失电。

（3）用 ALT 指令设计。用 ALT 指令编写的一键启/停控制程序如图 2-2-8 所示。

用交替取反指令设计

程序说明：初次按压启动按钮 SB1，PLC 执行[ALT Y000]指令，Y0 位被逻辑取反，Y0 位为 ON 状态，Y0 线圈得电。如果再次按压启动按钮 SB1，PLC 不能执行[ALT Y000]指令，Y0 位再次被逻辑取反，Y0 位为 OFF 状态，Y0 线圈失电。

（4）用 INC 指令设计。用 INC 指令编写的一键启/停控制程序如图 2-2-9 所示。

用加 1 指令设计

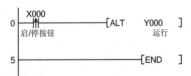

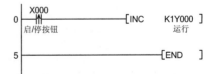

图 2-2-8 用 ALT 指令设计的梯形图　　　图 2-2-9 用 INC 指令设计的梯形图

程序说明：初次按压按钮 SB1，PLC 执行[INC K1Y000]指令，使（K1Y000）=K1，Y0 线圈得电。再次按压按钮 SB1，PLC 执行[INC K1Y000]指令，使（K1Y000）=K2，Y0 线圈失电。

（5）用 MOV 指令设计。用 MOV 指令编写的一键启/停控制程序如图 2-2-10 所示。

用数据传送指令设计

程序说明：初次按压按钮 SB1，PLC 执行[MOV K1 K1Y000]指令，将十进制立即数 K1 传送到组合位元件 K1Y000 当中，使（K1Y000）=K1，Y0 线圈得电。再次按压按钮 SB1，PLC 执行[MOV K0 K1Y000]指令，将十进制立即数 K0 传送到组合位元件 K1Y000 当中，使（K1Y000）=K0，Y0 线圈失电。

用比较指令设计

（6）用 CMP 指令设计。用 CMP 指令编写的一键启/停控制程序如图 2-2-11 所示。

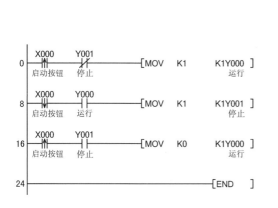

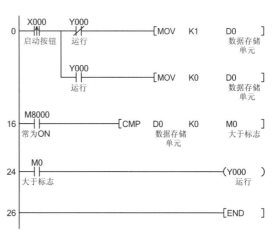

图 2-2-10　用 MOV 指令设计的梯形图　　　图 2-2-11　用 CMP 指令设计的梯形图

程序说明：初次按压按钮 SB1，PLC 执行[MOV K1 D0]指令，将十进制立即数 K1 传送到 D0 数据存储单元当中，使（D0）=K1。在 M8000 的驱动下，PLC 执行[CMP D0 K0 M0]指令，M0 的常开触点闭合，Y0 线圈得电。再次按压按钮 SB1，PLC 执行[MOV K0 D0]指令，将十进制立即数 K0 传送到 D0 数据存储单元当中，使（D0）=K0。在 M8000 的驱动下，PLC 执行[CMP D0 K0 M0]指令，M0 的常开触点不闭合，Y0 线圈失电。

（7）用 ZCP 指令设计。用 ZCP 指令编写的一键启/停控制程序如图 2-2-12 所示。

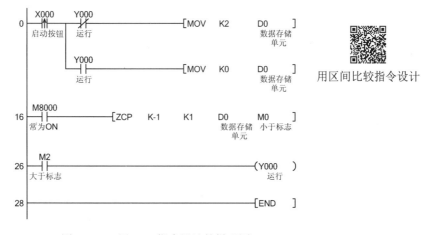

用区间比较指令设计

图 2-2-12　用 ZCP 指令设计的梯形图

程序说明：初次按压按钮 SB1，PLC 执行[MOV　K2　D0]指令，将十进制立即数 K2 传送到 D0 数据存储单元当中，使(D0)=K2。在 M8000 的驱动下，PLC 执行[ZCP　K-1　K1　D0　M0]指令，由于（D0）>K1，所以中间继电器 M2 得电，Y0 线圈得电。再次按压按钮 SB1，PLC 执行[MOV　K0　D0]指令，将十进制立即数 K0 传送到 D0 数据存储单元当中，使（D0）= K0；在 M8000 的驱动下，PLC 执行[ZCP　K-1　K1　D0　M0]指令，由于（D0）= K0，所以中间继电器 M2 不得电，Y0 线圈也不得电。

（8）用触点比较指令设计。用触点比较指令编写的一键启/停控制程序如图 2-2-13 所示。

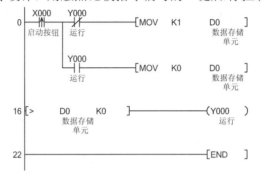

用触点比较指令设计

图 2-2-13　用触点比较指令设计的梯形图

程序说明：初次按压按钮 SB1，PLC 执行[MOV　K1　D0]指令，将十进制立即数 K1 传送到 D0 数据存储单元当中，使（D0）=K1；PLC 执行[>　D0　K0]指令，由于（D0）> K0，[>　D0　K0]指令的比较条件得到满足，所以该触点接通，使 Y0 线圈得电。再次按压按钮 SB1，PLC 执行[MOV　K0　D0]指令，将十进制立即数 K0 传送到 D0 数据存储单元当中，使（D0）=K0；PLC 执行[>　D0　K0]指令，由于（D0）= K0，[>　D0　K0]指令的比较条件不能得到满足，所以该触点断开，使 Y0 线圈失电。

实例 2-3　单按钮控制圆盘转动程序设计

单按钮控制圆盘转动

设计要求：在本实例中，使用一台电动机驱动一个凸轮转动，如图 2-3-1 所示。凸轮在初始位置时，限位开关处于受压状态。按下按钮，凸轮开始转动；当凸轮转动到初始位置时，凸轮停止转动。

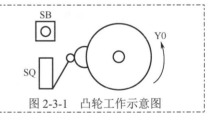

图 2-3-1　凸轮工作示意图

1. 输入/输出元件及其控制功能

实例 2-3 中用到的输入/输出元件及其控制功能如表 2-3-1 所示。

表 2-3-1　实例 2-3 输入/输出元件及其控制功能

说　明	PLC 软元件	元件文字符号	元件名称	控制功能
输入	X0	SB1	按钮	启动控制
	X1	SQ1	行程开关	原位检测
输出	Y0	KM1	接触器	接通或分断主电路

2. 控制程序设计

【思路点拨】

该程序设计的关键是如何在起始位置控制凸轮启动,又如何在起始位置控制凸轮停止。在凸轮启动时,行程开关初次受压,要采取辅助措施使行程开关动作失效;而在凸轮停止时,行程开关再次受压,也要采取辅助措施使行程开关动作有效。

(1)用逻辑电路设计。用逻辑电路编写的凸轮控制程序如图 2-3-2(a)所示,PLC 接线如图 2-3-2(b)所示。

用逻辑电路设计

程序说明:凸轮停留在初始位置,行程开关 SQ 受压,X1 的常闭触点变为常开。点动按压按钮 SB1,Y0 线圈得电并自锁,凸轮开始转动,行程开关 SQ 复位。由于 X1 的常闭触点恢复常闭,M0 线圈得电,M0 的常闭触点变为常开。当凸轮转动一圈后,行程开关 SQ 再次受压,Y0 线圈失电,凸轮停止转动。再次按动按钮 SB1,又重复上述过程。

用交替取反指令设计

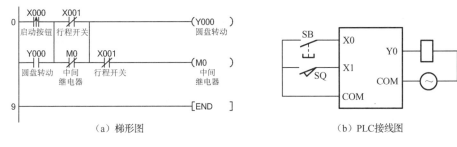

(a)梯形图　　　　　　　(b)PLC接线图

图 2-3-2　用逻辑电路设计

(2)用 ALT 指令设计。用 ALT 指令编写的凸轮控制程序如图 2-3-3(a)所示,PLC 接线如图 2-3-3(b)所示。

程序说明:凸轮停留在初始位置,行程开关 SQ1 受压,X0 的常闭触点变为常开。按下按钮 SB1 再松开,X0 产生一个下降沿,PLC 执行[ALT Y000]指令,Y0 线圈得电,凸轮开始转动,行程开关 SQ1 复位。当凸轮转动一圈后,行程开关 SQ1 再次受压,X0 又产生一个下降沿,PLC 再次执行[ALT Y000]指令,Y0 线圈失电,凸轮停止转动。再次按动按钮 SB1 再松开,又重复上述过程。

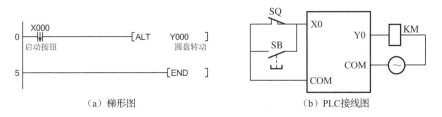

(a)梯形图　　　　　　　(b)PLC接线图

图 2-3-3　用 ALT 指令设计

项目 3

电动机控制程序设计

在生产过程中，PLC 的应用主要是针对电动机的控制，如机床工作台的前进与后退、电梯的上升与下降、电动门的伸出与缩入等。因此，掌握 PLC 在电动机控制方面的各种应用编程，对于从事工控技术的人员来说至关重要。

电动机"正-停-反"运行控制

实例 3-1　电动机"正-停-反"运行控制程序设计

> **设计要求：** 用 3 个按钮控制一台三相异步电动机正/反转运行，且正/反转运行状态的切换不可以通过启动按钮直接进行，中间需要有停止操作过程，即"正-停-反"控制。

1. 输入/输出元件及其控制功能

实例 3-1 中用到的输入/输出元件及其控制功能如表 3-1-1 所示。

表 3-1-1　实例 3-1 输入/输出元件及其控制功能

说　明	PLC 软元件	元件文字符号	元 件 名 称	控　制　功　能
输入	X0	SB1	按钮	正转启动控制
	X1	SB2	按钮	反转启动控制
	X2	SB2	按钮	停止控制
输出	Y0	KM1	接触器	正转接通或分断电源
	Y1	KM2	接触器	反转接通或分断电源

2. 控制程序设计

> **【思路点拨】**
> 既然使用一个"启-保-停"电路能够控制三相异步电动机的单向连续运行，那么同样道理，使用两个"启-保-停"电路就能够控制三相异步电动机的双向连续运行。因此，只要把两个"启-保-停"电路适当地"组合"在一起，就可以实现电动机正/反转控制。

（1）用"与或非"指令设计。用"与或非"指令编写的三相异步电动机"正-停-反"控制程序如图 3-1-1 所示。

程序说明：按压正转按钮 SB1，X0 常开触点瞬时闭合，Y0 线圈得电，电动机正转运行。在 Y0 线圈得电期间，如果按压反转按钮 SB2，由于 Y0 的互锁触点状态已经由常闭变为常开，所以反转 Y1 线圈不能得电。按压停止按钮 SB3，X2 常闭触点瞬时断开，Y0 线圈失电，电动机停止正转运行。

按压反转按钮 SB2，X1 常开触点瞬时闭合，Y1 线圈得电，电动机反转运行。在 Y1 线圈得电期间，如果按压正转按钮 SB1，由于 Y1 的互锁触点状态已经由常闭变为常开，所以反转 Y0 线圈不能得电。按压停止按钮 SB3，X2 常闭触点瞬时断开，Y1 线圈失电，电动机停止反转运行。

（2）用 SET/RST 指令设计。用 SET/RST 指令编写的三相异步电动机"正-停-反"控制程序如图 3-1-2 所示。

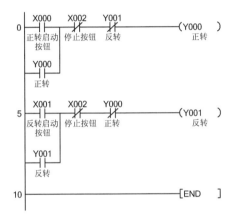

图 3-1-1 用"与或非"指令设计的梯形图　　图 3-1-2 用 SET/RST 指令设计的梯形图

程序说明：按压正转按钮 SB1，X0 常开触点瞬时闭合，PLC 执行[SET　Y000]指令，Y0 位被置位，使 Y0=1，Y0 线圈得电，电动机正转运行。在 Y0 线圈得电期间，如果按压反转按钮 SB2，由于 Y0 的互锁触点状态已经由常闭变为常开，所以 PLC 不能执行[SET　Y001]指令，反转 Y1 线圈不能得电。点动按压停止按钮 SB3，PLC 执行[ZRST　Y000　Y001]指令，Y0 位被复位，使 Y0=0，Y0 线圈失电，电动机停止正转运行。

按压反转按钮 SB2，X1 常开触点瞬时闭合，PLC 执行[SET　Y001]指令，Y1 位被置位，使 Y1=1，Y1 线圈得电，电动机反转运行。在 Y1 线圈得电期间，如果按压正转按钮 SB1，由于 Y1 的互锁触点状态已经由常闭变为常开，所以 PLC 不能执行[SET　Y000]指令，正转 Y0 线圈不能得电。点动按压停止按钮 SB3，PLC 执行[ZRST　Y000　Y001]指令，Y1 位被复位，使 Y1=0，Y1 线圈失电，电动机停止反转运行。

（3）用 ALT 指令设计。用 ALT 指令编写的三相异步电动机"正-停-反"控制程序如图 3-1-3 所示。

程序说明：按压正转按钮 SB1，PLC 执行[ALT　Y000]指令，Y0 位被逻辑取反，使 Y0=1，Y0 线圈得电，电动机正转运行。在 Y0 线圈得电期间，如果按压反转按钮 SB2，PLC 不能执行[ALT　Y001]指令，Y0 线圈保持得电状态。按压停止按钮 SB3，由于 Y0 的常开触点已经变为常闭状态，所以 PLC 再次执行[ALT　Y000]指令，使 Y0=0，Y0 线圈失电，电动机停止正转运行。

按压反转按钮 SB2，PLC 执行[ALT Y001]指令，Y1 位被逻辑取反，使 Y1=1，Y1 线圈得电，电动机反转运行。在 Y1 线圈得电期间，如果按压反转按钮 SB1，PLC 不能执行[ALT Y000]指令，Y1 线圈保持得电状态。按压停止按钮 SB3，由于 Y1 的常开触点已经变为常闭状态，所以 PLC 再次执行[ALT Y001]指令，使 Y1=0，Y1 线圈失电，电动机停止反转运行。

(4) 用计数器指令设计。用计数器指令编写的三相异步电动机"正-停-反"控制程序如图 3-1-4 所示。

用计数器指令设计

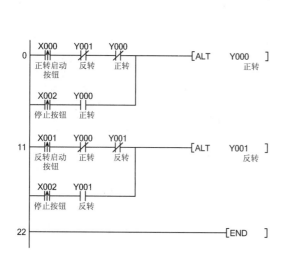

图 3-1-3 用 ALT 指令设计的梯形图

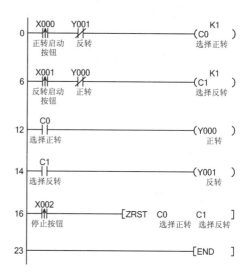

图 3-1-4 用计数器指令设计的梯形图

程序说明：按压正转按钮 SB1，C0 计数 1 次并动作，C0 常开触点闭合，驱动 Y0 线圈得电，电动机正转运行。在 Y0 线圈得电期间，如果按压反转按钮 SB2，由于 Y0 的互锁触点状态已经由常闭变为常开，所以 PLC 不能执行[C1 K1]指令，C1 不计数，Y0 线圈继续得电。按压停止按钮 SB3，PLC 执行[ZRST C0 C1]指令，C0 被强制复位，计数器 C0 常开触点恢复断开状态，Y0 线圈失电，电动机停止正转运行。

按压反转按钮 SB2，C1 计数 1 次并动作，C1 常开触点闭合，驱动 Y1 线圈得电，电动机反转运行。在 Y1 线圈得电期间，如果按压正转按钮 SB1，由于 Y1 的互锁触点状态已经由常闭变为常开，所以 PLC 不能执行[C0 K1]指令，C0 不计数，Y1 线圈继续得电。按压停止按钮 SB3，PLC 执行[ZRST C0 C1]指令，C1 被强制复位，计数器 C1 常开触点恢复断开状态，Y1 线圈失电，电动机停止反转运行。

(5) 用 INC/DEC 指令设计。用 INC/DEC 指令编写的三相异步电动机"正-停-反"控制程序如图 3-1-5 所示。

程序说明：按压正转按钮 SB1，PLC 执行[INC K1Y000]指令，使（K1Y000）=K1，即 Y0=1，Y0 线圈得电，电动机正转运行。在 Y0 线圈得电期间，如果按压反转按钮 SB2，由于 Y0 的互锁触点状态已经由常闭变为常开，所以 PLC 不能执行[INC K1Y001]指令，Y0 线圈保持得电状态。按压停止按钮 SB3，PLC 执行[DEC K1Y000]指令，使（K1Y000）=K0，即 Y0=0，Y0 线圈失电，电动机停止正转运行。

用加 1 和减 1 指令设计

项目 3 电动机控制程序设计

按压反转按钮 SB2，PLC 执行[INC　K1Y001]指令，使（K1Y001）=K1，即 Y1=1，Y1 线圈得电，电动机反转运行。在 Y1 线圈得电期间，如果按压正转按钮 SB1，由于 Y1 的互锁触点状态已经由常闭变为常开，所以 PLC 不能执行[INC　K1Y000]指令，Y1 线圈保持得电状态。按压停止按钮 SB3，PLC 执行 [DEC　K1Y001]指令，使（K1Y001）=K0，即 Y1=0，Y1 线圈失电，电动机停止反转运行。

（6）用 MOV 指令设计。用 MOV 指令编写的三相异步电动机"正-停-反"控制程序如图 3-1-6 所示。

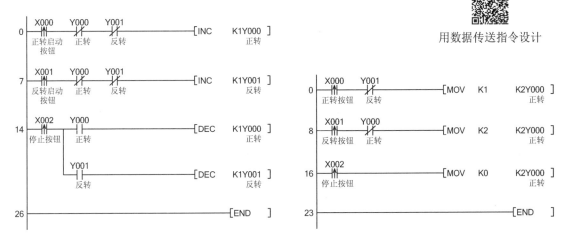

图 3-1-5　用 INC/DEC 指令设计的梯形图　　　　图 3-1-6　用 MOV 指令设计的梯形图

程序说明：按压正转按钮 SB1，PLC 执行[MOV　K1　K2Y000]指令，使（K2Y000）=K1，即 Y0=1，Y0 线圈得电，电动机正转运行。在 Y0 线圈得电期间，如果按压反转按钮 SB2，由于 Y0 的互锁触点状态已经由常闭变为常开，所以 PLC 不能执行[MOV　K2　K2Y000]指令，Y0 线圈继续得电。按压停止按钮 SB3，PLC 执行[MOV　K0　K2Y000]指令，使（K2Y000）=0，即 Y0=0，Y0 线圈失电，电动机停止正转运行。

按压反转按钮 SB2，PLC 执行[MOV　K2　K2Y000]指令，使（K2Y000）=K2，即 Y1=1，Y1 线圈得电，电动机反转运行。在 Y1 线圈得电期间，如果按压正转按钮 SB1，由于 Y1 的互锁触点状态已经由常闭变为常开，所以 PLC 不能执行[MOV　K1　K2Y000]指令，Y1 线圈继续得电。按压停止按钮 SB3，PLC 执行[MOV　K0　K2Y000]指令，使（K2Y000）=0，即 Y1=0，Y1 线圈失电，电动机停止反转运行。

【经验总结】

在 PLC 开关量控制程序中，作者喜欢使用赋值的方式进行控制，也就是使用 MOV 指令来编写程序，其中原因有三：以图 3-1-6 为例，如果使用 MOV 指令编写程序，可以直接省去正转和反转之间的电气互锁；以图 3-1-7 为例，如果使用 MOV 指令编写程序，可以将图 3-1-7 所示的程序修改为图 3-1-8 所示的程序，从而避免了双线圈输出问题；以图 3-1-9 为例，如果使用 MOV 指令编写程序，可以将图 3-1-9 所示的程序修改为图 3-1-10 所示的程序，只需要编辑一条指令就可以使多个继电器同时得电。

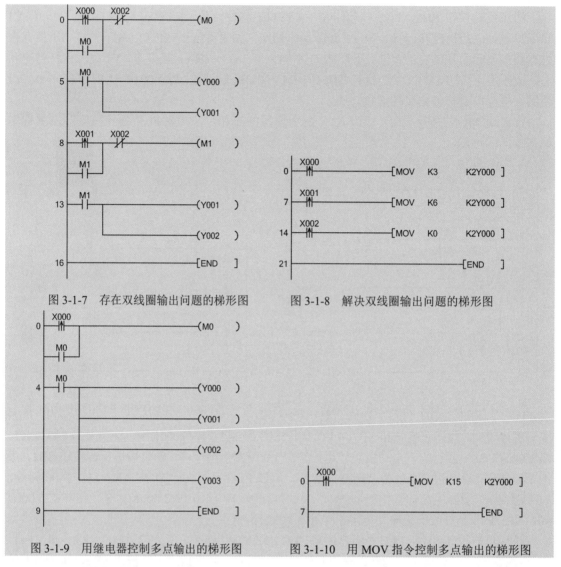

图 3-1-7 存在双线圈输出问题的梯形图　　图 3-1-8 解决双线圈输出问题的梯形图

图 3-1-9 用继电器控制多点输出的梯形图　　图 3-1-10 用 MOV 指令控制多点输出的梯形图

(7) 用比较指令设计。用比较指令编写的三相异步电动机"正-停-反"控制程序如图 3-1-11 所示。

程序说明：当 PLC 上电后，PLC 执行[MOV K2 D0]指令，使（D0）= K2。按压正转按钮 SB1，PLC 执行[MOV K3 D0]指令，使（D0）=K3。按压反转按钮 SB2，PLC 执行[MOV K1 D0]指令，使（D0）=K1。按压停止按钮 SB3，PLC 执行[MOV K2 D0]指令，使（D0）=K2。

在 M8000 的驱动下，PLC 执行[CMP D0 K2 M0]指令，判断 D0 的当前值是大于 K2、等于 K2，还是小于 K2。如果 D0 的当前值大于 K2，则 M0 的常开触点闭合，Y0 线圈得电，电动机正转运行；如果 D0 的当前值小于 K2，则 M2 的常开触点闭合，Y1 线圈得电，电动机反转运行；如果 D0 的当前值等于 K2，则 Y0 和 Y1 线圈均不得电，电动机停止运行。

用比较指令设计

(8) 用触点比较指令设计。用触点比较指令编写的三相异步电动机"正-停-反"控制程序如图 3-1-12 所示。

用触点比较指令设计

项目3 电动机控制程序设计

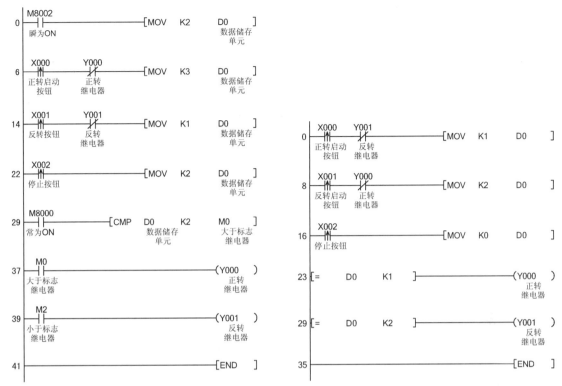

图 3-1-11 用比较指令设计的梯形图　　　图 3-1-12 用触点比较指令设计的梯形图

程序说明：按压正转按钮 SB1，PLC 执行[MOV K1 D0]指令，使（D0）=K1。按压反转按钮 SB2，PLC 执行[MOV K2 D0]指令，使（D0）=K2。按压停止按钮 SB3，PLC 执行[MOV K0 D0]指令，使（D0）=K0。

PLC 执行[= D0 K1]指令，判断 D0 的当前值是否等于 K1，如果等于 K1，则 Y0 线圈得电，电动机正转运行。PLC 执行[= D0 K2]指令，判断 D0 的当前值是否等于 K2，如果等于 K2，则 Y1 线圈得电，电动机反转运行。如果 D0 的当前值既不等于 K1，也不等于 K2，则 Y0 和 Y1 线圈均不得电，电动机停止运行。

 知识准备

PLC 是一种根据生产过程顺序控制的要求，为了取代传统的"继电器-接触器"控制系统而发展起来的工业自动控制设备。因此，PLC 控制设计的过程应遵循以下几个基本步骤。

（1）对控制系统的控制要求要进行详细了解。在进行 PLC 控制设计之前，首先要详细了解其工艺过程和控制要求，应采取什么控制方式，需要哪些输入信号，选用什么输入元件，哪些信号需输出到 PLC 外部，通过什么元件执行驱动负载；弄清整个工艺过程各个环节的相互联系；了解机械运动部件的驱动方式，是液压、气压还是电动，运动部件与各电气执行元件之间的联系；了解系统控制方式是全自动还是半自动的，控制过程是连续运行还是单周期运行，是否有自动调整要求，等等。另外，还要注意哪些量需要控制、报警、显示，是否需要故障诊断，需要哪些保护措施，等等。

（2）控制系统初步方案设计。控制系统的设计往往是一个渐进式、不断完善的过程。在这一过程中，先大致确定一个初步控制方案，首先解决主要控制部分，对于不太重要的监控、报警、显示、故障诊断及保护措施等可暂不考虑。

（3）根据控制要求确定输入/输出原件，绘制输入/输出接线图和主电路图。根据 PLC 输入/输出量选择合适的输入和输出控制元件，计算所需的输入/输出点数，并参照其他要求选择合适的 PLC 机型。根据 PLC 机型特点和输入/输出控制元件绘制 PLC 输入/输出接线图，确定输入/输出控制原件与 PLC 的输入/输出端的对应关系。输入/输出元件的布置应尽量考虑接线、布线的方便，同一类电气元件应尽量排在一起，这样有利于梯形图的编程。一般主电路比较简单，可一并绘制。

（4）根据控制要求和输入/输出接线图绘制梯形图。这一步是整个设计过程的关键，梯形图的设计需要掌握 PLC 的各种指令的应用技能和编程技巧，同时还要了解 PLC 的基本工作原理和硬件结构。梯形图的正确设计是确保控制系统安全可靠运行的关键。

（5）完善上述设计内容。完善和简化绘制的梯形图，检查是否有遗漏，若有必要还可再反过来修改和完善输入/输出接线图和主电路图及初步方案设计，加入监控、报警、显示、故障诊断和保护措施等，最后进行统一完善。

（6）模拟仿真调试。在电气控制设备安装和接线前最好先在 PLC 上进行模拟调试，或者在模拟仿真软件上进行仿真调试。三菱公司全系列可编程控制器的通用编程软件 GX Developer Version 8.34L 附带有仿真软件（GX Simulator Version6），可对所编的梯形图进行仿真，确保控制梯形图没有问题后再进行连机调试。但仿真软件对某些部分功能指令是不支持的，如附录 C 中的三菱 FX2N 型 PLC 功能指令中的功能号前带有"*"的指令，这部分控制程序只能在 PLC 上进行模拟调试或现场调试。

（7）设备安装调试。将梯形图输入到 PLC 中，根据设计的电路进行电气控制元件的安装和接线，在电气控制设备上进行试运行。

实例 3-2 电动机"正-反-停"运行控制程序设计

设计要求：用 3 个常开按钮控制一台三相异步电动机正/反转运行，且正/反转运行状态的切换可以通过启动按钮直接进行，中间不需要有停止操作过程，即"正-反-停"控制。

1. 输入/输出元件及其控制功能

实例 3-2 中用到的输入/输出元件及其控制功能也如表 3-1-1 所示。

2. 控制程序设计

【思路点拨】

通过分析实例 3-1 得知，如果在两个"启-保-停"电路之间建立起单重互锁关系（电气互锁），那么该程序就具有了"正-停-反"控制功能。由此类推，如果在两个"启-保-停"电路之间建立双重互锁关系（电气互锁和机械互锁），那么该程序就具有了"正-反-停"控制功能。

（1）用"与或非"指令设计。用"与或非"指令编写的三相异步电动机"正-反-停"控制程序如图 3-2-1 所示。

程序说明：按压正转按钮 SB1，X0 常开触点闭合，正转 Y0 线圈得电，电动机正转运行。在 Y0 线圈得电期间，如果按压反转按钮 SB2，由于 X1 的机械互锁触点状态由常闭变为常开，所以 Y0 线圈失电；同时，X1 的启动触点由常开变为常闭，反转 Y1 线圈得电，电动机反转运行。按压停止按钮 SB3，X2 常闭触点瞬时断开，Y1 线圈失电，电动机停止运行。

（2）用 SET/RST 指令设计。用 SET/RST 指令编写的三相异步电动机"正-反-停"控制程序如图 3-2-2 所示。

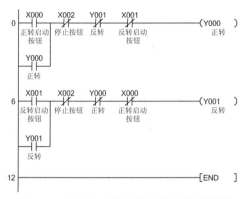
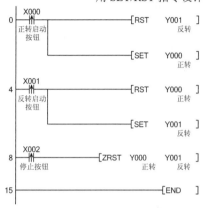

图 3-2-1 用"与或非"指令设计的梯形图　　图 3-2-2 用 SET/RST 指令设计的梯形图

程序说明：按压正转按钮 SB1，PLC 首先执行[RST　Y001]指令，Y1 位被复位，使 Y1=0，Y1 线圈失电，电动机停止反转运行；然后 PLC 再执行[SET　Y000]指令，Y0 位被置位，使 Y0=1，Y0 线圈得电，电动机正转运行。在 Y0 线圈得电期间，如果按压反转按钮 SB2，PLC 首先执行[RST　Y000]指令，Y0 位被复位，使 Y0=0，Y0 线圈失电，电动机停止正转运行；然后 PLC 再执行[SET　Y001]指令，Y1 位被置位，使 Y1=1，Y1 线圈得电，电动机反转运行。按压停止按钮 SB3，PLC 执行[ZRST　Y000　Y001]指令，Y0 和 Y1 位均被复位，使 Y0= Y1=0，Y0 和 Y1 线圈均失电，电动机停止运行。

（3）用 ALT 指令设计。用 ALT 指令编写的三相异步电动机"正-反-停"控制程序如图 3-2-3 所示。

程序说明：按压正转按钮 SB1，PLC 执行[ALT　Y000]指令，Y0 位被逻辑取反，使 Y0=1，正转 Y0 线圈得电。在 Y0 线圈得电期间，如果按压反转按钮 SB2，由于 Y0 的常开触点状态已经由常开变为常闭，所以 PLC 再次执行[ALT　Y000]指令，使 Y0=0，Y0 线圈失电，电动机停止正转运行；同时，PLC 执行[ALT　Y001]指令，Y1 位被逻辑取反，使 Y1=1，Y1 线圈得电，电动机反转运行。按压停止按钮 SB3，由于 Y1 的常开触点已经变为常闭状态，所以 PLC 再次执行[ALT　Y001]指令，使 Y1=0，Y1 线圈失电，电动机停止反转运行。

（4）用计数器指令设计。用计数器指令编写的三相异步电动机"正-反-停"控制程序如图 3-2-4 所示。

程序说明：按压正转按钮 SB1，PLC 首先执行[RST　C1]指令，C1 被复位，使 Y1 线圈失电；然后 C0 计数 1 次并动作，C0 常开触点闭合，驱动 Y0 线圈得电，电动机正转运行。在 Y0 线圈得电期间，如果按压反转按钮 SB2，PLC 首先执行[RST　C0]指令，C0 被复位，Y0 线圈失电，电动机停止正转运行；然后 C1 计数 1 次并动作，C1 常开触点闭合，驱动 Y1 线圈得电，电动机反转运行。按压停止按钮 SB3，PLC 执行[ZRST　C0　C1]指令，C0 和 C1 均被复位，Y0 和 Y1 线圈均失电，电动机停止运行。

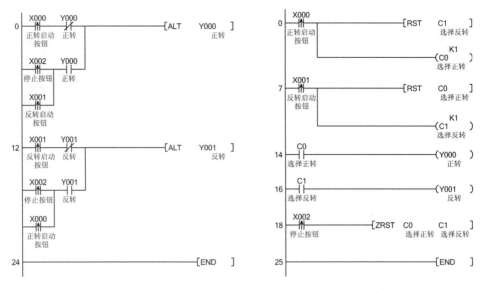

图 3-2-3 用 ALT 指令设计的梯形图　　图 3-2-4 用计数器指令设计的梯形图

（5）用 INC/DEC 指令设计。用 INC/DEC 指令编写的三相异步电动机"正-反-停"控制程序如图 3-2-5 所示。

程序说明：按压正转按钮 SB1，PLC 执行一次[INC K1Y000]指令，组合位元件 K1Y000 的当前值被加 1，使（K1Y000）=K1，即 Y0=1，Y0 线圈得电，电动机正转运行。在 Y0 线圈得电期间，如果按压反转按钮 SB2，PLC 首先执行[DEC K1Y000]指令，组合位元件 K1Y000 的当前值被减 1，使（K1Y000）=K0，即 Y0=0，Y0 线圈失电，电动机停止正转运行；然后 PLC 执行[INC K1Y001]指令，组合位元件 K1Y001 的当前值被加 1，使（K1Y001）=K1，即 Y1=1，Y1 线圈得电，电动机反转运行。按压停止按钮 SB3，PLC 执行[DEC K1Y001]指令，组合位元件 K1Y001 的值被减 1，使（K1Y001）=K0，即 Y1=0，Y1 线圈失电，电动机停止反转运行。

用加 1 和减 1 指令设计

（6）用 MOV 指令设计。用 MOV 指令编写的三相异步电动机"正-反-停"控制程序如图 3-2-6 所示。

用数据传送指令设计

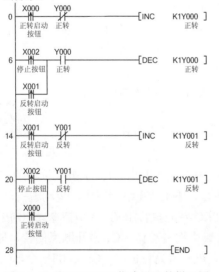

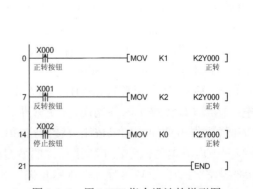

图 3-2-5 用 INC/DEC 指令设计的梯形图　　图 3-2-6 用 MOV 指令设计的梯形图

程序说明：按压正转按钮 SB1，PLC 执行[MOV K1 K2Y000]指令，将十进制立即数 K1 传送到组合位元件 K2Y000 当中，使（K2Y000）=K1，即 Y0=1、Y1=0，Y0 线圈得电，电动机正转运行。在 Y0 线圈得电期间，如果按压反转按钮 SB2，PLC 执行[MOV K2 K2Y000]指令，将十进制立即数 K2 传送到组合位元件 K2Y000 当中，使（K2Y000）=K2，即 Y0=0、Y1=1，Y1 线圈得电，电动机反转运行。按压停止按钮 SB3，PLC 执行[MOV K0 K2Y000]指令，使（K2Y000）=K0，即 Y0= Y1=0，Y0 和 Y1 线圈均失电，电动机停止运行。

（7）用比较指令设计。用比较指令编写的三相异步电动机"正-反-停"控制程序如图 3-2-7 所示。

用比较指令设计

程序说明：按压正转按钮 SB1，PLC 执行[MOV K1 D0]指令，将十进制立即数 K1 传送到 D0 数据存储单元当中，使（D0）=K1。按压反转按钮 SB2，PLC 执行[MOV K-1 D0]指令，将十进制立即数 K-1 传送到 D0 数据存储单元当中，使（D0）=K-1。按压停止按钮 SB3，PLC 执行[MOV K0 D0]指令，将十进制立即数 K0 传送到 D0 数据存储单元当中，使(D0)=K0。当 PLC 执行[CMP D0 K0 M0]指令时，如果（D0）>K0，则中间继电器 M0 得电，使 Y0 线圈得电，电动机正转运行；如果（D0）<K0，则中间继电器 M2 得电，使 Y1 线圈得电，电动机反转运行；如果（D0）=K0，则中间继电器 M0 和 M2 均不得电，使 Y0 和 Y1 线圈也不得电，电动机停止运行。

（8）用区间比较指令设计。用区间比较指令编写的三相异步电动机"正-反-停"控制程序如图 3-2-8 所示。

用区间比较指令设计

程序说明：按压正转按钮 SB1，PLC 执行[MOV K2 D0]指令，将十进制立即数 K2 传送到 D0 数据存储单元当中，使（D0）=K2。按压反转按钮 SB2，PLC 执行[MOV K-2 D0]指令，将十进制立即数 K-2 传送到 D0 数据存储单元当中，使（D0）=K-2。按压停止按钮 SB3，PLC 执行[MOV K0 D0]指令，将十进制立即数 K0 传送到 D0 数据存储单元当中，使（D0）=K0。在 M8000 驱动下，PLC 执行[ZCP K-1 K1 D0 M0]指令时，如果（D0）>K1，则中间继电器 M2 得电，使 Y0 线圈得电，电动机正转运行；如果（D0）<K-1，则中间继电器 M0 得电，使 Y1 线圈得电，电动机反转运行；如果（D0）=K0，则中间继电器 M0 和 M2 均不得电，使 Y0 和 Y1 线圈也不得电，电动机停止运行。

（9）用触点比较指令设计。用触点比较指令编写的三相异步电动机"正-反-停"控制程序如图 3-2-9 所示。

用触点比较指令设计

程序说明：按压正转按钮 SB1，PLC 首先执行[MOV K0 D0]和[MOV K1 D1]指令，将十进制立即数 K0 和 K1 分别传送到 D0 和 D1 数据存储单元当中，使（D0）=K0、（D1）=K1；然后 PLC 执行[> D1 D0]指令，由于（D1）>（D0），该触点接通，驱动 Y0 线圈得电，电动机正转运行。在 Y0 线圈得电期间，如果按压反转按钮 SB2，PLC 首先执行[MOV K1 D0]和[MOV K0 D1]指令，将十进制立即数 K0 和 K1 分别传送到 D1 和 D0 数据存储单元当中，使（D0）=K1、（D1）=K0；然后 PLC 执行[< D1 D0]指令，由于（D1）<（D0），该触点接通，驱动 Y1 线圈得电，电动机反转运行。按压停止按钮 SB3，PLC 执行[MOV K1 D0]和[MOV K1 D1]指令，将十进制立即数 K1 分别传送到 D0 和 D1 数据存储单元当中，使（D0）=（D1）=1，由于（D1）=（D0），该触点断开，使 Y0 和 Y1 线圈均不得电，电动机停止运行。

三菱 FX₃ᵤ PLC 应用实例教程

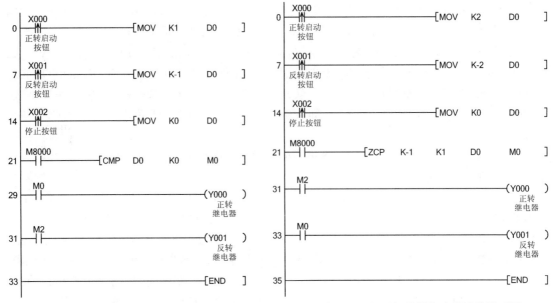

图 3-2-7 用比较指令设计的梯形图　　图 3-2-8 用区间比较指令设计的梯形图

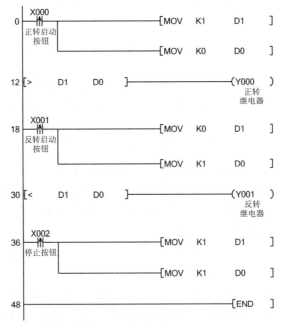

图 3-2-9 用触点比较指令设计的梯形图

实例 3-3　小车自动往复运行控制程序设计

小车自动往复运行控制

设计要求： 当按下启动按钮时，小车从 A 点出发向 B 点运行。当小车运行到 B 点，小车立即从 B 点向 A 点运行。依照此过程，小车在 A、B 两点之间往复运行。当按下停止按钮时，小车停止运行。当再次按下启动按钮时，小车能按照停止前的原方向重新运行。

项目 3 电动机控制程序设计

1. 输入/输出元件及其控制功能

实例 3-3 中用到的输入/输出元件及其控制功能如表 3-3-1 所示。

表 3-3-1 实例 3-3 输入/输出元件及其控制功能

说 明	PLC 软元件	元件文字符号	元 件 名 称	控 制 功 能
输入	X0	SB1	启动按钮	启动控制
	X1	SB2	停止按钮	停止控制
	X2	SQ1	行程开关	A 点位置检测
	X3	SQ2	行程开关	B 点位置检测
输出	Y0	KM1	右行接触器	接通或分断电源
	Y1	KM2	左行接触器	接通或分断电源

2. 控制程序设计

【思路点拨】

小车的往复运行其实就是利用行程开关的动作自动切换电动机正反转。该程序设计的难点不是正反转,而是小车在每次停止时能够"记忆"原运行方向。"记忆"的方法有多种,最简单的方法是使用中间继电器保持小车运行方向;也可以设置标志位,通过判断标志位的状态确定小车运行方向。

(1) 用与或非指令设计如图 3-3-1 所示。

程序说明:按下启动按钮 SB1,M0 线圈得电并自锁,M0 常开触点闭合,M0 触点驱动 Y0 线圈得电,小车开始向右行驶。

用逻辑电路设计

当小车行驶到 B 限位点时,由于 B 点行程开关动作,使得 X3 常闭触点断开,M0 线圈和 Y0 线圈相继失电,小车右行停止。同时,M1 线圈得电并自锁,M1 常开触点闭合,M1 触点驱动 Y1 线圈得电,小车开始向左行驶。

当小车行驶到 A 限位点时,由于 B 点行程开关动作,使得 X2 常闭触点断开,M1 线圈和 Y1 线圈相继失电,小车右行停止。同时,M0 线圈得电并自锁,M0 常开触点闭合,M0 触点驱动 Y0 线圈得电,小车再次向右行驶。

按下停止按钮 SB2,M2 线圈得电并自锁,M2 常闭触点断开,Y0 线圈和 Y1 线圈失电,小车停止运行。当再次按下启动按钮 SB1 时,M2 线圈失电,M2 常闭触点恢复闭合,允许 Y0 线圈和 Y1 线圈得电,小车再次沿原方向行驶。

(2) 用触点比较指令设计如图 3-3-2 所示。

程序说明:当小车在 A 限位点处于静止状态时,计数器 C0 和 C1 的经过值均为 0。按下启动按钮 SB1,PLC 执行 [= C0 K0] 和 [= C1 K0] 指令,由于 (C0) =0、(C1) =0,所以使正转继电器 M0 得电,M0 常开触点闭合,M0 触点驱动 Y0 线圈得电,小车向右行驶。在 Y0 线圈得电期间,计数器 C0 的经过值为 1,计数器 C1 的经过值为 0。

用触点比较指令设计

当小车行驶到 B 限位点时,由于 B 点行程开关动作,使得 X3 常闭触点断开,Y0 线圈失电,小车右行停止。同时,M1 线圈得电并自锁,M1 常开触点闭合,M1 触点驱动 Y1 线圈得电,小车开始向左行驶。在 Y1 线圈得电期间,计数器 C0 的经过值为 0,计数器 C1 的经过值为 1。

当小车行驶到 A 限位点时,由于 A 点行程开关动作,使得 X2 常闭触点断开,M1 线圈和 Y1 线圈相继失电,小车右行停止。同时,M0 线圈得电并自锁,M0 常开触点闭合,M0

触点驱动 Y0 线圈得电，小车再次向右行驶。

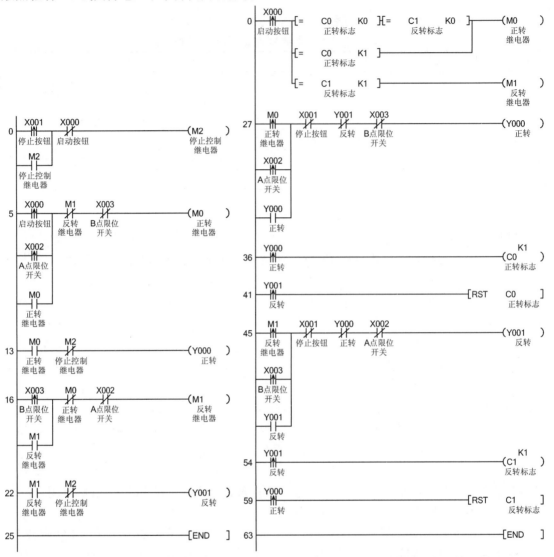

图 3-3-1 用与或非指令设计的梯形图　　图 3-3-2 触点比较指令设计的梯形图

按下停止按钮 SB2，小车停止运行。当再次按下启动按钮 SB1 时，PLC 执行[= C0 K1]指令，如果（C0）=1，则小车再次向右行驶；PLC 执行[= C1 K1]指令，如果（C1）=1，则小车再次向左行驶。

实例3-4　电动机运行预警控制程序设计

设计要求：用一个按钮控制一台电动机预警启动和停止。在需要电动机启动时，当首次按下按钮，报警响铃，但电动机不启动；当再次按下按钮，报警解除，电动机启动。在需要电动机停止时，当首次按下按钮，报警响铃，但电动机不停止；当再次按下按钮，报警解除，电动机停止。

项目 3 电动机控制程序设计

1. 输入/输出元件及其控制功能

实例 3-4 中用到的输入/输出元件及其控制功能如表 3-4-1 所示。

表 3-4-1 实例 3-4 输入/输出元件及其控制功能

说 明	PLC 软元件	元件文字符号	元 件 名 称	控 制 功 能
输入	X0	SB1	按钮	启动和停止控制
输出	Y0	KA	警铃	报警提示
	Y1	KM1	接触器	接通或分断电源

2. 控制程序设计

【思路点拨】

该程序设计涉及两个"启-保-停"电路,一个电路控制电铃,另一个电路控制电动机。依据题意,这两个电路的启和停是有顺序要求的,所以在每次响铃时应采取联锁措施,从逻辑上限制电动机启停。

(1) 使用 INC 指令设计 1。用 INC 指令编写的一个按钮预警控制一台电动机运行的程序 1 如图 3-4-1 所示。

程序说明:第一次按下按钮 SB1,PLC 执行[INC K1M0]指令,K1M0 的逻辑组态为 0001,所以 M0 线圈得电,M1 线圈不得电,Y0 线圈得电,Y1 线圈不得电,警铃报警,电动机不启动。

用加 1 指令设计 1

第二次按下按钮 SB1,PLC 执行[INC K1M0]指令,K1M0 的逻辑组态为 0010,所以 M0 线圈失电,M1 线圈得电,Y0 线圈失电,Y1 线圈得电,警铃停止报警,电动机运行。

第三次按下按钮 SB1,PLC 执行[INC K1M0]指令,K1M0 的逻辑组态为 0011,所以 M0 和 M1 线圈得电,Y0 和 Y1 线圈得电,警铃报警,电动机运行。

第四次按下按钮 SB1,PLC 执行[INC K1M0]指令,K1M0 的逻辑组态为 0100,所以 M0 和 M1 线圈均失电,Y0 和 Y1 线圈失电,警铃停止报警,电动机停止运行。

(2) 使用 INC 指令设计 2。用 INC 指令编写的一个按钮预警控制一台电动机运行的程序 2 如图 3-4-2 所示。

程序说明:第一次按下按钮 SB1,PLC 执行[INC K1Y000]指令,(K1Y000)=1,Y0 线圈得电,Y1 线圈不得电,警铃报警,电动机不启动。

第二次按下按钮 SB1,PLC 执行[INC K1Y000]指令,(K1Y000)=2,Y0 线圈失电,Y1 线圈得电,警铃停止报警,电动机运行。

用加 1 指令设计 2

第三次按下按钮 SB1,PLC 执行[INC K1Y000]指令,(K1Y000)=3,Y0 和 Y1 线圈得电,警铃报警,电动机运行。

第四次按下按钮 SB1,PLC 执行[INC K1Y000]指令,(K1Y000)=4。PLC 执行[= K1Y000 K4]和[MOV K0 K1Y000]指令,Y0 和 Y1 线圈失电,警铃停止报警,电动机停止运行。

(3) 使用计数器 C 指令设计。用计数器 C 指令编写的一个按钮预警控制一台电动机运行的程序如图 3-4-3 所示。

程序说明:第一次按下按钮 SB1,计数器 C0 计满 1 次,C0 的常开触点闭合,PLC 执行[MOV K1 K1Y000]指令,Y0 线圈得电,警铃报警,电动机不运行。

用计数器指令设计

第二次按下按钮 SB1,计数器 C1 计满 2 次,C1 的常开触点闭合,PLC 执行[MOV K2 K1Y000]指令,Y1 线圈得电,警铃停止报警,电动机运行。

第三次按下按钮 SB1，计数器 C2 计满 3 次，C2 的常开触点闭合，PLC 执行[MOV K3 K1Y000]指令，Y0 和 Y1 线圈得电，警铃报警，电动机运行。

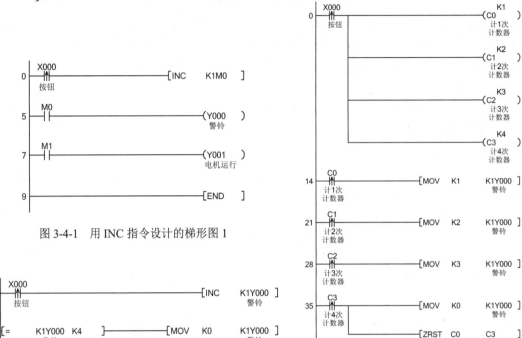

图 3-4-1 用 INC 指令设计的梯形图 1

图 3-4-2 用 INC 指令设计的梯形图 2

图 3-4-3 用计数器 C 指令设计的梯形图

第四次按下按钮 SB1，计数器 C3 计满 4 次，C3 的常开触点闭合，PLC 执行[MOV K0 K1Y000]指令，Y0 和 Y1 线圈失电，警铃停止报警，电动机停止运行。PLC 执行[ZRST C0 C3]指令，计数器 C0~C3 被复位。

实例 3-5 单按钮控制 3 台电动机顺启顺停程序设计

单按钮控制3台电动机顺启顺停

设计要求：用一个按钮控制 3 台电动机，起初每按一次按钮，对应启动一台电动机；待全部电动机启动完成后，再每按一次按钮，对应停止一台电动机，停止的顺序要求是先启动的电动机先停止。

1. 输入/输出元件及其控制功能

实例 3-5 中用到的输入/输出元件及其控制功能如表 3-5-1 所示。

表 3-5-1 实例 3-5 输入/输出元件及其控制功能

说　明	PLC 软元件	元件文字符号	元件名称	控 制 功 能
输入	X0	SB1	按钮	启动/停止控制
输出	Y0	KM1	接触器	第一台电动机运行
	Y1	KM2	接触器	第二台电动机运行
	Y3	KM3	接触器	第三台电动机运行

2. 控制程序设计

【思路点拨】

该程序设计涉及 3 个 "启-保-停" 电路，关联 3 个 "启-保-停" 电路的顺序启停，难点是 3 台电动机的顺序启停控制。针对顺序启停，解决的办法可以是根据按钮的按压次数，施加多重联锁，再根据按压次数的不同，驱动相关的逻辑电路或指令，最终实现顺序启停。

（1）程序设计范例 1 分析。3 台电动机顺序启动、顺序停止控制程序设计范例 1 如图 3-5-1 所示。

用逻辑电路设计

程序说明：

① 顺序启动。第一次按压按钮 SB1，M0 线圈瞬时得电。在 M0 的常开触点变为常闭时，Y0 线圈得电并自锁，第一台电动机启动。

第二次按压按钮 SB1，Y0 线圈继续得电，第一台电动机继续运行。但在 M0 的常开触点变为常闭时，由于 Y0 的常开触点已经变为常闭，所以 Y1 线圈得电并自锁，第二台电动机启动。

第三次按压按钮 SB1，Y0 和 Y1 线圈继续得电，第一台和第二台电动机继续运行。但在 M0 的常开触点变为常闭时，由于 Y1 的常开触点已经变为常闭，所以 Y2 线圈得电并自锁，第三台电动机启动。

② 顺序停止。第四次按压按钮 SB1，M1 线圈瞬时得电。在 M1 的常闭触点变为常开时，Y0 线圈失电，第一台电动机停止运行。

第五次按压按钮 SB1，Y0 线圈已经失电，第一台电动机停止运行。但在 M1 的常闭触点变为常开时，由于 Y0 的常开触点已经恢复常开，所以 Y1 线圈失电，第二台电动机停止运行。

第六次按压按钮 SB1，Y0 和 Y1 线圈已经失电，第一台和第二台电动机停止运行。但在 M1 的常闭触点变为常开时，由于 Y1 的常开触点已经恢复常开，所以 Y2 线圈失电，第三台电动机停止运行。

（2）程序设计范例 2 分析。3 台电动机顺序启动、顺序停止控制程序设计范例 2 如图 3-5-2 所示。

用计数器指令设计

程序说明：

① 顺序启动。第一次按压按钮 SB1，计数器 C0 计满，C0 的常开触点变为常闭，PLC 执行[MOV K1 K2Y000]指令，Y0 线圈得电，第一台电动机启动。

第二次按压按钮 SB1，计数器 C1 计满，C1 的常开触点变为常闭，PLC 执行[MOV K3 K2Y000]指令，Y0 和 Y1 线圈得电，第二台电动机启动。

第三次按压按钮 SB1，计数器 C2 计满，C2 的常开触点变为常闭，PLC 执行[MOV K7 K2Y000]指令，Y0、Y1 和 Y2 线圈得电，第三台电动机启动。

② 顺序停止。第四次按压按钮 SB1，计数器 C3 计满，C3 的常开触点变为常闭，PLC 执行[MOV K6 K2Y000]指令，Y0 线圈失电，Y1 和 Y2 线圈得电，第一台电动机停止运行。

第五次按压按钮 SB1，计数器 C4 计满，C4 的常开触点变为常闭，PLC 执行[MOV K4 K2Y000]指令，Y0 和 Y1 线圈失电，Y2 线圈得电，第二台电动机停止运行。

第六次按压按钮 SB1，计数器 C5 计满，C5 的常开触点变常为闭，PLC 执行[MOV K0 K2Y000]指令，Y0、Y1 和 Y2 线圈失电，第三台电动机停止运行。在 Y2 线圈失电时，PLC 执行[ZRST C0 C5]指令，计数器 C0～C5 被复位。

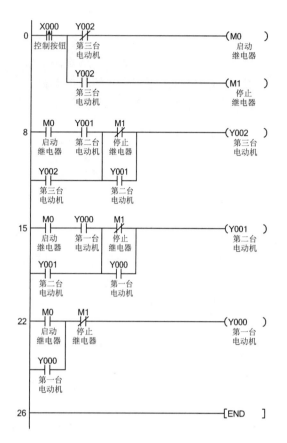

图 3-5-1 范例 1 的梯形图

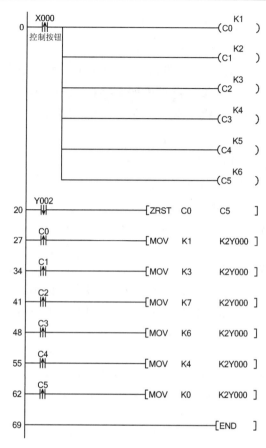

图 3-5-2 范例 2 的梯形图

（3）程序设计范例 3 分析。3 台电动机顺序启动、停止控制程序设计范例 3 如图 3-5-3 所示。

程序说明：

① 顺序启动。在 Y0、Y1 和 Y2 线圈失电时，PLC 执行[SET M0]指令，M0 线圈得电，M0 位为 ON。

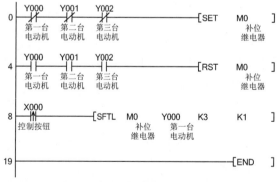

图 3-5-3 范例 3 的梯形图

用左移指令设计

第一次按压按钮 SB1，PLC 执行[SFTL M0 Y000 K3 K1]指令，M0 位的高电平 1 被左移到 Y0 位，所以 Y0 线圈得电，第一台电动机启动。

第二次按压按钮 SB1，PLC 执行[SFTL M0 Y000 K3 K1]指令，M0 位的高电平 1 被左移到 Y0 位，Y0 位的高电平 1 被左移到 Y1 位，所以 Y0 和 Y1 线圈得电，第二台电动机启动。

第三次按压按钮 SB1，PLC 执行[SFTL M0 Y000 K3 K1]指令，M0 位的高电平 1 被左移到 Y0 位，Y0 位的高电平 1 被左移到 Y1 位，Y1 位的高电平 1 被左移到 Y2 位，所以 Y0、Y1 和 Y2 线圈得电，第三台电动机启动。

② 顺序停止。在 Y0、Y1 和 Y2 线圈得电时，PLC 执行[RST M0]指令，M0 线圈失电，M0 位为 OFF。

第四次按压按钮 SB1，PLC 执行[SFTL M0 Y000 K3 K1]指令，M0 位的低电平 0 被左移到 Y0 位，Y0 位的高电平 1 被左移到 Y1 位，Y1 位的高电平 1 被左移到 Y2 位，所以 Y0 线圈失电，Y1 和 Y2 线圈得电，第一台电动机停止运行。

第五次按压按钮 SB1，PLC 执行[SFTL M0 Y000 K3 K1]指令，M0 位的低电平 0 被左移到 Y0 位，Y0 位的低电平 0 被左移到 Y1 位，Y1 位的高电平 1 被左移到 Y2 位，所以 Y0 和 Y1 线圈失电，Y2 线圈得电，第二台电动机停止运行。

第六次按压按钮 SB1，PLC 执行[SFTL M0 Y000 K3 K1]指令，M0 位的低电平 0 被左移到 Y0 位，Y0 位的低电平 0 被左移到 Y1 位，Y1 位的低电平 1 被左移到 Y2 位，所以 Y0、Y1 和 Y2 线圈失电，第三台电动机停止运行。

实例 3-6　单按钮控制 3 台电动机顺启逆停程序设计

单按钮控制 3 台电动机顺启逆停

设计要求：用一个按钮控制 3 台电动机，起初每按一次按钮对应启动一台电动机；待全部电动机启动完成后，再每按一次按钮对应停止一台电动机，停止的顺序要求是先启动的电动机后停止。

1. 输入/输出元件及其控制功能

实例 3-6 中用到的输入/输出元件及其控制功能如表 3-6-1 所示。

表 3-6-1　实例 3-6 输入/输出元件及其控制功能

说　明	PLC 软元件	元件文字符号	元　件　名　称	控　制　功　能
输入	X0	SB1	按钮	启动/停止控制
输出	Y0	KM1	接触器	第一台电动机运行
	Y1	KM2	接触器	第二台电动机运行
	Y3	KM3	接触器	第三台电动机运行

2. 控制程序设计

【思路点拨】

实例 3-6 的控制要求与实例 3-5 类似，只不过是电动机启停控制顺序发生了变化，所以实例 3-6 的程序设计可借鉴实例 3-5 的方法编写。

（1）程序设计范例 1 分析。3 台电动机顺序启动、逆序停止控制程序设计范例 1 如图 3-6-1 所示。

用左移和右移指令设计

程序说明：

① 顺序启动。在 Y0、Y1 和 Y2 线圈失电时，PLC 执行[SET M0]指令，M0 线圈得电，M0 位为 ON，M0 的常开触点变为常闭，M0 的常闭触点变为常开，PLC 只能执行[SFTL M0 Y000 K3 K1]指令。

第一次按压按钮 SB1，PLC 执行[SFTL M0 Y000 K3 K1]指令，M0 位的高电平 1 被左移到 Y0 位，所以 Y0 线圈得电，第一台电动机启动。

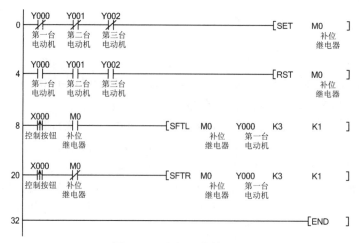

图 3-6-1　范例 1 的梯形图

第二次按压按钮 SB1，PLC 执行[SFTL　M0　Y000　K3　K1]指令，M0 位的高电平 1 被左移到 Y0 位，Y0 位的高电平 1 被左移到 Y1 位，所以 Y0 和 Y1 线圈得电，第二台电动机启动。

第三次按压按钮 SB1，PLC 执行[SFTL　M0　Y000　K3　K1]指令，M0 位的高电平 1 被左移到 Y0 位，Y0 位的高电平 1 被左移到 Y1 位，Y1 位的高电平 1 被左移到 Y2 位，所以 Y0、Y1 和 Y2 线圈得电，第三台电动机启动。

② 逆序停止。在 Y0、Y1 和 Y2 线圈得电时，PLC 执行[RST　M0]指令，M0 线圈失电，M0 位为 OFF，M0 的常开触点恢复常开，M0 的常闭触点恢复常闭，PLC 只能执行[SFTR　M0　Y000　K3　K1]指令。

第四次按压按钮 SB1，PLC 执行[SFTR　M0　Y000　K3　K1]指令，M0 位的低电平 0 被右移到 Y2 位，Y2 位的高电平 1 被右移到 Y1 位，Y1 位的高电平 1 被右移到 Y0 位，所以 Y2 线圈失电，Y0 和 Y1 线圈得电，第三台电动机停止运行。

第五次按压按钮 SB1，PLC 执行[SFTR　M0　Y000　K3　K1]指令，M0 位的低电平 0 被右移到 Y2 位，Y2 位的低电平 0 被右移到 Y1 位，Y1 位的高电平 1 被右移到 Y0 位，所以 Y1 和 Y2 线圈失电，Y0 线圈得电，第二台电动机停止运行。

第六次按压按钮 SB1，PLC 执行[SFTR　M0　Y000　K3　K1]指令，M0 位的低电平 0 被右移到 Y2 位，Y2 位的低电平 0 被右移到 Y1 位，Y1 位的低电平 1 被右移到 Y0 位，所以 Y0、Y1 和 Y2 线圈失电，第三台电动机停止运行。

（2）程序设计范例 2 分析。3 台电动机顺序启动、逆序停止控制程序设计范例 2 如图 3-6-2 所示。

用译码指令设计

程序说明：

① 顺序启动。第一次按压按钮 SB1，PLC 执行[INC　D0]指令，(D0)=1；PLC 执行[DEC0　D0　M0　K3]指令，由 DEC0 译码后 M1 为 ON，M1 的常开触点变为常闭；PLC 执行[SET　Y000]指令，Y0 线圈得电，第一台电动机启动。

第二次按压按钮 SB1，PLC 执行[INC　D0]指令，(D0)=2；PLC 执行[DEC0　D0　M0　K3]指令，由 DEC0 译码后 M2 为 ON，M2 的常开触点变为常闭；PLC 执行[SET　Y001]指令，Y0 和 Y1 线圈得电，第二台电动机启动。

第三次按压按钮 SB1，PLC 执行[INC　D0]指令，(D0)=3；PLC 执行[DEC0　D0　M0　K3]

指令，由 DEC0 译码后 M3 为 ON，M3 的常开触点变为常闭；PLC 执行[SET Y002]指令，Y0、Y1 和 Y2 线圈得电，第三台电动机启动。

② 逆序停止。第四次按压按钮 SB1，PLC 执行[INC D0]指令，(D0)=4；PLC 执行[DEC0 D0 M0 K3]指令，由 DEC0 译码后 M4 为 ON，M4 的常开触点变为常闭；PLC 执行[RST Y002]指令，Y2 线圈失电，Y0 和 Y1 线圈得电，第三台电动机停止运行。

第五次按压按钮 SB1，PLC 执行[INC D0]指令，(D0)=5；PLC 执行[DEC0 D0 M0 K3]指令，由 DEC0 译码后 M5 为 ON，M5 的常开触点变为常闭；PLC 执行[RST Y001]指令，Y1 和 Y2 线圈失电，Y0 线圈得电，第二台电动机停止运行。

第六次按压按钮 SB1，PLC 执行[INC D0]指令，(D0)=6；PLC 执行[DEC0 D0 M0 K3]指令，由 DEC0 译码后 M6 为 ON，M6 的常开触点变为常闭；PLC 执行[RST Y000]指令，Y0、Y1 和 Y2 线圈失电，第三台电动机停止运行。

（3）程序设计范例 3 分析。3 台电动机顺序启动、逆序停止控制程序设计范例 3 如图 3-6-3 所示。

用触点比较指令设计

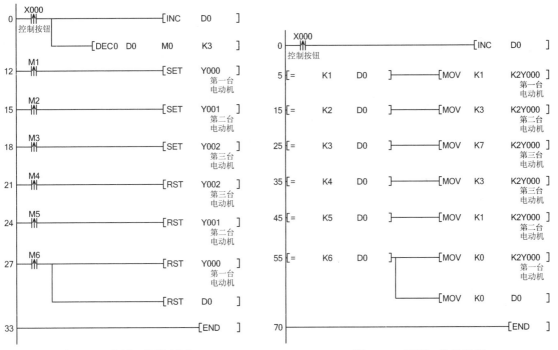

图 3-6-2 范例 2 的梯形图　　　　图 3-6-3 范例 3 的梯形图

程序说明：

① 顺序启动。第一次按压按钮 SB1，PLC 执行[INC D0]指令，(D0)=1；由于(D0)= K1，PLC 执行[MOV K1 K2Y000]指令，Y0 线圈得电，第一台电动机启动。

第二次按压按钮 SB1，PLC 执行[INC D0]指令，(D0)=2；由于(D0)= K2，PLC 执行[MOV K3 K2Y000]指令，Y0 和 Y1 线圈得电，第二台电动机启动。

第三次按压按钮 SB1，PLC 执行[INC D0]指令，(D0)=3；由于(D0)= K3，PLC 执行[MOV K7 K2Y000]指令，Y0、Y1 和 Y2 线圈得电，第三台电动机启动。

② 逆序停止。第四次按压按钮 SB1，PLC 执行[INC D0]指令，(D0)=4；由于(D0)= K4，PLC 执行[MOV K3 K2Y000]指令，Y0 和 Y1 线圈得电，第三台电动机停止运行。

第五次按压按钮 SB1，PLC 执行[INC D0]指令，（D0）=5；由于（D0）= K5，PLC 执行[MOV K1 K2Y000]指令，Y0 线圈得电，第二台电动机停止运行。

第六次按压按钮 SB1，PLC 执行[INC D0]指令，（D0）=6；由于（D0）= K6，PLC 执行[MOV K0 K2Y000]指令，Y0、Y1 和 Y2 线圈失电，第一台电动机停止运行。

实例 3-7　6 个按钮控制 3 台电动机顺启逆停控制程序设计

设计要求：用 6 个按钮控制 3 台电动机顺序启动、逆序停止。这 3 台电动机的启动顺序是第一台电动机最先启动，然后是第二台电动机启动，最后是第三台电动机启动；停止顺序是第三台电动机最先停止，然后是第二台电动机停止，最后是第一台电动机停止。

1. 输入/输出元件及其控制功能

实例 3-7 中用到的输入/输出元件及其控制功能如表 3-7-1 所示。

6 按钮控制 3 台电动机顺启逆停

表 3-7-1　实例 3-7 输入/输出元件及其控制功能

说　明	PLC 软元件	元件文字符号	元件名称	控制功能
输入	X0	SB1	按钮	第一台电动机启动控制
	X1	SB2	按钮	第一台电动机停止控制
	X2	SB3	按钮	第二台电动机启动控制
	X3	SB4	按钮	第二台电动机停止控制
	X4	SB5	按钮	第三台电动机启动控制
	X5	SB6	按钮	第三台电动机停止控制
输出	Y0	KM1	接触器	第一台电动机运行
	Y1	KM2	接触器	第二台电动机运行
	Y3	KM3	接触器	第三台电动机运行

2. 控制程序设计

【思路点拨】
实例 3-7 的控制要求与实例 3-6 类似，只不过是按钮数量发生了变化，所以实例 3-7 的程序设计可借鉴实例 3-6 的方法编写。

（1）程序设计范例 1 分析。3 台电动机顺序启动、逆序停止控制程序设计范例 1 如图 3-7-1 所示。

用逻辑电路设计

程序说明：

① 顺序启动。在第一台电动机未启动之前，Y0 线圈不得电。如果按压按钮 SB3，由于 Y0 的常开触点一直常开，所以 Y1 线圈不得电，第二台电动机不能启动。同样道理，如果按压按钮 SB5，由于 Y1 的常开触点一直常开，所以 Y2 线圈不得电，第三台电动机不能启动。

按压按钮 SB1，Y0 线圈得电并自锁，第一台电动机启动。

在 Y0 线圈得电期间，按压按钮 SB3，由于 Y0 的常开触点变为常闭，所以 Y1 线圈得电并自锁，第二台电动机启动。

在 Y1 线圈得电期间，按压按钮 SB5，由于 Y1 的常开触点变为常闭，所以 Y2 线圈得电并自锁，第三台电动机启动。

② 逆序停止。在 Y0、Y1 和 Y2 线圈得电期间，如果按压按钮 SB2，由于该按钮对应的常闭触点已被短接，所以 Y0 线圈不失电，第一台电动机不能停止运行；如果按压按钮 SB4，由于该按钮对应的常闭触点已被短接，所以 Y1 线圈不失电，第二台电动机不能停止运行。

在 Y0、Y1 和 Y2 线圈得电期间，按压按钮 SB6，由于该按钮对应的常闭触点变为常开，所以 Y2 线圈失电，第三台电动机停止运行。

在 Y2 线圈失电期间，按压按钮 SB4，由于 Y2 的常开触点已经恢复常开，所以 Y1 线圈失电，第二台电动机停止运行。

在 Y1 线圈失电期间，按压按钮 SB2，由于 Y1 的常开触点已经恢复常开，所以 Y0 线圈失电，第一台电动机停止运行。

（2）程序设计范例 2 分析。3 台电动机顺序启动、逆序停止控制程序设计范例 2 如图 3-7-2 所示。

用数据传送指令设计

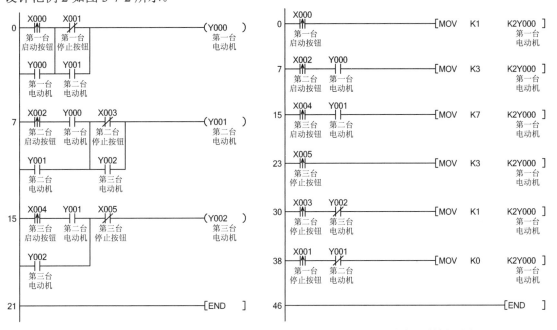

图 3-7-1　范例 1 的梯形图　　　　　图 3-7-2　范例 2 的梯形图

程序说明：

① 顺序启动。在第一台电动机未启动之前，Y0 线圈不得电。如果按压按钮 SB3，由于 Y0 的常开触点一直常开，所以 PLC 不执行[MOV　K3　K2Y000]指令，第二台电动机不能启动。同样道理，如果点动按压按钮 SB5，由于 Y1 的常开触点一直常开，所以 PLC 不执行[MOV　K7　K2Y000]指令，第三台电动机不能启动。

按压按钮 SB1，PLC 执行[MOV　K1　K2Y000]指令，Y0 线圈得电，第一台电动机运行。

在 Y0 线圈得电期间，按压按钮 SB3，PLC 执行[MOV　K3　K2Y000]指令，Y0 和 Y1 线圈得电，第一台和第二台电动机运行。

在 Y1 线圈得电期间，按压按钮 SB5，PLC 执行[MOV　K7　K2Y000]指令，Y0、Y1 和 Y2 线圈得电，第一台、第二台和第三台电动机运行。

② 逆序停止。在 Y0、Y1 和 Y2 线圈得电期间，如果按压按钮 SB2，由于 Y1 的常闭触

点变为常开,所以 PLC 不执行[MOV K0 K2Y000]指令,第一台电动机不能停止运行。同样道理,如果按压按钮 SB4,由于 Y2 的常闭触点变为常开,所以 PLC 不执行[MOV K1 K2Y000]指令,第二台电动机不能停止运行。

在 Y0、Y1 和 Y2 线圈得电期间,按压按钮 SB6,PLC 执行[MOV K3 K2Y000]指令,Y2 线圈失电,第三台电动机停止运行。

在 Y2 线圈失电期间,按压按钮 SB4,PLC 执行[MOV K1 K2Y000]指令,Y1 线圈失电,第二台电动机停止运行。

在 Y1 线圈失电期间,按压按钮 SB2,PLC 执行[MOV K0 K2Y000]指令,Y0 线圈失电,第一台电动机停止运行。

(3) 程序设计范例 3 分析。3 台电动机顺序启动、逆序停止控制程序设计范例 3 如图 3-7-3 所示。

用左移和右移指令设计

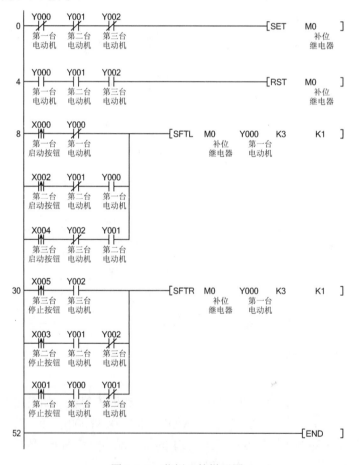

图 3-7-3 范例 3 的梯形图

程序说明:

① 顺序启动。在 Y0、Y1 和 Y2 线圈失电时,PLC 执行[SET M0]指令,M0 线圈得电,M0 位为 ON。

按压按钮 SB1,PLC 执行[SFTL M0 Y000 K3 K1]指令,M0 位的高电平 1 被左移到 Y0 位,所以 Y0 线圈得电,Y0 位为 ON,第一台电动机启动。

按压按钮 SB3，PLC 执行[SFTL M0 Y000 K3 K1]指令，M0 位的高电平 1 被左移到 Y0 位，Y0 位的高电平 1 被左移到 Y1 位，所以 Y0 和 Y1 线圈得电，Y 0 和 Y1 位为 ON，第一台和第二台电动机启动。

按压按钮 SB5，PLC 执行[SFTL M0 Y000 K3 K1]指令，M0 位的高电平 1 被左移到 Y0 位，Y0 位的高电平 1 被左移到 Y1 位，Y1 位的高电平 1 被左移到 Y2 位，所以 Y0、Y1 和 Y2 线圈得电，Y 0、Y1 和 Y2 位为 ON，第一台、第二台和第三台电动机启动。

② 逆序停止。在 Y0、Y1 和 Y2 线圈得电时，PLC 执行[RST M0]指令，M0 线圈失电，M0 位为 OFF。

按压按钮 SB6，PLC 执行[SFTR M0 Y000 K3 K1]指令，M0 位的低电平 0 被右移到 Y2 位，Y2 位的高电平 1 被右移到 Y1 位，Y1 位的高电平 1 被右移到 Y0 位，所以 Y2 线圈失电，Y0 和 Y1 线圈得电，Y2 位为 OFF，Y0 和 Y1 位为 ON，第三台电动机停止运行。

按压按钮 SB4，PLC 执行[SFTR M0 Y000 K3 K1]指令，M0 位的低电平 0 被左移到 Y2 位，Y2 位的低电平 0 被右移到 Y1 位，Y1 位的高电平 1 被右移到 Y0 位，所以 Y1 和 Y2 线圈失电，Y0 线圈得电，Y1 和 Y2 位为 OFF，Y0 位为 ON，第二台和第三台电动机停止运行。

按压按钮 SB2，PLC 执行[SFTR M0 Y000 K3 K1]指令，M0 位的低电平 0 被左移到 Y2 位，Y2 位的低电平 0 被左移到 Y1 位，Y1 位的低电平 1 被右移到 Y0 位，所以 Y0、Y1 和 Y2 线圈失电，Y0、Y1 和 Y2 位为 OFF，第一台、第二台和第三台电动机停止运行。

实例 3-8 车库门控制程序设计

车库门开闭控制

设计要求：用 PLC 控制车库门自动开关，该车库门可由手动或自动方式进行控制。如图 3-8-1 所示，当有车来时，车库门开启；当来车入库到位后，车库门关闭；当有车出库时，车库门开启；当车移出库门外，车库门关闭。

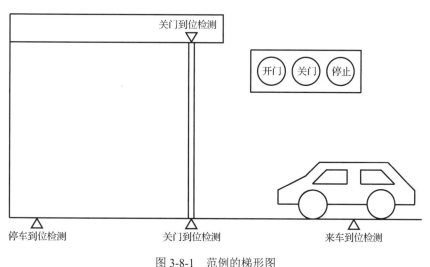

图 3-8-1 范例的梯形图

1. 输入/输出元件及其控制功能

实例 3-8 中用到的输入/输出元件及其控制功能如表 3-8-1 所示。

表 3-8-1　实例 3-8 输入/输出元件及其控制功能

说　明	PLC 软元件	元件文字符号	元件名称	控制功能
输入	X0	SB1	按钮	开门控制
	X1	SB2	按钮	关门控制
	X2	SB3	按钮	停止控制
	X3	SQ1	行程开关	来车到位检测
	X4	SQ2	行程开关	停车到位检测
	X5	SQ3	行程开关	开门到位检测
	X6	SQ4	行程开关	关门到位检测
输出	Y0	KM1	接触器	开门
	Y1	KM2	接触器	关门

2. 控制程序设计

【思路点拨】

该程序设计仍然属于正反转控制范畴。为实现车库门的自动控制，需要解决 4 个方面的问题：如果库门外有来车，如何开启库门；如果车已入库，如何关闭库门；如果有车需要移出车库，如何开启库门；如果车已出库，如何关闭库门。以上问题的核心就是使能条件的选择，以往习惯使用"长信号"作为使能条件，但在本实例中，我们选择"短信号"作为使能条件，所谓"短信号"是指边沿脉冲信号，利用"短信号"驱动相关的逻辑电路或指令，最终实现库门自动开启和关闭。

车库自动开关门控制程序设计范例如图 3-8-2 所示。

车库门开闭控制程序分析

程序说明：

① 出库控制。当汽车停留在车库里时，行程开关 SQ2 受压，SQ2 对应的输入继电器 X4 为 ON 状态。当汽车开始出库时，行程开关 SQ2 将不再受压，X4 变为 OFF 状态，PLC 执行[SET　M0]指令，M0 线圈得电。当汽车移出车库时，行程开关 SQ1 先受压后解压，SQ1 对应的输入继电器 X3 先 ON 后 OFF 状态，PLC 执行[RST　M0]指令，M0 线圈失电。

② 开门控制。根据分析得知，有 3 种情况需要启动开门。第 1 种情况是按压开门按钮 SB1；第 2 种情况是当有车来时，使行程开关 SQ1 受压；第 3 种情况是汽车向外移库，使行程开关 SQ2 解压。在这 3 种情况下，PLC 执行[SET　Y0]指令，Y0 线圈得电，启动开门。

根据分析得知，有 5 种情况需要停止开门。第 1 种情况是按压停止按钮 SB3；第 2 种情况是按压关门按钮 SB2；第 3 种情况是开门到位，使行程开关 SQ3 受压；第 4 种情况是停车到位，使行程开关 SQ2 受压；第 5 种情况是汽车移出库门，使行程开关 SQ1 受压。在这 5 种情况下，PLC 执行[RST　Y0]指令，Y0 线圈失电，停止开门。

③ 关门控制。根据分析得知，有 3 种情况需要启动关门。第 1 种情况是按压关门按钮 SB2；第 2 种情况是汽车停车到位，使行程开关 SQ2 受压；第 3 种情况是汽车移出库门，使行程开关 SQ1 受压。在这 3 种情况下，PLC 执行[SET　Y1]指令，Y1 线圈得电，启动关门。

根据分析得知，有 5 种情况需要停止关门。第 1 种情况是按压停止按钮 SB3；第 2 种情况是按压开门按钮 SB1；第 3 种情况是关门到位，使行程开关 SQ4 受压；第 4 种情况是停车到位，使行程开关 SQ2 受压；第 5 种情况是汽车向外移库，使行程开关 SQ2 解压。在这 4 种情况下，PLC 执行[RST　Y1]指令，Y1 线圈失电，停止关门。

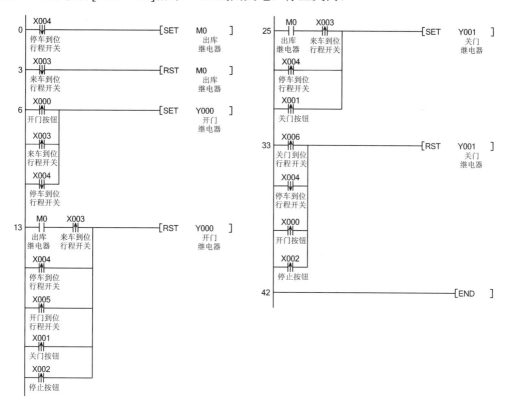

图 3-8-2　范例的梯形图

项目 4

定时器应用程序设计

定时器的应用主要有两个方面：一方面是用作定时控制，当定时器的计时值到达其设定值时，利用定时器触点的动作进行程序设计；另一方面是用作当前值比较控制，定时器在计时过程中，其当前的计时值是在不断变化的；结合比较类的指令，把定时器当前的计时值当作其中一个比较字元件，当计时值到达比较值时，利用比较指令的触点动作进行程序设计。

✈ 实例 4-1　定时器控制彩灯闪烁程序设计

彩灯闪烁控制

> **设计要求**：利用定时器设计一个彩灯闪烁电路，要求实现以下功能：启动后，彩灯点亮 0.5 秒、熄灭 0.5 秒，依次循环。

1. 输入/输出元件及其控制功能

实例 4-1 中用到的输入/输出元件及其控制功能如表 4-1-1 所示。

表 4-1-1　实例 4-1 输入/输出元件及其控制功能

说　明	PLC 软元件	元件文字符号	元件名称	控制功能
输入	X0	SB	控制按钮	启/停控制
输出	Y0	HL	彩灯	控制彩灯闪烁

2. 控制程序设计

（1）用基本指令设计。

用逻辑电路设计

> **【思路点拨】**
> 定时器最常用的场合就是计时控制，本实例可以使用两个定时器，利用两个定时器计时时差达到控制继电器周期性得电的目的，进而使彩灯也能够周期性点亮。

用定时控制方式编写彩灯控制程序如图 4-1-1 所示。

程序说明：当初次按下控制按钮 SB 时，PLC 执行[ALT　M0]指令，使 M0 线圈得电。由于 M0 常开触点闭合，使 Y0 线圈得电，彩灯 HL 被点亮，定时器 T0 和 T1 同时开始

项目4 定时器应用程序设计

计时。

在 M0 线圈得电期间,当 T0 计时满 0.5 秒,T0 常闭触点断开,使 Y0 线圈失电,彩灯 HL 熄灭。当 T1 计时满 1 秒,定时器 T0 和 T1 同时被复位,程序进入循环执行状态。

当再次按下控制按钮 SB 时,PLC 执行[ALT M0]指令,使 M0 和 Y0 线圈失电,T0 和 T1 被复位,彩灯 HL 熄灭。

【经验总结】

在时钟控制场合,图 4-1-1 所示的程序是一种非常简捷适用的脉冲触发控制程序,它利用两个定时器产生时钟脉冲,由于改变定时器的设定值就可以改变脉冲的周期和占空比,因此该程序又称为振荡控制程序。

(2) 用触点比较指令设计。

【思路点拨】

使用一个定时器进行长计时,通过查询定时器的当前值以此确定彩灯的工作状态。

用定时控制方式编写彩灯控制程序如图 4-1-2 所示。

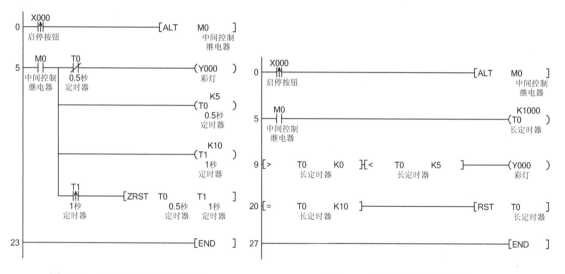

图 4-1-1 彩灯闪烁控制程序 1 　　　图 4-1-2 彩灯闪烁控制程序 2

程序说明:当初次按下控制按钮 SB 时,PLC 执行[ALT M0]指令,使 M0 线圈得电。在 M0 线圈得电期间,定时器 T0 计时。

PLC 执行[> T0 K0]指令和[< T0 K5] 指令,判断 T0 的经过值是否在 0~0.5 秒时间段,如果 T0 的经过值在 0~0.5 秒时间段内,则上述两个比较触点接通,Y0 线圈得电,彩灯 HL 点亮。

PLC 执行[= T0 K10]指令,如果定时器 T0 的当前值等于 1 秒,则比较触点接通,PLC 执行[RST T0]指令,定时器 T0 复位,程序进入循环执行状态。

当再次按下控制按钮 SB 时,PLC 执行[ALT M0]指令,使 M0 和 Y0 线圈失电,T0 被复位,彩灯 HL 熄灭。

知识准备

定时器是一种具有延时控制功能的软元件,它能通过对一定周期的时钟脉冲进行累计,从而达到定时控制的目的。

1. 定时器的结构

定时器的定时时间由设定值和脉冲周期的乘积来确定,其设定值可用常数 K(直接设定)或数据寄存器 D 的寄存值(间接设定)来设置,其设定范围为 1~32767。如表 4-1-2 所示,按累计脉冲的周期来分,定时器可分为 100ms、10ms 和 1ms 三种类型;按累计方式的不同,定时器又可分为通用定时器和积算定时器两种类型,其中积算定时器具有断电保持功能。

表 4-1-2 定时器编号

定时器	时钟脉冲周期	编号范围(共 256 个)	定时范围
通用定时器	100ms	T0~T199,共 200 个	0.1~3 276.7s
	10ms	T200~T245,共 46 个	0.01~327.67s
积算定时器	1ms	T246~T249,共 4 个	0.001~32.767s
	100ms	T250~T255,共 6 个	0.1~3276.7s

定时器有三个寄存器,即当前值寄存器、设定值寄存器和输出触点的映像寄存器。当前值寄存器用于储存时钟脉冲的累计当前值;设定值寄存器用于存储时钟脉冲个数的设定值;输出触点的映像寄存器用于存储定时状态,供其触点读取用。这三个寄存器使用同一地址编号,由"T"和十进制数共同组成,因此,可以说定时器是一个身兼位元件和字元件双重身份的软元件,它的常开、常闭触点是位元件,而它的定时设定值是一个字元件。

2. 用法说明

(1)通用定时器。

以定时器 T0 为例,通用定时器的用法如图 4-1-3 所示。

① 当定时器 T0 线圈的驱动输入 X000 处于接通状态时,T0 的当前值计数器就对 100ms 的时钟脉冲进行个数累计。当累计值等于设定值 K50 时,定时器 T0 的输出触点动作。也就是说,输出触点是在线圈驱动 5s 后动作。

② 在任意时刻,如果定时器 T0 被断电或驱动输入 X000 被断开,定时器 T0 将被立即复位,累计值清零、输出触点复位。

(2)积算定时器。

以定时器 T250 为例,积算定时器的用法如图 4-1-4 所示。

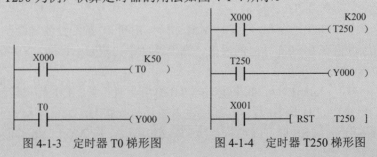

图 4-1-3 定时器 T0 梯形图　　图 4-1-4 定时器 T250 梯形图

① 当定时线圈 T250 的驱动输入 X000 处于接通状态时,T250 的当前值计数器就对 100ms

的时钟脉冲进行个数累计。若累计值等于设定值 K200 时，定时器的输出触点动作。也就是说，输出触点是在线圈驱动 20s 后动作。

② 在任意时刻，如果定时器 T250 被断电或驱动输入 X000 被断开，定时器不会被复位，累计值会一直保持当前值，同时输出触点的状态也会一直保持，当再次来电或驱动输入 X001 重新接通后，T250 的当前值计数器在原有累计值的基础上继续累计，直至到达设定值 K200。

③ 只有当复位输入 X001 为 ON 并执行 T250 的 RST 指令，定时器才会被复位，累计值清零、输出触点复位。

【经验总结】

通用型定时器和积算型定时器的使用场合是有一定区别的。例如，在断续累计计时场合，由于通用型定时器对经过值不具有自保持能力，所以图 4-1-5 中的通用型定时器就不能进行断续累计计时；而积算型定时器对经过值具有自保持能力，所以图 4-1-6 中的积算型定时器就能进行断续累计计时。从表 4-1-2 中可以看出，积算型定时器的数量是明显少于通用型定时器数量的，换句话说积算型定时器的可用资源非常有限，因此在使用通用型定时器就能解决问题的情况下，就不要使用积算型定时器，避免"大材小用"，造成资源浪费。

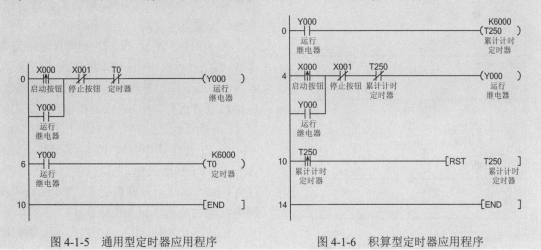

图 4-1-5　通用型定时器应用程序　　　　图 4-1-6　积算型定时器应用程序

实例 4-2　定时器控制电动机正/反转程序设计

电动机正反转定时控制

设计要求：按下启动按钮，电动机先以正转运行 10 秒，然后再以反转运行 10 秒，依此顺序循环工作。按下停止按钮，电动机停止运行。

1. 输入/输出元件及其控制功能

实例 4-2 中用到的输入/输出元件及其控制功能如表 4-2-1 所示。

表 4-2-1　实例 4-2 输入/输出元件及其控制功能

说　明	PLC 软元件	元件文字符号	元 件 名 称	控 制 功 能
输入	X0	SB1	按钮	启动控制
	X1	SB2	按钮	停止控制

续表

说明	PLC软元件	元件文字符号	元件名称	控制功能
输出	Y0	KM1	接触器	正转接通或分断电源
	Y1	KM2	接触器	反转接通或分断电源

2. 控制程序设计

（1）用基本指令设计。

用逻辑电路设计

【思路点拨】

本实例可以使用两个定时器分别对电动机正/反转运行时间进行计时，一旦计时时间到，利用定时器触点的动作控制电动机运行方向切换。

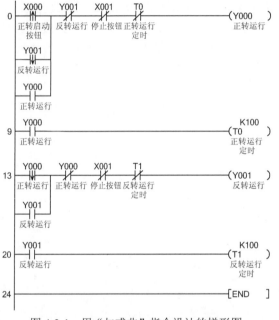

图 4-2-1　用"与或非"指令设计的梯形图

用"与或非"指令编写的电动机定时正/反转控制程序如图 4-2-1 所示。

程序说明：按压启动按钮 SB1，X0 常开触点瞬时闭合，Y0 线圈得，电动机正转运行。在 Y0 线圈得电期间，定时器 T0 开始计时。

当 T0 计时满 10 秒，T0 的常闭触点变为常开，使 Y0 线圈失电，电动机停止正转运行。在 Y0 触点下降沿脉冲作用下，Y1 线圈得电，电动机反转运行。在 Y1 线圈得电期间，定时器 T1 开始计时。

当 T1 计时满 10 秒，T1 的常闭触点变为常开，使 Y1 线圈失电，电动机停止反转运行。在 Y1 触点下降沿脉冲作用下，Y0 线圈再次得电，电动机运行进入循环状态。

按压停止按钮 SB3，X2 常闭触点瞬时断开，Y0 和 Y1 线圈失电，电动机停止运行。

【错误反思】

将图 4-2-1 所示的程序改写成图 4-2-2 所示的程序，按下正转启动按钮，Y0 线圈得电并自锁，定时器 T0 对电动机正转运行时间进行计时，当定时器 T0 计时满 10 秒时，虽然定时器 T0 的触点动作了，但是 Y1 线圈并没有按预先想象的那样能得电，电动机更是没有反转，这是为什么呢？

在图 4-2-2 所示程序中，定时器 T0 的线圈放置于其常闭触点的下方。因为 PLC 采用的是循环扫描工作方式，所以在定时器 T0 动作的那个扫描周期内，PLC 只能执行如图 4-2-3 所示的程序，而不能执行如图 4-2-4 所示的程序，只有到下一个扫描周期，PLC 才能执行图 4-2-4 所示的程序。在定时器 T0 动作的那个扫描周期内，当 PLC 扫描图 4-2-3 所示的程序时，尽管 T0 的常开触点变为闭合，但由于 Y0 线圈此时并没有失电，Y0 和 Y1 仍然处在互锁状态，所以 Y1 线圈并不能得电，这就出现了反转没有启动的现象。在定时器 T0 动作的下一个扫描周期内，当 PLC 扫描图 4-2-4 所示的程序时，由于 T0 的常闭触点断开，所以 Y0 线圈失电，正转运行停止。

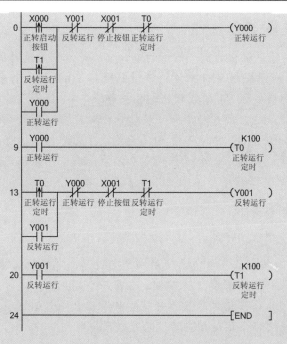

图 4-2-2 用"与或非"指令设计的错误梯形图

为了解决上述问题,可以将定时器 T0 的线圈放置于其所控制的程序区块之上,如图 4-2-5 所示,这样就保证了在定时器 T0 动作时,图 4-2-3 和图 4-2-4 所示的程序都能在同一个扫描周期内执行,从而避免了时序错误的产生。

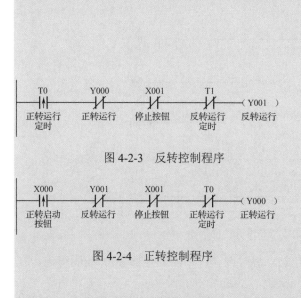

图 4-2-3 反转控制程序

图 4-2-4 正转控制程序

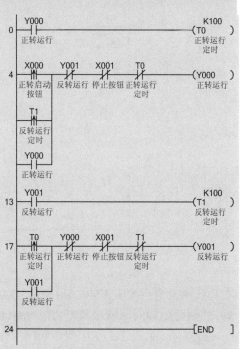

图 4-2-5 用"与或非"指令设计的正确梯形图

【经验总结】

以图 4-2-2 所示的错误编程为例,最好的编程方法是只利用定时器 T0 负责控制 Y0 线圈失电,不负责控制 Y1 线圈得电,Y1 线圈得不得电只与 Y0 线圈失电有关。利用 Y0 触点下降沿脉冲启动反转,此时 Y0 和 Y1 的互锁状态已被解除,Y1 线圈就能够正常得电,电动机就可以顺利实现反转。因此,在顺序控制程序设计中,对应每一个进程的转换,尽量不要使用同一个元件来控制,如图 4-2-2 中的 T0。为了避免产生时序错误,也为了使程序逻辑清晰、易懂,增强可读性,建议使用前一个进程的结束信号,该信号通常是某个继电器触点的下降沿,如图 4-2-1 中 Y0 的下降沿脉冲,用此信号去启动后一个进程。

(2)用触点比较指令设计。

用触点比较指令设计

【思路点拨】

电动机正/反转定时控制程序也可以使用一个定时器,电动机正转 10 秒和反转 10 秒组成一个 20 秒的工作周期,在每一个周期内,定时器的当前值始终是不断变化的,结合触点比较指令,把定时器的当前值当作其中一个比较字元件,当时间到达对应的比较值时,用触点比较指令驱动相应时段的继电器得电。

用触点比较指令编写的电动机定时正/反转控制程序如图 4-2-6 所示。

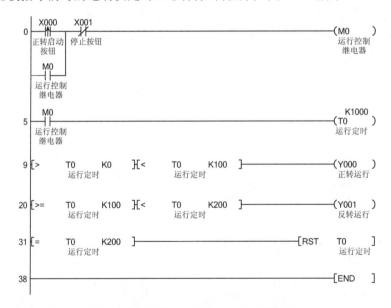

图 4-2-6 用触点比较指令设计的梯形图

程序说明:按压正转按钮 SB1,X0 常开触点瞬时闭合,中间继电器 M0 线圈得电。在 M0 线圈得电期间,PLC 执行[T0 M1000]指令。

PLC 执行[> T0 K0]指令和[< T0 K100] 指令,判断 T0 的经过值是否在 0~10 秒时间段,如果 T0 的经过值在 0~10 秒时间段内,则上述两个比较触点接通,Y0 线圈得电,电动机正转运行 10 秒。

PLC 执行[> T0 K100]指令和[< T0 K200] 指令,判断 T0 的经过值是否在 10~20 秒时间段,如果 T0 的经过值在 10~20 秒时间段内,则上述两个比较触点接通,Y1 线圈得电,

电动机反转运行 10 秒。

PLC 执行[= T0 K200]指令,如果定时器 T0 的当前值等于 20 秒,则比较触点接通,PLC 执行[RST T0]指令,定时器 T0 复位,程序进入循环执行状态。

按压停止按钮 SB2,X1 常闭触点瞬时断开,M0 线圈失电,定时器 T0 复位,Y0 和 Y1 线圈失电,电动机停止运行。

【经验总结】

在实际编程时,定时器可以采用三种方法进行复位,第一种方法是使用继电器进行复位,如图 4-2-7 所示;第二种方法是使用复位指令进行复位,如图 4-2-8 所示;第三种方法是使用数据传送指令进行复位,如图 4-2-9 所示。

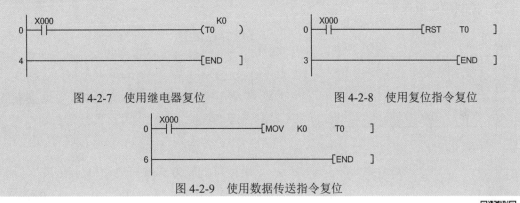

图 4-2-7 使用继电器复位　　　　图 4-2-8 使用复位指令复位

图 4-2-9 使用数据传送指令复位

实例 4-3　定时器控制电动机星/角减压启动程序设计

电动机星角启动控制

设计要求:如图 4-3-1 所示,当按下启动按钮时,电动机先以星形方式启动;启动延时 5 秒后,电动机再以三角形方式运行。当按下停止按钮时,电动机停止运行。

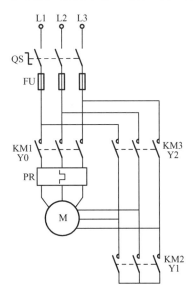

图 4-3-1 电动机星/角启动主电路图

1. 输入/输出元件及其控制功能

实例 4-3 中用到的输入/输出元件及其控制功能如表 4-3-1 所示。

表 4-3-1 实例 4-3 输入/输出元件及其控制功能

说　明	PLC 软元件	元件文字符号	元　件　名　称	控　制　功　能
输入	X0	SB1	启动按钮	启动控制
	X2	SB2	停止按钮	停止控制
输出	Y0	KM1	主接触器	接通或分断电源
	Y1	KM2	星启动接触器	星启动
	Y2	KM3	角运行接触器	角运行

2. 控制程序设计

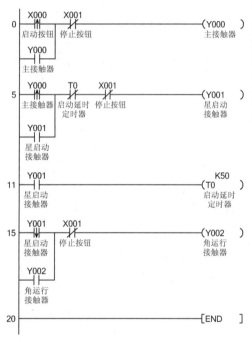

图 4-3-2 定时器控制电动机星/角减压启动梯形图

【思路点拨】

该程序设计涉及三个"启-保-停"电路，一个电路控制接通主电源，另一个电路控制电动机星启动，再一个电路控制电动机角运行。星启动和角运行有先后顺序要求，可以采用定时控制方式，将电动机的工作状态由星启动转换成角运行。

用定时控制方式编写电动机星/角减压启动程序如图 4-3-2 所示。

程序说明：当按下启动按钮 SB1 时，主接触器 Y0 线圈得电并自锁保持。在 Y0 上升沿脉冲作用下，星启动接触器 Y1 线圈得电并自锁保持。在 Y1 线圈得电期间，定时器 T0 对星启动时间进行计时，电动机处于减压启动阶段。

用定时器设计

当 T0 计时满 5 秒，T0 常闭触点动作，Y1 线圈失电，减压启动过程结束。在 Y1 下降沿脉冲作用下，角运行接触器 Y2 线圈得电并自锁保持，电动机处于正常运行阶段。

当按下停止按钮 SB2 时，Y0、Y1 和 Y2 线圈同时失电，电动机停止运行。

实例 4-4　用一个按钮定时预警控制电动机运行程序设计

设计要求：用一个按钮控制一台电动机预警启动和停止。当首次按下按钮时，预警响铃 5 秒后电动机启动。当再次按下按钮时，预警响铃 5 秒后电动机停止运行。

1. 输入/输出元件及其控制功能

实例 4-4 中用到的输入/输出元件及其控制功能如表 4-4-1 所示。

电动机运行定时预警控制

项目 4 定时器应用程序设计

表 4-4-1 实例 4-4 输入/输出元件及其控制功能

说 明	PLC 软元件	元件文字符号	元 件 名 称	控 制 功 能
输入	X0	SB1	按钮	启动和停止控制
输出	Y0	HA	警铃	报警提示
	Y1	KM1	接触器	接通或分断电源

2. 控制程序设计

【思路点拨】

该实例全过程可分为 4 个阶段，即响铃、电动机延迟运行、再响铃、电动机延迟停止。响铃的使能条件是按下控制按钮；电动机延迟运行或延迟停止的使能条件是定时器计时已满。

用一个按钮定时预警控制电动机运行程序分析

用一个按钮预警控制一台电动机运行程序如图 4-4-1 所示。

程序说明：当首次按下按钮 SB1 时，PLC 执行[SET Y000]指令，使 Y0 线圈得电，警铃开始报警。在 Y0 线圈得电期间，预警定时器 T0 开始计时。当 T0 计时满 5 秒，PLC 执行[RST Y000]指令，使 Y0 线圈失电，警铃停止报警。同时，PLC 执行[ALT Y001]指令，使 Y1 线圈得电，电动机开始运行。

当再次按下按钮 SB1 时，PLC 执行[SET Y000]指令，使 Y0 线圈得电，警铃开始报警。在 Y0 线圈

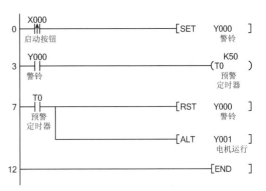

图 4-4-1 定时预警控制电动机梯形图

得电期间，预警定时器 T0 开始计时。当 T0 计时满 5 秒，PLC 执行[RST Y000]指令，使 Y0 线圈失电，警铃停止报警。同时，PLC 执行[ALT Y001]指令，使 Y1 线圈失电，电动机停止运行。

实例 4-5　定时器控制小车定时往复运行程序设计

定时器控制小车往复运行

设计要求：使用两个常开控制按钮，控制一台小车在 A、B 两点之间做往复运行。小车初始位在 A 点，当按下启动按钮后，小车开始从 A 点向 B 点右行。当小车运行到 B 点，小车停止运行，在 B 点卸货停留 5 秒，小车停留满 5 秒后开始从 B 点向 A 点左行。当小车运行到 A 点，小车停止运行，在 A 点装货停留 5 秒，小车停留满 5 秒后开始下一个往复运行。当按下停止按钮后，小车停止当前的运行。

1. 输入/输出元件及其控制功能

实例 4-5 中用到的输入/输出元件及其控制功能如表 4-5-1 所示。

定时器控制小车往复运行程序分析

2. 控制程序设计

用定时控制方式编写小车定时往复运行程序如图 4-5-1 所示。

表 4-5-1 实例 5 输入/输出元件及其控制功能

说 明	PLC 软元件	元件文字符号	元 件 名 称	控 制 功 能
输入	X0	SB1	启动按钮	启动控制
	X1	SB2	停止按钮	停止控制
	X2	SQ1	行程开关	A 点位置检测
	X3	SQ2	行程开关	B 点位置检测
输出	Y0	KM1	右行接触器	接通或分断电源
	Y1	KM2	左行接触器	接通或分断电源

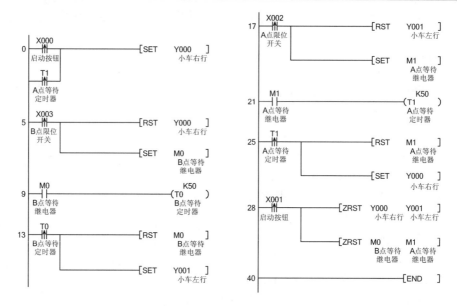

图 4-5-1 小车定时往复运行梯形图

【思路点拨】

电动机正/反转控制程序的编写方法适用于本实例的程序设计，全过程可分为 4 个阶段，即右行、B 限位点等待、左行、A 限位点等待，每个阶段可以分别对应一个"启-保-停"电路。

程序说明：当按下启动按钮 SB1 时，PLC 执行[SET Y000]指令，使 Y0 线圈得电，小车开始向右行驶。

当小车行驶到 B 限位点时，PLC 执行[RST Y000]指令，使 Y0 线圈失电，小车右行停止；PLC 执行[SET M0]指令，使 M0 线圈得电。在 M0 线圈得电期间，定时器 T0 对小车停靠在 B 限位点的时间进行计时。

当定时器 T0 计时满 5 秒，T0 常开触点瞬时闭合，PLC 执行[SET Y001]指令，使 Y1 线圈得电，小车开始向左行驶；PLC 执行[RST M0]指令，使 M0 线圈失电。

当小车行驶到 A 限位点时，PLC 执行[RST Y001]指令，使 Y1 线圈失电，小车左行停止；PLC 执行[SET M1]指令，使 M1 线圈得电。在 M1 线圈得电期间，定时器 T1 对小车停靠在 A 限位点的时间进行计时。

项目 4　定时器应用程序设计

当定时器 T1 计时满 5 秒，T1 常开触点瞬时闭合，PLC 执行[SET　Y000]指令，使 Y0 线圈得电，小车开始向右行驶；PLC 执行[RST　M1]指令，使 M1 线圈失电。程序进入循环执行状态。

当按下启动按钮 SB2 时，PLC 执行[ZRST　Y000　Y001]指令和[ZRST　M0　M1]指令，全部继电器被复位，小车停止运行。

实例 4-6　定时器控制流水灯程序设计

流水灯控制

> **设计要求：** 用两个控制按钮，控制 8 个彩灯实现单点左右循环点亮，时间间隔为 1 秒。当按下按钮启动时，彩灯开始循环点亮；当按下停止按钮时，彩灯立即全部熄灭。

1. 输入/输出元件及其控制功能

实例 4-6 中用到的输入/输出元件及其控制功能如表 4-6-1 所示。

表 4-6-1　实例 4-6 输入/输出元件及其控制功能

说明	PLC 软元件	元件文字符号	元件名称	控制功能
输入	X0	SB1	启动按钮	启动控制
	X1	SB2	停止按钮	停止控制
输出	Y0	HL1	彩灯 1	状态显示
	Y1	HL2	彩灯 2	状态显示
	Y2	HL3	彩灯 3	状态显示
	Y3	HL4	彩灯 4	状态显示
	Y4	HL5	彩灯 5	状态显示
	Y5	HL6	彩灯 6	状态显示
	Y6	HL7	彩灯 7	状态显示
	Y7	HL8	彩灯 8	状态显示

2. 程序设计

（1）采用定时控制方式编写程序。

用数据传送指令设计

> **【思路点拨】**
> 依据题意，8 个彩灯单点左右循环点亮全过程可分为 14 个工作状态：
> 　　　　Y0→Y1→Y2→Y3→Y4→Y5→Y6→Y7→Y6→Y5→Y4→Y3→Y2→Y1
> 在每个工作状态中，都使用一个定时器进行计时，当计时时间满 1 秒，利用定时器触点的动作自动切换到下一个工作状态。

采用定时控制方式编写的彩灯单点左右循环点亮程序如图 4-6-1 所示。

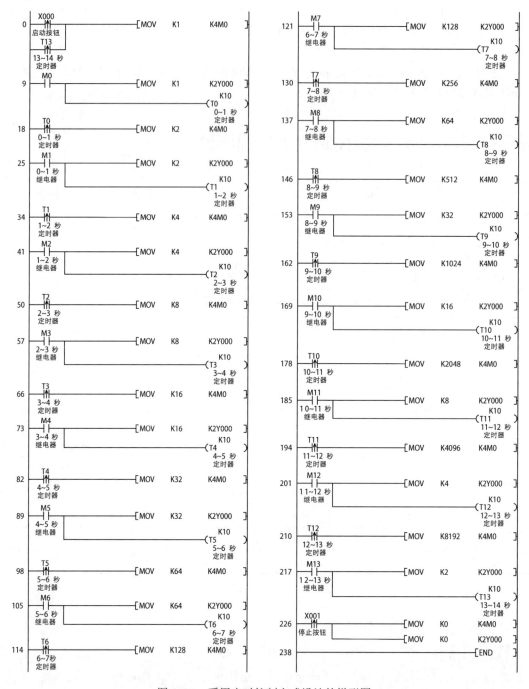

图 4-6-1 采用定时控制方式设计的梯形图

程序说明：当按下启动按钮 SB1 时，PLC 执行[MOV K1 K4M0]和[MOV K1 K2Y000]指令，使 Y0 线圈得电，第 1 盏彩灯被点亮。在 Y0 线圈得电期间，定时器 T0 开始定时。

当定时器 T0 定时 1 秒时间到，PLC 执行[MOV K2 K4M0]和[MOV K2 K2Y000]指令，使 Y1 线圈得电，第 2 盏彩灯被点亮。在 Y1 线圈得电期间，定时器 T1 开始定时。

当定时器 T1 定时 1 秒时间到，PLC 执行[MOV K4 K4M0]和[MOV K4 K2Y000]

指令，使 Y2 线圈得电，第 3 盏彩灯被点亮。在 Y2 线圈得电期间，定时器 T2 开始定时。

当定时器 T2 定时 1 秒时间到，PLC 执行[MOV K8 K4M0]和[MOV K8 K2Y000]指令，使 Y3 线圈得电，第 4 盏彩灯被点亮。在 Y3 线圈得电期间，定时器 T3 开始定时。

当定时器 T3 定时 1 秒时间到，PLC 执行[MOV K16 K4M0]和[MOV K16 K2Y000]指令，使 Y4 线圈得电，第 5 盏彩灯被点亮。在 Y4 线圈得电期间，定时器 T4 开始定时。

当定时器 T4 定时 1 秒时间到，PLC 执行[MOV K32 K4M0]和[MOV K32 K2Y000]指令，使 Y5 线圈得电，第 6 盏彩灯被点亮。在 Y5 线圈得电期间，定时器 T5 开始定时。

当定时器 T5 定时 1 秒时间到，PLC 执行[MOV K64 K4M0]和[MOV K64 K2Y000]指令，使 Y6 线圈得电，第 7 盏彩灯被点亮。在 Y6 线圈得电期间，定时器 T6 开始定时。

当定时器 T6 定时 1 秒时间到，PLC 执行[MOV K128 K4M0]和[MOV K128 K2Y000]指令，使 Y7 线圈得电，第 8 盏彩灯被点亮。在 Y7 线圈得电期间，定时器 T7 开始定时。

当定时器 T7 定时 1 秒时间到，PLC 执行[MOV K256 K4M0]和[MOV K64 K2Y000]指令，使 Y6 线圈得电，第 7 盏彩灯被点亮。在 Y6 线圈得电期间，定时器 T8 开始定时。

当定时器 T8 定时 1 秒时间到，PLC 执行[MOV K512 K4M0]和[MOV K32 K2Y000]指令，使 Y5 线圈得电，第 6 盏彩灯被点亮。在 Y5 线圈得电期间，定时器 T9 开始定时。

当定时器 T9 定时 1 秒时间到，PLC 执行[MOV K1024 K4M0]和[MOV K16 K2Y000]指令，使 Y4 线圈得电，第 5 盏彩灯被点亮。在 Y4 线圈得电期间，定时器 T10 开始定时。

当定时器 T10 定时 1 秒时间到，PLC 执行[MOV K2048 K4M0]和[MOV K8 K2Y000]指令，使 Y3 线圈得电，第 4 盏彩灯被点亮。在 Y3 线圈得电期间，定时器 T11 开始定时。

当定时器 T11 定时 1 秒时间到，PLC 执行[MOV K4096 K4M0]和[MOV K4 K2Y000]指令，使 Y2 线圈得电，第 3 盏彩灯被点亮。在 Y2 线圈得电期间，定时器 T12 开始定时。

当定时器 T12 定时 1 秒时间到，PLC 执行[MOV K8192 K4M0]和[MOV K2 K2Y000]指令，使 Y1 线圈得电，第 2 盏彩灯被点亮。在 Y1 线圈得电期间，定时器 T13 开始定时。

当定时器 T13 定时 1 秒时间到，PLC 执行[MOV K1 K4M0]和[MOV K1 K2Y000]指令，使 Y0 线圈得电，第 1 盏彩灯被点亮，程序进入循环执行状态。

（2）采用当前值比较方式编写程序。

用触点比较指令设计

【思路点拨】

本实例也可以使用一个定时器进行计时，在每个循环周期内，定时器的当前值始终是不断变化的，结合触点比较指令，把定时器的当前值当作其中一个比较字元件，当时间到达对应的比较值时，用比较指令驱动相应时段的彩灯点亮。

采用当前值比较方式编写的彩灯单点左右循环点亮程序如图 4-6-2 所示。

程序说明：当按下启动按钮 SB1 时，PLC 执行[SET M0]指令，M0 线圈得电。在 M0 线圈得电期间，定时器 T0 开始计时。

PLC 执行[> T0 K0]指令和[< T0 K10] 指令，判断 T0 的经过值是否在 0~1 秒时间段，如果 T0 的经过值在此时段内，则 PLC 执行[MOV K1 K2Y000]指令，Y0 线圈得电，第 1 盏彩灯点亮。

PLC 执行[>= T0 K10]指令和[< T0 K20] 指令，判断 T0 的经过值是否在 1~2 秒时间段，如果 T0 的经过值在此时段内，则 PLC 执行[MOV K2 K2Y000]指令，Y1 线圈得电，第 2 盏彩灯点亮。

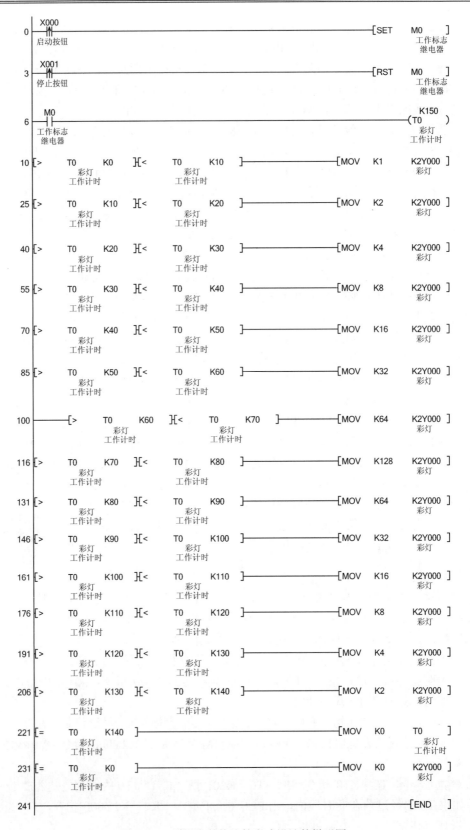

图 4-6-2 采用当前值比较方式设计的梯形图

PLC 执行[>= T0 K20]指令和[< T0 K30] 指令，判断 T0 的经过值是否在 2~3 秒时间段，如果 T0 的经过值在此时段内，则 PLC 执行[MOV K4 K2Y000]指令，Y2 线圈得电，第 3 盏彩灯点亮。

PLC 执行[>= T0 K30]指令和[< T0 K40] 指令，判断 T0 的经过值是否在 3~4 秒时间段，如果 T0 的经过值在此时段内，则 PLC 执行[MOV K8 K2Y000]指令，Y3 线圈得电，第 4 盏彩灯点亮。

PLC 执行[>= T0 K40]指令和[< T0 K50] 指令，判断 T0 的经过值是否在 4~5 秒时间段，如果 T0 的经过值在此时段内，则 PLC 执行[MOV K16 K2Y000]指令，Y4 线圈得电，第 5 盏彩灯点亮。

PLC 执行[>= T0 K50]指令和[< T0 K60] 指令，判断 T0 的经过值是否在 5~6 秒时间段，如果 T0 的经过值在此时段内，则 PLC 执行[MOV K32 K2Y000]指令，Y5 线圈得电，第 6 盏彩灯点亮。

PLC 执行[>= T0 K60]指令和[< T0 K70] 指令，判断 T0 的经过值是否在 6~7 秒时间段，如果 T0 的经过值在此时段内，则 PLC 执行[MOV K64 K2Y000]指令，Y6 线圈得电，第 7 盏彩灯点亮。

PLC 执行[>= T0 K70]指令和[< T0 K80] 指令，判断 T0 的经过值是否在 7~8 秒时间段，如果 T0 的经过值在此时段内，则 PLC 执行[MOV K128 K2Y000]指令，Y7 线圈得电，第 8 盏彩灯点亮。

PLC 执行[>= T0 K80]指令和[< T0 K90] 指令，判断 T0 的经过值是否在 8~9 秒时间段，如果 T0 的经过值在此时段内，则 PLC 执行[MOV K64 K2Y000]指令，Y6 线圈得电，第 7 盏彩灯点亮。

PLC 执行[>= T0 K90]指令和[< T0 K100] 指令，判断 T0 的经过值是否在 9~10 秒时间段，如果 T0 的经过值在此时段内，则 PLC 执行[MOV K32 K2Y000]指令，Y5 线圈得电，第 6 盏彩灯点亮。

PLC 执行[>= T0 K100]指令和[< T0 K110] 指令，判断 T0 的经过值是否在 10~11 秒时间段，如果 T0 的经过值在此时段内，则 PLC 执行[MOV K16 K2Y000]指令，Y4 线圈得电，第 5 盏彩灯点亮。

PLC 执行[>= T0 K110]指令和[< T0 K120] 指令，判断 T0 的经过值是否在 11~12 秒时间段，如果 T0 的经过值在此时段内，则 PLC 执行[MOV K8 K2Y000]指令，Y3 线圈得电，第 4 盏彩灯点亮。

PLC 执行[>= T0 K120]指令和[< T0 K130] 指令，判断 T0 的经过值是否在 12~13 秒时间段，如果 T0 的经过值在此时段内，则 PLC 执行[MOV K4 K2Y000]指令，Y2 线圈得电，第 3 盏彩灯点亮。

PLC 执行[>= T0 K130]指令和[< T0 K140] 指令，判断 T0 的经过值是否在 13~14 秒时间段，如果 T0 的经过值在此时段内，则 PLC 执行[MOV K2 K2Y000]指令，Y1 线圈得电，第 2 盏彩灯点亮。

PLC 执行[= T0 K140]指令，判断 T0 的当前值是否是 14 秒，如果 T0 的当前值是 14 秒，则 PLC 执行[MOV K0 T0]指令，定时器 T0 被复位，使程序进入循环执行状态。

当按下停止按钮 SB2 时，PLC 执行[RST M0]指令，M0 线圈失电。由于定时器 T0 的当前值为 0，所以 PLC 执行[MOV K0 K2Y000]指令，使输出继电器被复位，彩灯全部熄灭。

实例 4-7　定时器控制交通信号灯运行程序设计

交通灯运行

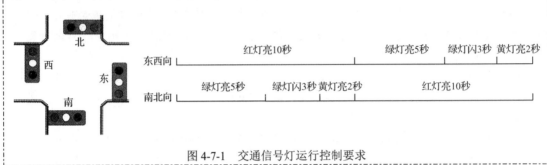

设计要求：按下启动按钮，交通信号灯系统按图 4-7-1 所示要求工作，绿灯闪烁的周期为 0.4 秒；按下停止按钮，所有信号灯熄灭。

图 4-7-1　交通信号灯运行控制要求

1. 输入/输出元件及其控制功能

实例 4-7 中用到的输入/输出元件及其控制功能如表 4-7-1 所示。

表 4-7-1　实例 4-7 输入/输出元件及其控制功能

说　明	PLC 软元件	元件文字符号	元件名称	控制功能
输入	X0	SB1	启动按钮	启动控制
	X1	SB2	停止按钮	停止控制
输出	Y0	HL1	东西向红灯	东西向禁行
	Y1	HL2	东西向绿灯	东西向通行
	Y2	HL3	东西向黄灯	东西向信号转换
	Y3	HL4	南北向红灯	南北向禁行
	Y4	HL5	南北向绿灯	南北向通行
	Y5	HL6	南北向黄灯	南北向信号转换

2. 程序设计

（1）定时控制方式的程序设计。

【思路点拨】

从图 4-7-1 中可以看出，交通信号灯按照时间原则被依次点亮，其运行周期为 20 秒。在每个运行周期内，交通信号灯的控制又划分了 6 个时间段，即 0～5 秒、5～8 秒、8～10 秒、10～15 秒、15～18 秒和 18～20 秒。因此，我们可以采用定时控制方式来编写该程序。在程序设计时，多个定时器的定时基准时间可以相同，也可以不同。如果多个定时器的定时基准时间相同，那么这样的程序结构通常称为并行；如果不相同，则称为串行。

① 用串行方式编写的程序。用串行方式编写的交通信号灯运行控制程序如图 4-7-2 所示。

用串行方式设计

项目 4 定时器应用程序设计

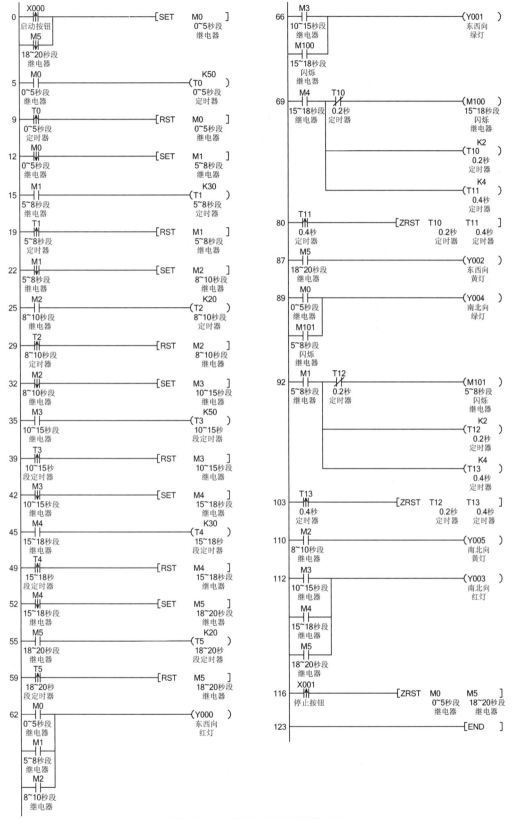

图 4-7-2 串行方式设计的梯形图

程序说明：当按下启动按钮 SB1 时，PLC 执行[SET M0]指令，M0 线圈得电，启动 0～5 秒时间段控制；在 M0 线圈得电期间，定时器 T0 对 M0 的得电时间进行计时，当 T0 计时满 5 秒，T0 常开触点动作，PLC 执行[RST M0]指令，M0 线圈失电。

在 M0 下降沿脉冲作用下，PLC 执行[SET M1]指令，M1 线圈得电，启动 5～8 秒时间段控制；在 M1 线圈得电期间，定时器 T1 对 M1 的得电时间进行计时，当 T1 计时满 3 秒，T1 常开触点动作，PLC 执行[RST M1]指令，M1 线圈失电。

在 M1 下降沿脉冲作用下，PLC 执行[SET M2]指令，M2 线圈得电，启动 8～10 秒时间段控制；在 M2 线圈得电期间，定时器 T2 对 M2 的得电时间进行计时，当 T2 计时满 2 秒，T2 常开触点动作，PLC 执行[RST M2]指令，M2 线圈失电。

在 M2 下降沿脉冲作用下，PLC 执行[SET M3]指令，M3 线圈得电，启动 10～15 秒时间段控制；在 M3 线圈得电期间，定时器 T3 对 M3 的得电时间进行计时，当 T3 计时满 5 秒，T3 常开触点动作，PLC 执行[RST M3]指令，M3 线圈失电。

在 M3 下降沿脉冲作用下，PLC 执行[SET M4]指令，M4 线圈得电，启动 15～18 秒时间段控制；在 M4 线圈得电期间，定时器 T4 对 M4 的得电时间进行计时，当 T4 计时满 3 秒，T4 常开触点动作，PLC 执行[RST M4]指令，M4 线圈失电。

在 M4 下降沿脉冲作用下，PLC 执行[SET M5]指令，M5 线圈得电，启动 18～20 秒时间段控制；在 M5 线圈得电期间，定时器 T5 对 M5 的得电时间进行计时，当 T5 计时满 2 秒，T5 常开触点动作，PLC 执行[RST M5]指令，M5 线圈失电。

在 M5 下降沿脉冲作用下，PLC 再次执行[SET M0]指令，使多段定时控制进入循环状态。

根据各个交通信号灯的运行时序要求，由 M0、M1 和 M2 组成"或"逻辑电路，驱动东西向红灯 Y0；由 M3 和 M4 组成"或"逻辑电路，驱动东西向绿灯 Y1；M5 驱动东西向黄灯 Y2；由 M3、M4 和 M5 组成"或"逻辑电路，驱动南北向红灯 Y3；由 M0 和 M1 组成"或"逻辑电路，驱动南北向绿灯 Y4；M2 驱动南北向黄灯 Y5。

当按下启动按钮 SB2 时，PLC 执行[ZRST M0 M5]指令，使 M0～M5 线圈同时失电，交通信号灯运行停止。

② 用并行方式编写的程序。用并行方式编写的交通信号灯运行控制程序如图 4-7-3 所示。

用并行方式设计

程序说明：当按下启动按钮 SB1 时，PLC 执行[SET M50]指令，M50 线圈得电，驱动定时器 T0～T5 同时开始计时。

当按下启动按钮 SB1 时，PLC 执行[MOV K2 K2M0]指令，M1 线圈得电，启动 0～5 秒时间段控制。

当 T0 计时满 5 秒，T0 常开触点动作，PLC 执行[MOV K4 K2M0]指令，M2 线圈得电，启动 5～8 秒时间段控制。

当 T1 计时满 8 秒，T1 常开触点动作，PLC 执行[MOV K8 K2M0]指令，M3 线圈得电，启动 8～10 秒时间段控制。

当 T2 计时满 10 秒，T2 常开触点动作，PLC 执行[MOV K16 K2M0]指令，M4 线圈得电，启动 10～15 秒时间段控制。

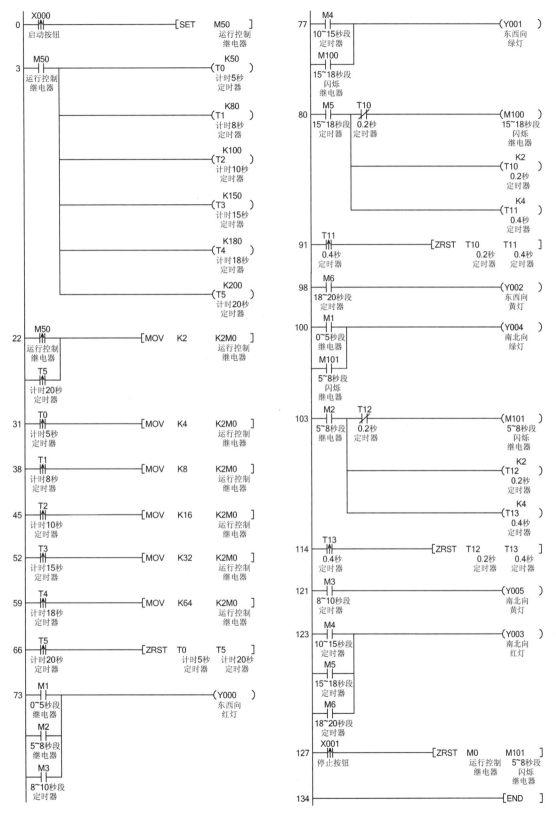

图 4-7-3 用并行方式设计的梯形图

当 T3 计时满 15 秒，T3 常开触点动作，PLC 执行[MOV　K32　K2M0]指令，M5 线圈得电，启动 15～18 秒时间段控制。

当 T4 计时满 18 秒，T4 常开触点动作，PLC 执行[MOV　K64　K2M0]指令，M6 线圈得电，启动 18～20 秒时间段控制。

当 T5 计时满 20 秒，T5 常开触点动作，PLC 执行[ZRST　T0　T5]指令，T0～T5 的当前计数值被清零，使 T0～T5 又同时从 0 值开始重新计时；PLC 执行[MOV　K2　K2M0]指令，M1 线圈再次得电，启动 0～5 秒时间段控制。

根据各个交通信号灯的运行时序要求，由 M1、M2 和 M3 组成逻辑"或"电路，驱动东西向红灯 Y0；由 M4 和 M5 组成逻辑"或"电路，驱动东西向绿灯 Y1；M6 驱动东西向黄灯 Y2；由 M4、M5 和 M6 组成逻辑"或"电路，驱动南北向红灯 Y3；由 M1 和 M2 组成逻辑"或"电路，驱动南北向绿灯 Y4；M3 驱动南北向黄灯 Y5。

当按下启动按钮 SB2 时，PLC 执行批量复位指令，使 M0～M101 线圈同时失电，交通信号灯运行停止。

（2）当前值比较方式的程序设计。

【思路点拨】

交通信号灯的运行属于分时控制，只要能够判断出该控制系统当前运行所处的时段，再根据每个时段的具体控制要求编写相应程序，从而完成全时段控制程序的设计。在本实例中，我们可以使用比较、触点比较和区间比较等指令来判断系统的当前时段。

① 使用触点比较指令编写程序。使用触点比较指令编写的交通信号灯运行控制程序如图 4-7-4 所示。

程序说明：当按下启动按钮 SB1 时，在 X0 上升沿脉冲作用下，PLC 执行[OUT　M0]指令，M0 线圈得电，M0 常开触点闭合，允许程序循环执行。在 M0 线圈得电期间，驱动定时器 T0 计时，通过触点比较指令判断 T0 的经过值所处的时段，

用触点比较指令设计

PLC 执行[>　T0　K0]指令和[<　T0　K50] 指令，判断 T0 的经过值是否在 0～5 秒时间段。如果 T0 的经过值在此时间段内，则 M1 线圈得电。

PLC 执行[>=　T0　K50]指令和[<　T0　K80] 指令，判断 T0 的经过值是否在 5～8 秒时间段。如果 T0 的经过值在此时段内，则 M2 线圈得电。

PLC 执行[>=　T0　K80]指令和[<　T0　K100] 指令，判断 T0 的经过值是否在 8～10 秒时间段。如果 T0 的经过值在此时段内，则 M3 线圈得电。

PLC 执行[>=　T0　K100]指令和[<　T0　K150] 指令，判断 T0 的经过值是否在 10～15 秒时间段。如果 T0 的经过值在此时段内，则 M4 线圈得电。

PLC 执行[>=　T0　K150]指令和[<　T0　K180] 指令，判断 T0 的经过值是否在 15～18 秒时间段。如果 T0 的经过值在此时段内，则 M5 线圈得电。

PLC 执行[>=　T0　K180]指令和[<　T0　K200] 指令，判断 T0 的经过值是否在 18～20 秒时间段。如果 T0 的经过值在此时段内，则 M6 线圈得电。

PLC 执行[=　T0　K200]指令，判断 T0 的当前值是否等于 20 秒，如果 T0 计时满 20 秒，则 PLC 执行[MOV　K0　T0] 指令，T0 被强制复位并开始重新计时。

项目4 定时器应用程序设计

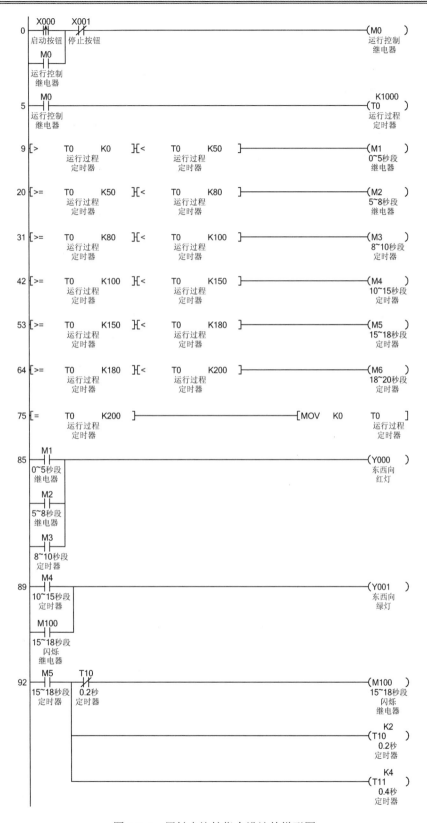

图 4-7-4 用触点比较指令设计的梯形图

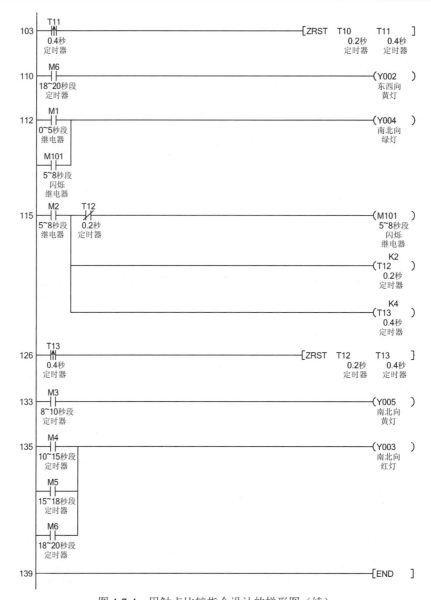

图 4-7-4 用触点比较指令设计的梯形图（续）

根据各个交通信号灯的运行时序要求，分别将 M1、M2 和 M3 组成逻辑"或"电路，驱动东西向红灯 Y0；将 M4 和 M5 组成逻辑"或"电路，驱动东西向绿灯 Y1；M6 驱动东西向黄灯 Y2；将 M4、M5 和 M6 组成逻辑"或"电路，驱动南北向红灯 Y3；将 M1 和 M2 组成逻辑"或"电路，驱动南北向绿灯 Y4；M3 驱动南北向黄灯 Y5。

当按下启动按钮 SB2 时，M0 线圈失电，T 0 被复位并停止计时，M0~M6 线圈同时失电，交通信号灯运行停止。

② 使用区间比较指令编写程序。使用区间比较指令编写的交通信号灯运行控制程序如图 4-7-5 所示。

程序说明：当按下启动按钮 SB1 时，在 X0 上升沿作用下，PLC 执行[OUT M0]指令，M0 线圈得电，M0 驱动定时器 T0 计时。

项目4 定时器应用程序设计

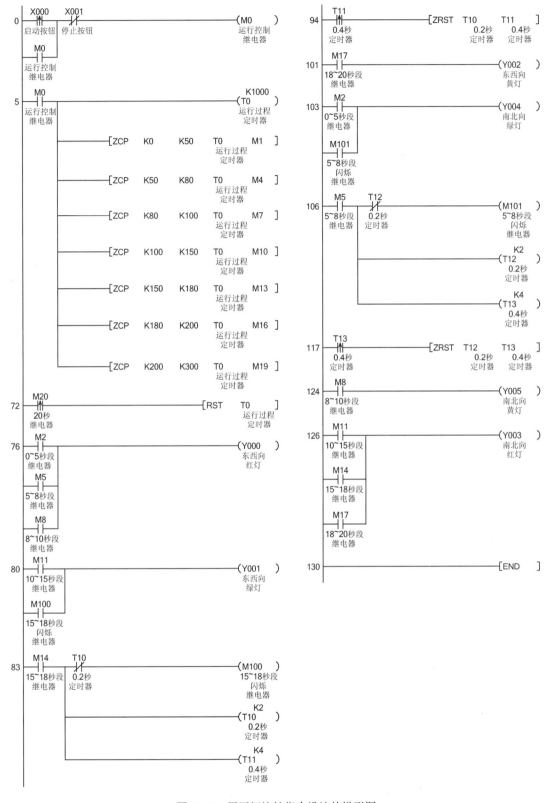

图 4-7-5 用区间比较指令设计的梯形图

PLC 执行[ZCP K0 K50 T0 M1]指令，判断 T0 的经过值是否在 0～5 秒时间段。如果 T0 的经过值在此时段内，则 M2 线圈得电。

PLC 执行[ZCP K50 K80 T0 M4]指令，判断 T0 的经过值是否在 5～8 秒时间段。如果 T0 的经过值在此时段内，则 M5 线圈得电。

PLC 执行[ZCP K80 K100 T0 M7]指令，判断 T0 的经过值是否在 8～10 秒时间段。如果 T0 的经过值在此时段内，则 M8 线圈得电。

PLC 执行[ZCP K100 K150 T0 M10]指令，判断 T0 的经过值是否在 10～15 秒时间段。如果 T0 的经过值在此时段内，则 M11 线圈得电。

PLC 执行[ZCP K150 K180 T0 M13]指令，判断 T0 的经过值是否在 15～18 秒时间段。如果 T0 的经过值在此时段内，则 M14 线圈得电。

PLC 执行[ZCP K180 K200 T0 M16]指令，判断 T0 的经过值是否在 18～20 秒时间段。如果 T0 的经过值在此时段内，则 M17 线圈得电。

PLC 执行[ZCP K200 K300 T0 M19]指令，判断 T0 的当前值是否等于 20 秒。如果 T0 计时满 20 秒，则 M20 的常开触点闭合，PLC 执行[RST T0] 指令，T0 被强制复位并开始重新计时。

根据各个交通信号灯的运行时序要求，分别将 M2、M5 和 M8 组成逻辑"或"电路，驱动东西向红灯 Y0；将 M11 和 M14 组成逻辑"或"电路，驱动东西向绿灯 Y1；M17 驱动东西向黄灯 Y2；将 M11、M14 和 M17 组成逻辑"或"电路，驱动南北向红灯 Y3；将 M2 和 M5 组成逻辑"或"电路，驱动南北向绿灯 Y4；M8 驱动南北向黄灯 Y5。

当按下启动按钮 SB2 时，M0 线圈失电，T0 被复位并停止计时，M0～M17 线圈同时失电，交通信号灯运行停止。

项目 5

计数器应用程序设计

计数器的使用与定时器的使用方法类似,一方面是用作计数控制,当计数器的计时值到达其设定值时,利用计数器触点的动作进行程序设计;另一方面是用作当前值比较控制,计数器在计数过程中,其当前的计数值是在不断变化的,结合比较类的指令,把计数器当前的计时值当作其中一个比较字元件,当计数值到达比较值时,利用比较指令的触点动作进行程序设计。

实例 5-1 24h 时钟程序设计

24h 时钟程序分析

设计要求:利用计数器组成一个标准的 24h 时钟。

【思路点拨】
本实例可以把计数器当作计数控制来使用,使用三个计数器采用"接力式"方法,对秒、分钟、小时信号进行计数,其设定值分别为 60、60、24。当小时计数器计数满 24 时,三个计数器复位,系统自动进入下一次循环计数。

用计数控制方式编写的 24h 时钟控制程序如图 5-1-1 所示。

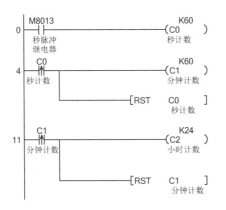
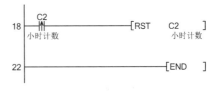

图 5-1-1 24h 时钟控制程序

程序说明：在本例中，PLC 使用了内部的 1 秒时钟脉冲继电器。当 PLC 上电以后，计数器 C0 对秒信号进行计数。每当（C0）=60 时，计数器 C1 就对计数器 C0 的动作计数 1 次，然后计数器 C0 被复位，计数器 C0 重新对秒信号进行计数。每当（C1）=60 时，计数器 C2 就对计数器 C1 的动作计数 1 次，然后计数器 C1 被复位，计数器 C1 重新对分钟信号进行计数。每当（C2）=24 时，计数器 C2 被复位，计数器 C2 重新对小时信号进行计数。

【经验总结】

计数器和定时器从本质上来说，它们属于同一种性质的元件，工作原理也都是累加计数。例如，如果使用计数器对 PLC 的时钟信号进行计数，那么此时的计数器就相当于一个定时器。当用作定时使用时，计数器和定时器使用场合是有一定区别的。例如，在图 4-1-6 所示的场合，由于计数器对经过值具有自保持能力，所以计数器可以替代定时器进行断续累计计时，如图 5-1-2 所示。

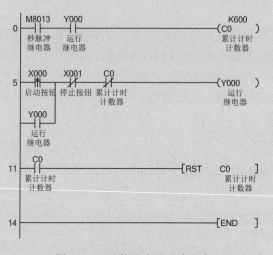

图 5-1-2 计数器应用正确程序

【错误反思】

将图 5-1-2 所示的程序改写成图 5-1-3 所示的程序，按下启动按钮 X000，Y0 线圈得电，计数器 C0 对电动机运行时间进行计时，当计数器 C0 计时满 10 秒时，虽然计数器 C0 的触点动作了，但 Y0 线圈并没有失电，这是为什么呢？

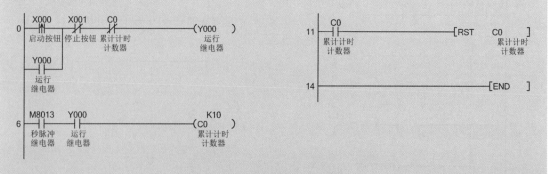

图 5-1-3 计数器应用错误程序

在图 5-1-3 所示程序中，计数器 C0 的线圈处于其常闭触点的下方。在计数器 C0 动作的那个扫描周期内，由于计数器 C0 的常开触点先于常闭触点动作，所以 PLC 先执行了[RST C0]指令，所以 Y0 线圈不能失电。正确的做法应该是将计数器所控制的程序段放置于计数器线圈和复位指令之间区块内，如图 5-1-2 所示。

  知识准备

计数器是一种具有计数控制功能的软元件，它能通过对输入信号上升沿进行累计从而达到计数控制的目的。

1．计数器的结构

如表 5-1-1 所示，计数器的设定值可用常数 K（直接设定）或数据寄存器 D 的寄存值（间接设定）来设置。如果按位数分类，计数器可分为 16 位加计数器和 32 位加/减计数器；如果按保持能力分类，计数器可分为通用型和断电保持型。

表 5-1-1 计数器编号

计 数 器	通 用 型	断电保持型
16 位加计数器（共 200 个） 设定值：1～32767	C0～C99（共 100 个）	C100～C199（共 100 个）
32 位加/减计数器（共 35 个） 设定值：−21474836481～+2147483647	C200～C219（共 20 个） 加减控制（M8200～M8219）	C220～C234（共 15 个） 加减控制（M8220～M8234）

与定时器一样，计数器也有三个寄存器，即当前值寄存器、设定值寄存器和输出触点的映像寄存器，这三个寄存器使用同一地址编号，由"C"和十进制数共同组成。计数器也是位元件和字元件的组合体，其触点为位元件，而其设定值和计数值则为字元件。

2．用法说明

（1）16 位加计数器。

以计数器 C0 为例，16 位加计数器的用法如图 5-1-4 所示。

① 计数器 C0 对脉冲输入端 X000 的上升沿进行检测，每检测到 1 次上升沿信号，计数器 C0 的当前值就执行 1 次加 1。

② 当 C0 的当前值等于设定值 K10 时，C0 的当前值不再增加，同时计数器 C0 的输出触点动作，Y000 线圈得电。

③ 在任意时刻，断电（断电保持型除外）或接通输入端 X001，计数器将被立即复位，累计值清零、输出触点复位，Y000 线圈失电。

（2）32 位加/减计数器。

以计数器 C200 为例，32 位加/减计数器的用法如图 5-1-5 所示。

① 当输入端 X002 闭合时，M8200 为 ON 状态，计数器 C200 执行减计数；当输入端 X001 闭合时，M8200 为 OFF 状态时，计数器 C200 执行加计数。

② 加计数时，如果计数器 C200 的当前值等于或大于设定值 K10，则计数器 C200 的输出触点动作，Y000 线圈得电，当前值还会跟随计数信号的变化继续增加。减计数时，如果当前值小于设定值 K10，则计数器 C200 的输出触点复位，Y000 线圈失电，当前值仍会跟随计数信号的变化继续减小。

③ 在任意时刻，断电（断电保持型除外）或接通输入端 X003，计数器将被立即复位，

累计值清零、输出触点复位。

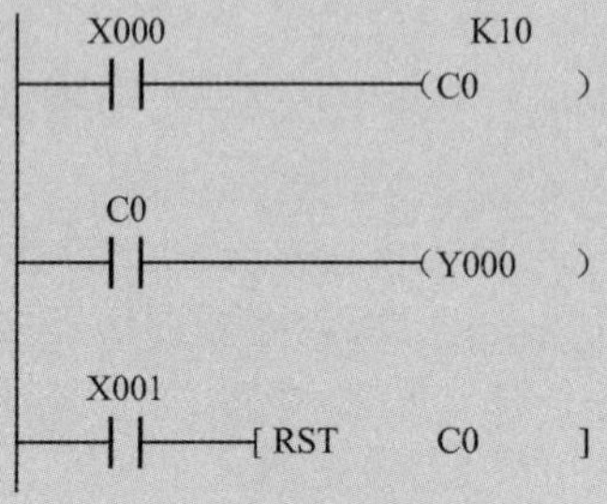

图 5-1-4　计数器 C0 梯形图

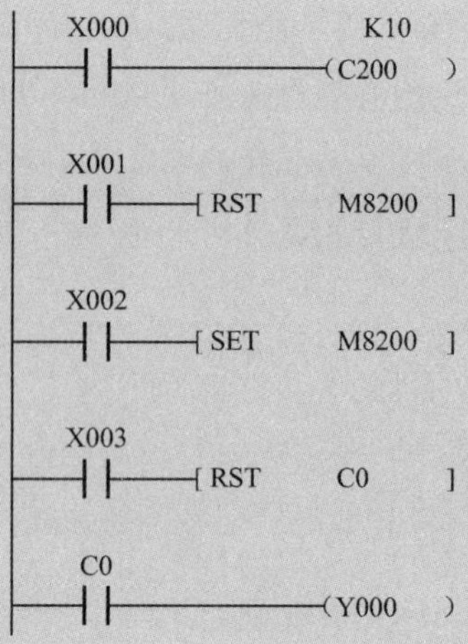

图 5-1-5　计数器 C200 梯形图

实例 5-2　计数器控制圆盘转动程序设计

圆盘的转动控制

> **设计要求**：按下启动按钮，圆盘正向旋转，圆盘每转动一周发出一个检测信号，当圆盘正向旋转 2 圈后，圆盘停止旋转。在圆盘静止 5 秒后，圆盘反向旋转，当圆盘反向旋转 2 圈后，圆盘停止旋转。在圆盘静止 5 秒后，圆盘再次正向旋转，如此重复。任意时刻按下停止按钮，圆盘立即停止。当再次启动圆盘时，圆盘按照停止前的方向旋转。

1. 输入/输出元件及其控制功能

实例 5-2 中用到的输入/输出元件及其控制功能如表 5-2-1 所示。

表 5-2-1　实例 5-2 输入/输出元件及其控制功能

说　明	PLC 软元件	元件文字符号	元件名称	控制功能
输入	X0	SB1	按钮	启动控制
输入	X1	SB2	按钮	停止控制
输入	X2	SL1	传感器	信号检测
输出	Y0	KM1	接触器	正转接通或分断电源
输出	Y1	KM2	接触器	反转接通或分断电源

2. 控制程序设计

【思路点拨】

在本实例中，可以使用计数器做三件事：第一件事是计数，记录圆盘的旋转圈数；第二件事是状态保持，使圆盘再启动时恢复原工作状态；第三件事是替换定时器，用于圆盘静止时的定时控制。这三件事其实代表了计数器三种使用方法，请读者认真分析，进而达到熟练掌握、灵活运用的目的。

用计数控制方式编写圆盘转动控制程序如图 5-2-1 所示。

项目5 计数器应用程序设计

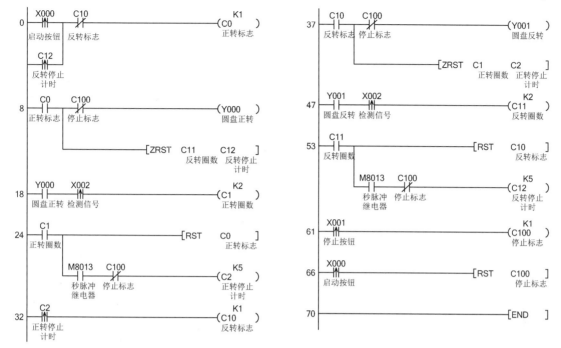

图 5-2-1 圆盘转动控制梯形图

程序说明：当按下启动按钮 SB1 时，计数器 C0 动作，C0 的常开触点变为常闭状态，Y0 线圈得电，圆盘开始正转，同时计数器 C11 和 C12 被复位。在 Y0 线圈得电期间，计数器 C1 对传感器检测信号 X2 进行计数。当圆盘正转 2 圈后，计数器 C1 动作，C1 的常开触点变为常闭状态，计数器 C0 被复位，Y0 线圈失电，圆盘停止转动。在 C1 的常开触点闭合期间，计数器 C2 对秒脉冲信号进行计数。

计数器控制圆盘转动程序分析

当圆盘停留 5 秒后，计数器 C2 动作，C2 的常开触点变为常闭状态，计数器 C10 动作，Y1 线圈得电，圆盘开始反转，同时计数器 C1 和 C2 被复位。在 Y1 线圈得电期间，计数器 C11 对传感器检测信号 X2 进行计数。当圆盘反转 2 圈后，计数器 C11 动作，C11 的触点由常开变为常闭，计数器 C10 被复位，Y1 线圈失电，圆盘停止转动。在 C11 的常开触点闭合期间，计数器 C12 对秒脉冲信号进行计数。

当圆盘再次停留 5 秒后，计数器 C12 动作，Y0 线圈得电，圆盘进入循环工作状态。

当按下停止按钮 SB2 时，计数器 C100 动作，C100 的常开触点变为常闭状态，Y0 和 Y1 线圈失电，圆盘停止转动，计数器 C2 和 C12 停止计数，计时停止。当按下启动按钮 SB1 时，计数器 C100 被复位，圆盘继续原来工作。

实例 5-3 计数器控制彩灯闪烁程序设计

彩灯闪烁控制

设计要求：利用计数器设计一个彩灯闪烁电路，要求实现以下功能：启动后，彩灯点亮 0.5 秒、熄灭 0.5 秒，依此循环。

· 73 ·

1. 输入/输出元件及其控制功能

实例 5-3 中用到的输入/输出元件及其控制功能如表 5-3-1 所示。

表 5-3-1 实例 5-3 输入/输出元件及其控制功能

说　明	PLC 软元件	元件文字符号	元件名称	控制功能
输入	X0	SB1	控制按钮	启/停控制
输出	Y0	HL	彩灯	控制彩灯闪烁

2. 控制程序设计

【思路点拨】

本实例可以把计数器当作定时控制来使用，利用两个计数器的计数差值控制继电器周期性得电，进而使彩灯也能够周期性点亮。

用计数控制方式编写彩灯闪烁控制程序如图 5-3-1 所示。

计数器控制彩灯闪烁程序分析

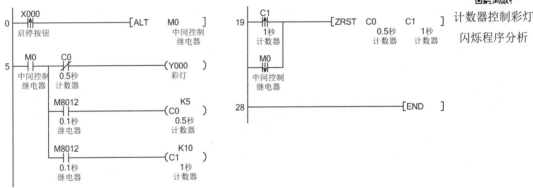

图 5-3-1 彩灯闪烁控制梯形图

程序说明：当初次按下控制按钮 SB1 时，PLC 执行[ALT　M0]指令，使 M0 线圈得电。由于 M0 常开触点闭合，使 Y0 线圈得电，彩灯 HL 点亮，计数器 C0 和 C1 同时开始对 0.1 秒脉冲进行计数。

当计数器 C0 计数满 5 次时，计数器 C0 常闭触点断开，使 Y0 线圈失电，彩灯 HL 熄灭；当计数器 C1 计数满 10 次时，计数器 C0 和 C1 被复位，程序进入循环执行状态。

当再次按下控制按钮 SB1 时，PLC 执行[ALT　M0]指令，使 M0 线圈失电，计数器 C0 和 C1 被复位，彩灯 HL 熄灭。

实例 5-4　计数器控制电动机星/角减压启动程序设计

电动机星角启动控制

设计要求：当按下启动按钮时，电动机先以星形方式启动；启动延时 5 秒后，电动机再以三角形方式运行。当按下停止按钮时，电动机停止运行。

项目 5 计数器应用程序设计

1．输入/输出元件及其控制功能

实例 5-4 中用到的输入/输出元件及其控制功能如表 5-4-1 所示。

表 5-4-1 实例 5-4 输入/输出元件及其控制功能

说　明	PLC 软元件	元件文字符号	元件名称	控制功能
输入	X0	SB1	启动按钮	启动控制
	X2	SB2	停止按钮	停止控制
输出	Y0	KM1	主接触器	接通或分断电源
	Y1	KM2	星启动接触器	星启动
	Y2	KM3	角运行接触器	角运行

2．控制程序设计

【思路点拨】

该程序的设计思路与实例 4-2 完全相同，只不过前者使用的是定时器，而后者使用的是计数器，都是为了实现定时控制。

用定时控制方式编写电动机星/角减压启动程序如图 5-4-1 所示。

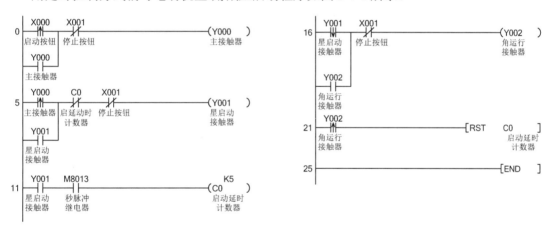

图 5-4-1 计数器控制电动机星/角启动梯形图

程序说明：当按下启动按钮 SB1 时，主接触器 Y0 线圈得电并自锁保持。在 Y0 上升沿作用下，星 Y1 线圈得电并自锁。由于 Y1 常开触点闭合，所以计数器 C0 开始对秒脉冲进行计数，电动机处于星启动阶段。

当计数器 C0 计数满 5 时，计数器 C0 常闭触点动作，Y1 线圈失电，星启动过程结束。在 Y1 下降沿作用下，Y2 线圈得电并自锁，电动机处于角运行阶段。

当按下停止按钮 SB2 时，Y0 和 Y2 线圈均失电，电动机停止运行。

电动机星角减压启动程序分析

实例 5-5 计数器控制小车运货程序设计

计数器控制运货小车运行

设计要求：运货小车往复运行如图 5-5-1 所示。

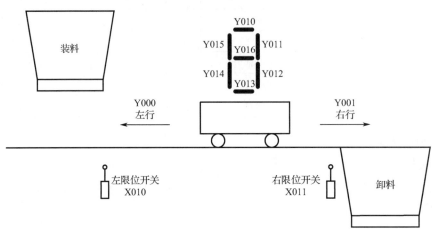

图 5-5-1 运货小车往复运行示意图

（1）初始状态：数码管显示数字 0，小车没有装载货物；小车处于左行程开关位置。

（2）装货过程：每点动一次装卸按钮，数码管显示的数字自动加 1。当装货次数达到 5 次时，装货过程结束。

（3）右行过程：当装货完成后，小车在原地停留 2 秒，然后小车向右行驶，右行指示灯亮，数码管一直显示数字 5。

（4）卸货过程：当运货小车运行到右限位时，小车自动停止，每点动一次装卸按钮，数码管显示的数字自动减 1。当卸料次数达到 5 次时，卸料过程结束。

（5）左行过程：当卸货完成后，小车在原地停留 2 秒，然后小车向左行驶，左行指示灯亮，数码管一直显示数字 0。

（6）循环工作：小车始终处于循环工作状态下。只有当按下停止按钮时，小车才能恢复初始状态。

（7）暂停功能：当按下暂停按钮时，小车工作；当再次按下暂停按钮时，小车继续执行原状态。

1. 输入/输出元件及其控制功能

实例 5-5 中用到的输入/输出元件及其控制功能如表 5-5-1 所示。

表 5-5-1 实例 5-5 输入/输出元件及其控制功能

说 明	PLC 软元件	元件文字符号	元件名称	控制功能
输入	X000	SB1	按钮	暂停控制
	X001	SB2	按钮	停止控制
	X002	SB3	按钮	装卸控制

项目5 计数器应用程序设计

续表

说　明	PLC 软元件	元件文字符号	元 件 名 称	控 制 功 能
输入	X010	SQ1	行程开关	左限位检测
	X011	SQ2	行程开关	右限位检测
输出	Y000	KM1	接触器	左行控制
	Y001	KM2	接触器	右行控制
	Y010～Y017		数码管	货物数量显示

2．控制程序设计

【思路点拨】

在编写该程序时，应着重解决两个问题：一个问题是如何掌握小车的装载信息；另一个问题是如何控制小车的行进方向。针对第一个问题，可以使用一个可逆计数器对装/卸货进行加/减计数，只要能读取可逆计数器的当前值就能准确掌握小车的装载信息。针对第二个问题，结合触点比较指令，把可逆计数器的当前值当作其中一个比较字元件，如果小车是满载，用比较指令驱动小车右行；如果小车是空载，用比较指令驱动小车左行。

用计数控制方式编写小车定时往复运行程序如图5-5-2所示。

计数器控制运货小车运行程序分析

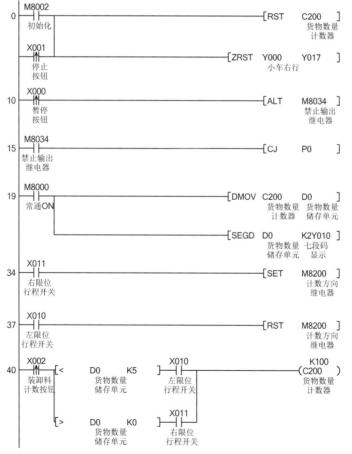

图5-5-2　运货小车往复运行梯形图

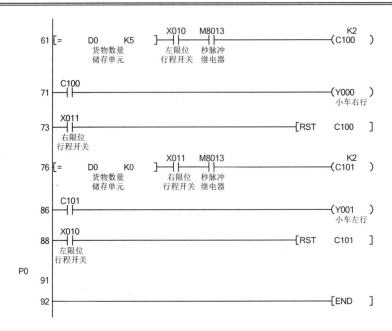

图 5-5-2 运货小车往复运行梯形图（续）

程序说明：PLC 上电后，程序先进行初始化，在 M8002 触点的驱动下，PLC 执行[RST C200]指令，将计数器 C200 复位；PLC 执行[ZRST Y000 Y017]指令,将输出继电器 Y000～Y017 复位。在 M8000 触点的驱动下，PLC 执行[DMOV C200 D0]指令，将 C200 中的数值存放到 D0 中；PLC 执行[SEGD D0 K2Y010]指令，将 D0 中的数值译成七段码，并通过#1 输出单元显示出该数值。

当小车在左限位时，行程开关 SQ1 受压，继电器 M8200 为 OFF 状态，C200 的计数方向是加。每点动一次装卸按钮 X2，C200 中的数值加 1，直到（C200）=5 结束。

当小车在右限位时，行程开关 SQ2 受压，继电器 M8200 为 ON 状态，C200 的计数方向是减。每点动一次装卸按钮 X2，C200 中的数值减 1，直到（C200）=0 结束。

当小车停在左限位，并且（C200）=5 时，计数器 C100 开始对秒脉冲信号进行计数。当（C100）=2 时，计数器 C100 动作，C100 的触点由常开变为常闭，Y0 线圈得电，小车向右行驶。当小车向右行驶到右限位时，行程开关 SQ2 受压，PLC 执行 RST 指令，Y0 线圈失电，小车右行停止。

当小车停在右限位，并且（C200）=0 时，计数器 C101 开始对秒脉冲信号进行计数。当（C101）=2 时，计数器 C100 动作，C100 的触点由常开变为常闭，Y1 线圈得电，小车向左行驶。当小车向左行驶到左限位时，行程开关 SQ1 受压，PLC 执行 RST 指令，Y1 线圈失电，小车左行停止。

当按下暂停按钮 SB1 时，PLC 执行[ALT M8034]指令，继电器 M8034 的触点由常开变为常闭，PLC 的全部对外输出被停止；PLC 执行[CJ P0]指令，主程序发生了跳转，小车实现了暂停。当再次按下暂停按钮 SB1 时，PLC 执行[ALT M8034]指令，继电器 M8034 的触点由常闭恢复为常开，PLC 的全部对外输出被允许，PLC 主程序不跳转，小车恢复原状态运行。

项目 5 计数器应用程序设计

实例 5-6 计数器控制流水灯程序设计

流水灯控制

设计要求：用两个控制按钮，控制 8 个彩灯实现单点左右循环点亮，时间间隔为 1 秒。当按下按钮启动时，彩灯开始循环点亮；当按下停止按钮时，彩灯立即全部熄灭。

1. 输入/输出元件及其控制功能

实例 5-6 中用到的输入/输出元件及其控制功能如表 5-6-1 所示。

表 5-6-1　实例 5-6 输入/输出元件及其控制功能

说明	PLC 软元件	元件文字符号	元件名称	控制功能
输入	X0	SB1	启动按钮	启动控制
	X1	SB2	停止按钮	停止控制
输出	Y0	HL1	彩灯 1	状态显示
	Y1	HL2	彩灯 2	状态显示
	Y2	HL3	彩灯 3	状态显示
	Y3	HL4	彩灯 4	状态显示
	Y4	HL5	彩灯 5	状态显示
	Y5	HL6	彩灯 6	状态显示
	Y6	HL7	彩灯 7	状态显示
	Y7	HL8	彩灯 8	状态显示

2. 程序设计

（1）采用计数控制并行方式编写程序。

用计数器和数据传送指令设计

【思路点拨】

依据题意，8 个彩灯单点左右循环点亮全过程可分为 14 个工作状态。对应每个工作状态都使用一个计数器进行计时，由于采用并行方式编写程序，所以这 14 个计数器计时的起始时间是相同的，但其设定时间是不相同的。当某个计数器计时已满，该计数器就能驱动对应的工作状态。

采用计数控制并行方式编写的彩灯单点左右循环点亮程序如图 5-6-1 所示。

程序说明：当按下启动按钮 SB1 时，PLC 执行[MOV K1 K2Y000]指令，使 Y0 线圈得电，第 1 盏彩灯被点亮。在 Y0 线圈得电期间，计数器 C0 开始计时。

当计数器 C0 计时 1 秒时间到，PLC 执行[MOV K2 K2Y000]指令，使 Y1 线圈得电，第 2 盏彩灯被点亮。

当计数器 C1 计时 2 秒时间到，PLC 执行[MOV K4 K2Y000]指令，使 Y2 线圈得电，第 3 盏彩灯被点亮。

如此类推，一直编写到计数器 C12 定时 13 秒时间到，PLC 执行[MOV K2 K2Y000]指令，使 Y1 线圈得电，第 2 盏彩灯被点亮。

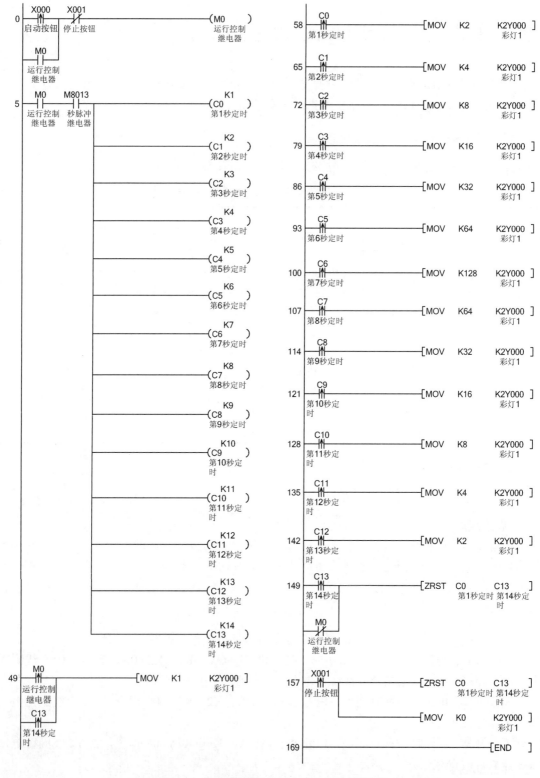

图 5-6-1 用计数控制并行方式设计的梯形图

项目 5　计数器应用程序设计

当计数器 C13 定时 14 秒时间到，计数器 C13 的常开触点瞬时闭合，PLC 再次执行[MOV K1　K2Y000]指令，使 Y0 线圈得电，第 1 盏彩灯被点亮，计数器被全部复位，程序进入循环执行状态。

当按下停止按钮 SB2 时，PLC 对全部计数器和 M0 进行复位；PLC 执行[MOV　K0　K2Y000]指令，使输出继电器被复位，彩灯全部被熄灭。

用可逆计数器和触点比较指令设计

（2）采用当前值比较方式编写程序。

【思路点拨】
　　根据题意要求，8 个彩灯的点亮顺序是按数字排序依次进行的。因此，我们对每一个彩灯都赋给一个给定值，当计数器的经过值与某个彩灯的给定值相等时，则该彩灯对应的输出继电器得电，使对应的彩灯被点亮。

采用当前值比较方式编写的彩灯单点左右循环点亮程序如图 5-6-2 所示。

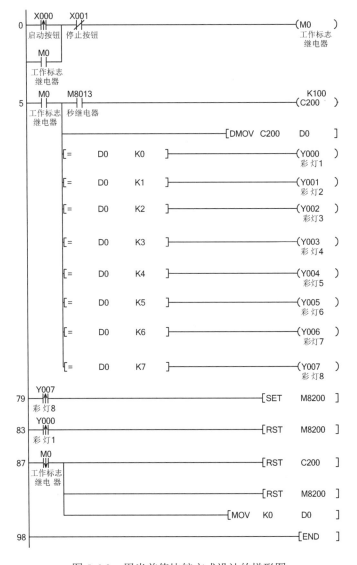

图 5-6-2　用当前值比较方式设计的梯形图

程序说明：当按下启动按钮 SB1 时，M0 线圈得电并自锁保持，M0 的常开触点闭合，计数器 C200 开始对秒脉冲进行加计数。

由于 M8200=0，所以计数器 C200 开始对秒脉冲进行加计数。当 C200 的经过值为 0 时，使 Y0 线圈得电；当 C200 的经过值为 1 时，使 Y1 线圈得电；如此类推，一直编写到 C200 的经过值为 7 时，使 Y7 线圈得电。在计数器 C200 进行加计数过程中，8 个彩灯按正序依次被点亮。

当 Y7 线圈得电时，PLC 执行[SET M8200]指令，使 M8200=1，计数器 C200 开始对秒脉冲进行减计数，8 个彩灯按逆序依次被点亮。

当 Y0 线圈再次得电时，PLC 执行[RST M8200]指令，M8200=0，计数器 C200 又开始对秒脉冲进行加计数，程序进入循环执行状态。

当按下启动按钮 SB2 时，M0 线圈失电，PLC 执行复位指令，使（C200）=0、（D0）=0、M8200=0，彩灯全部熄灭。

实例 5-7　计数器控制交通信号灯运行程序设计

交通灯运行

设计要求：按下启动按钮，交通信号灯系统按图 5-7-1 所示要求开始工作，绿灯闪烁的周期为 0.4 秒；按下停止按钮，所有信号灯熄灭。

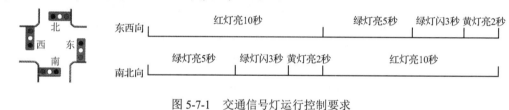

图 5-7-1　交通信号灯运行控制要求

1．输入/输出元件及其控制功能

实例 5-7 中用到的输入/输出元件及其控制功能如表 5-7-1 所示。

表 5-7-1　实例 5-7 输入/输出元件及其控制功能

说　明	PLC 软元件	元件文字符号	元 件 名 称	控 制 功 能
输入	X0	SB1	启动按钮	启动控制
	X1	SB2	停止按钮	停止控制
输出	Y0	HL1	东西向红灯	东西向禁行
	Y1	HL2	东西向绿灯	东西向通行
	Y2	HL3	东西向黄灯	东西向信号转换
	Y3	HL4	南北向红灯	南北向禁行
	Y4	HL5	南北向绿灯	南北向通行
	Y5	HL6	南北向黄灯	南北向信号转换

2. 程序设计

【思路点拨】

该系统工作周期是 20 秒，在这 20 秒时间内又被划分为 6 个时间段，即 0～5 秒、5～8 秒、8～10 秒、10～15 秒、15～18 秒和 18～20 秒。每个时段对应一个启保停电路，我们可以采用计数器控制每个时段的启动和停止，只不过此时的计数器被当作定时器来使用。

（1）定时控制方式的程序设计。

① 用串行方式编写程序。用串行方式编写的交通信号灯运行控制程序如图 5-7-2 所示。

用串行方式设计

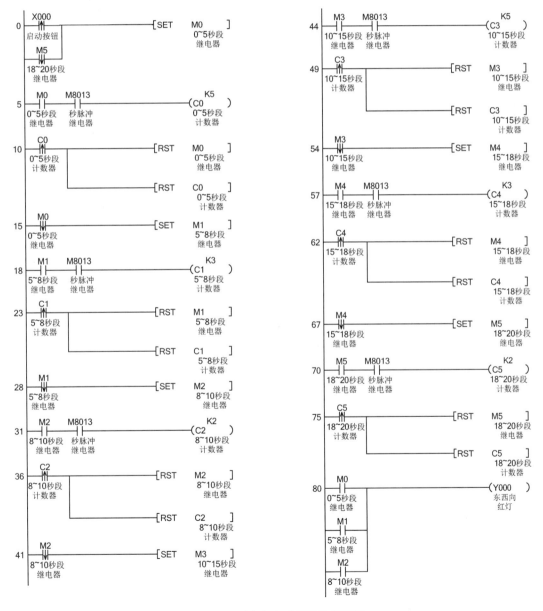

图 5-7-2 用串行方式设计的梯形图

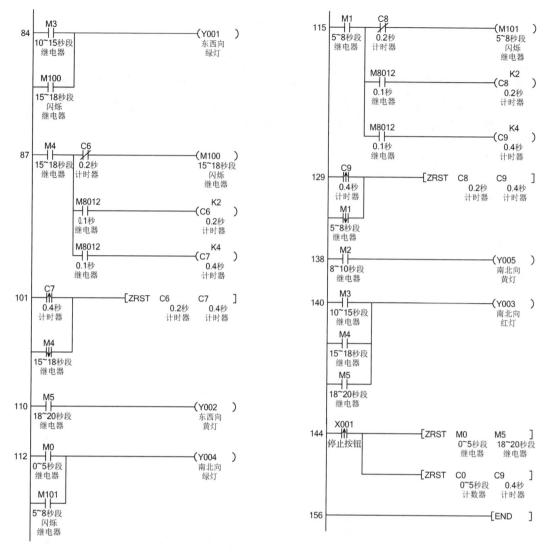

图 5-7-2 用串行方式设计的梯形图（续）

程序说明：当按下启动按钮 SB1 时，PLC 执行[SET M0]指令，M0 线圈得电，启动 0～5 秒时间段控制；同时计数器 C0 开始对秒脉冲进行计数。当计数器 C0 计数满 5 次时，C0 常开触点动作，PLC 执行[RST M0]指令，M0 线圈失电；PLC 执行[RST C0]指令，计数器 C0 被复位。

在 M0 下降沿作用下，PLC 执行[SET M1]指令，M1 线圈得电，启动 5～8 秒时间段控制；同时计数器 C1 开始对秒脉冲进行计数，当计数器 C1 计数满 3 次时，计数器 C1 常开触点动作，PLC 执行[RST M1]指令，M1 线圈失电；PLC 执行[RST C1]指令，计数器 C1 被复位。

在 M1 下降沿作用下，PLC 执行[SET M2]指令，M2 线圈得电，启动 8～10 秒时间段控制；同时计数器 C2 开始对秒脉冲进行计数，当计数器 C2 计数满 2 次时，计数器 C2 常开触点动作，PLC 执行[RST M2]指令，M2 线圈失电；PLC 执行[RST C2]指令，计数器 C2 被复位。

项目 5　计数器应用程序设计

在 M2 下降沿作用下，PLC 执行[SET　M3]指令，M3 线圈得电，启动 10～15 秒时间段控制；同时计数器 C3 开始对秒脉冲进行计数，当计数器 C3 计数满 5 次时，计数器 C3 常开触点动作，PLC 执行[RST　M3]指令，M3 线圈失电；PLC 执行[RST　C3]指令，计数器 C3 被复位。

在 M3 下降沿作用下，PLC 执行[SET　M4]指令，M4 线圈得电，启动 15～18 秒时间段控制；同时计数器 C4 开始对秒脉冲进行计数，当计数器 C4 计数满 3 次时，计数器 C4 常开触点动作，PLC 执行[RST　M4]指令，M4 线圈失电；PLC 执行[RST　C4]指令，计数器 C4 被复位。

在 M4 下降沿作用下，PLC 执行[SET　M5]指令，M5 线圈得电，启动 18～20 秒时间段控制；同时计数器 C5 开始对秒脉冲进行计数，当计数器 C5 计数满 2 次时，计数器 C5 常开触点动作，PLC 执行[RST　M5]指令，M5 线圈失电；PLC 执行[RST　C5]指令，计数器 C5 被复位。

在 M5 下降沿作用下，PLC 再次执行[SET　M0]指令，使多段定时控制进入循环状态。

根据各个交通信号灯的运行时序要求，分别将 M0、M1 和 M2 组成逻辑"或"电路，驱动东西向红灯 Y0；将 M3 和 M4 组成逻辑"或"电路，驱动东西向绿灯 Y1；M5 驱动东西向黄灯 Y2；将 M3、M4 和 M5 组成逻辑"或"电路，驱动南北向红灯 Y3；将 M0 和 M1 组成逻辑"或"电路，驱动南北向绿灯 Y4；M2 驱动南北向黄灯 Y5。

当按下启动按钮 SB2 时，PLC 执行批量复位指令，使 M0～M5 线圈同时失电，交通信号灯运行停止。

② 用并行方式编写程序。用并行方式编写的交通信号灯运行控制程序如图 5-7-3 所示。

用并行方式设计

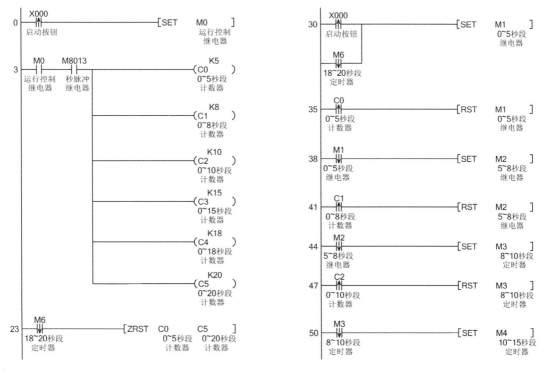

图 5-7-3　用并行方式设计的梯形图

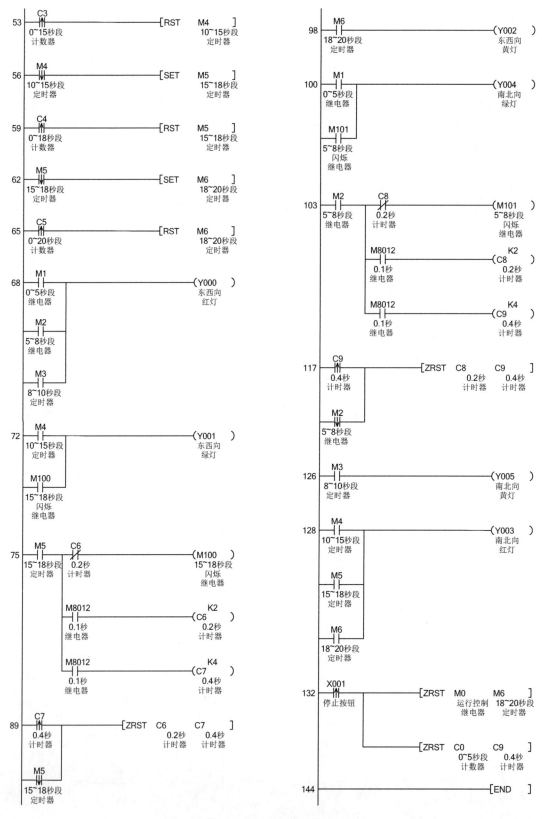

图 5-7-3 用并行方式设计的梯形图（续）

程序说明：当按下启动按钮 SB1 时，PLC 执行[SET　M0]指令，M0 线圈得电，计数器 C0～C5 同时开始对秒脉冲进行计数；PLC 执行[SET　M1]指令，M1 线圈得电，启动 0～5 秒时间段控制。当计数器 C0 计数满 5 次时，计数器 C0 常开触点动作，PLC 执行[RST　M1]指令，M1 线圈失电。

在 M1 下降沿作用下，PLC 执行[SET　M2]指令，M2 线圈得电，启动 5～8 秒时间段控制。当计数器 C1 计数满 8 次时，计数器 C1 常开触点动作，PLC 执行[RST　M2]指令，M2 线圈失电。

在 M2 下降沿作用下，PLC 执行[SET　M3]指令，M3 线圈得电，启动 8～10 秒时间段控制。当计数器 C2 计数满 10 次时，计数器 C2 常开触点动作，PLC 执行[RST　M3]指令，M3 线圈失电。

在 M3 下降沿作用下，PLC 执行[SET　M4]指令，M4 线圈得电，启动 10～15 秒时间段控制。当计数器 C3 计数满 15 次时，计数器 C3 常开触点动作，PLC 执行[RST　M4]指令，M4 线圈失电。

在 M4 下降沿作用下，PLC 执行[SET　M5]指令，M5 线圈得电，启动 15～18 秒时间段控制。当计数器 C4 计数满 18 次时，计数器 C4 常开触点动作，PLC 执行[RST　M5]指令，M5 线圈失电。

在 M5 下降沿作用下，PLC 执行[SET　M6]指令，M6 线圈得电，启动 18～20 秒时间段控制。当计数器 C5 计数满 20 次时，计数器 C5 常开触点动作，PLC 执行[RST　M6]指令，M6 线圈失电；PLC 执行批复位指令，计数器 C0～C5 被复位，使计数器 C0～C5 又同时从 0 值开始重新计数。

根据各个交通信号灯的运行时序要求，分别将 M1、M2 和 M3 组成逻辑"或"电路，驱动东西向红灯 Y0；将 M4 和 M5 组成逻辑"或"电路，驱动东西向绿灯 Y1；M6 驱动东西向黄灯 Y2；将 M4、M5 和 M6 组成逻辑"或"电路，驱动南北向红灯 Y3；将 M1 和 M2 组成逻辑"或"电路，驱动南北向绿灯 Y4；M3 驱动南北向黄灯 Y5。

当按下启动按钮 SB2 时，PLC 执行批量复位指令，使 M0～M6 线圈同时失电，使计数器 C0～C9 被复位，交通信号灯运行停止。

（2）当前值比较方式的程序设计。

【思路点拨】

本实例使用一个计数器进行定时控制，通过判断计数器的当前值，就可以控制信号灯的工作。

① 使用初始触点比较指令编写程序。使用初始触点比较指令编写的交通信号灯运行控制程序如图 5-7-4 所示。

程序说明：当按下启动按钮 SB1 时，在 X0 上升沿作用下，PLC 执行 [OUT　M0]指令，M0 线圈得电，M0 常开触点闭合，允许程序循环执行。在 M0 线圈得电期间，M0 驱动定时器 C0 开始计数。

用触点比较指令设计

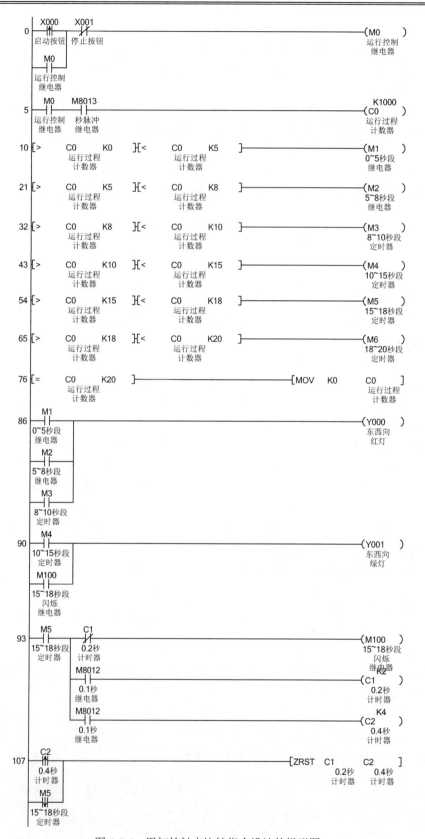

图 5-7-4 用初始触点比较指令设计的梯形图

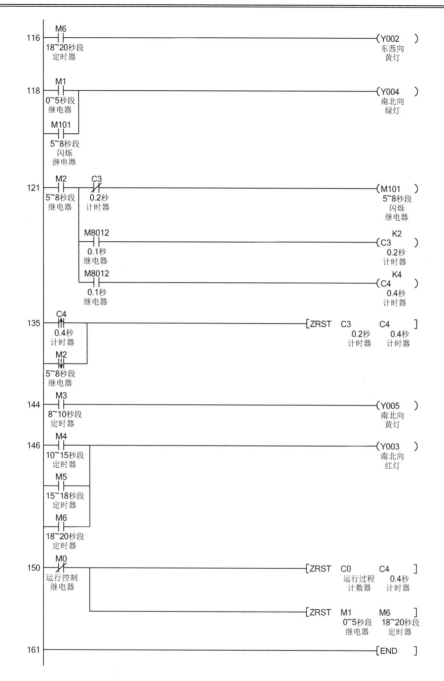

图 5-7-4 用初始触点比较指令设计的梯形图（续）

判断 C0 的经过值所处的计数段，如果 0<（C0）<5，则 M1 线圈得电。如果 5<（C0）<8，则 M2 线圈得电；如果 8<（C0）<10，则 M3 线圈得电；如果 10<（C0）<15，则 M4 线圈得电；如果 15<（C0）<18，则 M5 线圈得电；如果 18<（C0）<20，则 M6 线圈得电；如果（C0）=20，则 PLC 执行[MOV K0 C0]指令，C0 被强制复位并开始重新计时。

根据各个交通信号灯的运行时序要求，分别将 M1、M2 和 M3 组成逻辑"或"电路，驱动东西向红灯 Y0；将 M4 和 M5 组成逻辑"或"电路，驱动东西向绿灯 Y1；M6 驱动东西向黄灯 Y2；将 M4、M5 和 M6 组成逻辑"或"电路，驱动南北向红灯 Y3；将 M1 和 M2 组成逻辑"或"电路，驱动南北向绿灯 Y4；M3 驱动南北向黄灯 Y5。

当按下启动按钮 SB2 时，M0 线圈失电，T0 被复位并停止计时，M0~M6 线圈同时失电，交通信号灯运行停止。

② 使用区间比较指令编写程序。使用区间比较指令编写的交通信号灯运行控制程序如图 5-7-5 所示。

用区间比较指令设计

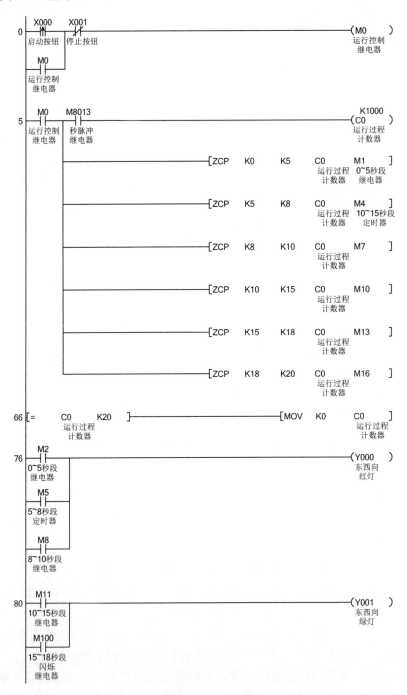

图 5-7-5 用区间比较指令设计的梯形图

项目 5 计数器应用程序设计

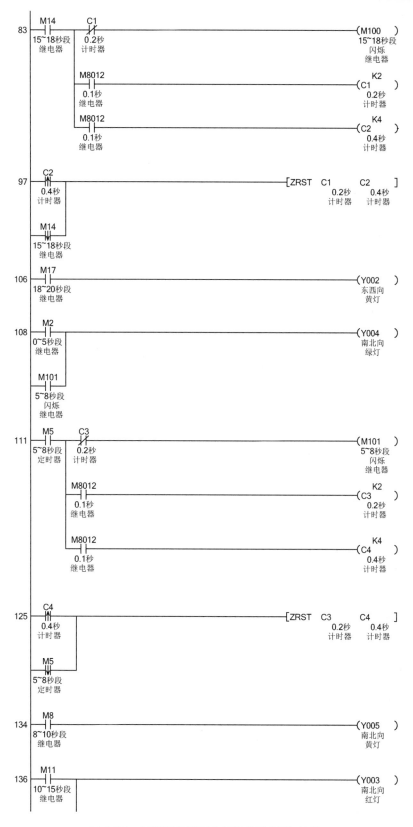

图 5-7-5 用区间比较指令设计的梯形图（续）

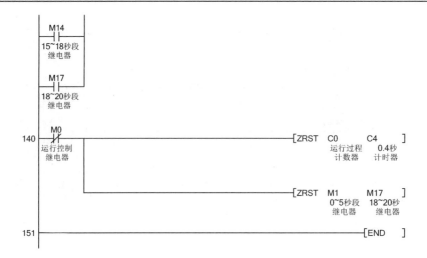

图 5-7-5　用区间比较指令设计的梯形图（续）

程序说明：当按下启动按钮 SB1 时，在 X0 上升沿作用下，PLC 执行[OUT　M0]指令，M0 线圈得电。在 M0 线圈得电期间，M0 驱动定时器 C0 开始计数。

判断 C0 的经过值所处的计数段，如果 0<（C0）<5，则 M2 线圈得电；如果 5<（C0）<8，则 M5 线圈得电；如果 8<（C0）<10，则 M8 线圈得电；如果 10<（C0）<15，则 M11 线圈得电；如果 15<（C0）<18，则 M14 线圈得电；如果 18<（C0）<20，则 M17 线圈得电；如果（C0）=20，则 PLC 执行[MOV　K0　C0]指令，C0 被强制复位并开始重新计数。

根据各个交通信号灯的运行时序要求，分别将 M2、M5 和 M8 组成逻辑"或"电路，驱动东西向红灯 Y0；将 M11 和 M14 组成逻辑"或"电路，驱动东西向绿灯 Y1；M17 驱动东西向黄灯 Y2；将 M11、M14 和 M17 组成逻辑"或"电路，驱动南北向红灯 Y3；将 M2 和 M5 组成逻辑"或"电路，驱动南北向绿灯 Y4；M8 驱动南北向黄灯 Y5。

当按下启动按钮 SB2 时，M0 线圈失电，计数器 C0 被复位并停止计数，M0～M17 线圈同时失电，交通信号灯运行停止。

项目 6

暂停控制程序设计

暂停控制作为自动控制系统的一项重要功能普遍应用于电气传动技术领域，如搅拌机的暂停控制、洗衣机的暂停控制及小车运行的暂停控制等。

实例 6-1 用继电器实现暂停控制程序设计

电动机暂停控制

> 设计要求：当按下启动按钮时，电动机启动并运行；当按下暂停按钮时，电动机暂停运行；当按下停止按钮时，电动机停止运行。

1. 输入/输出元件及其控制功能

实例 6-1 中用到的输入/输出元件及其控制功能如表 6-1-1 所示。

表 6-1-1 实例 6-1 输入/输出元件及其控制功能

说 明	PLC 软元件	元件文字符号	元 件 名 称	控 制 功 能
输入	X0	SB1	启动按钮	启动控制
输入	X1	SB2	停止按钮	停止控制
输入	X2	SB3	暂停按钮	暂停控制
输出	Y0	KM1	主接触器	接通或分断电源

2. 控制程序设计

用继电器对一台电动机进行暂停控制的方法很多，下面介绍几种常用的方法。

（1）控制方法 1。

用特殊功能继电器设计

【思路点拨】

在 FX 系列 PLC 中有一个编号为 M8034 的特殊功能继电器，一旦 M8034 被置为 ON 状态，系统将禁止 PLC 对外输出。

用方法 1 编写的暂停控制程序如图 6-1-1 所示。

程序说明：当按下启动按钮 SB1 时，PLC 执行[SET　Y000]指令，使 Y0 线圈得电，电动机处于运行状态。

当首次按下暂停按钮 SB3 时，PLC 执行[ALT　M8034]指令，使 M8034=1，所以 PLC 的输出继电器被禁止向外输出，电动机处于暂停状态。

当再次按下暂停按钮 SB3 时，PLC 执行[ALT　M8034]指令，使 M8034=0，所以 PLC 的输出继电器被允许向外输出，电动机恢复运行状态。

当按下停止按钮 SB2 时，PLC 执行[RST　Y000]指令，使 Y0 线圈失电，电动机处于停止状态。

（2）控制方法 2。

【思路点拨】
电动机的运行可以采用辅助继电器间接驱动方式。当实施暂停时，只需要控制 PLC 的输出继电器失电，而辅助继电器的状态还会保持原样，这样当暂停结束后，电动机还能恢复原运行状态。

用方法 2 编写的暂停控制程序如图 6-1-2 所示。

用交替取反指令设计

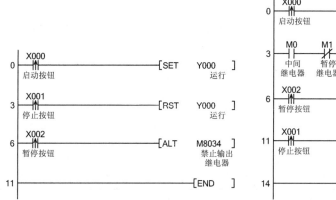

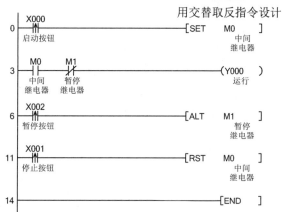

图 6-1-1　暂停控制程序 1　　　　图 6-1-2　暂停控制程序 2

程序说明：当按下启动按钮 SB1 时，PLC 执行[SET　M0]指令，使 M0 线圈得电。由于 M0 常开触点闭合，所以 Y0 线圈得电，电动机处于运行状态。

当首次按下暂停按钮 SB3 时，PLC 执行[ALT　M1]指令，使 M1=1。因为 M1 的常闭触点变为常开，所以 Y0 线圈失电，电动机处于暂停状态。

当再次按下暂停按钮 SB3 时，PLC 执行[ALT　M1]指令，使 M1=0。因为 M1 的常闭触点恢复常闭，所以 Y0 线圈得电，电动机恢复运行状态。

当按下停止按钮 SB2 时，PLC 执行[RST　M0]指令，使 M0 线圈失电，由于 M0 常开触点断开，所以 Y0 线圈失电，电动机处于停止状态。

（3）控制方法 3。

【思路点拨】
不仅 ALT 指令可以实现继电器的交替取反，INC 指令也可以实现继电器的交替取反。

项目 6 暂停控制程序设计

用方法 3 编写的暂停控制程序如图 6-1-3 所示。

用加 1 指令设计

程序说明:当按下启动按钮 SB1 时,PLC 执行[SET M0]指令,使 M0 线圈得电。由于 M0 常开触点闭合,所以 Y0 线圈得电,电动机处于运行状态。

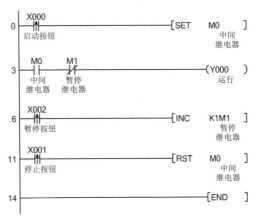

图 6-1-3 暂停控制程序 3

当首次按下暂停按钮 SB3 时,PLC 执行[INC K1M1]指令,组合位元件 K1M1 里的值被加 1,使 M1=1,M1 的常闭触点变为常开,所以 Y0 线圈失电,电动机处于暂停状态。

当再次按下暂停按钮 SB3 时,PLC 执行[INC K1M1]指令,组合位元件 K1M1 里的值被加 1,使 M1=0,M1 的常闭触点恢复常闭,所以 Y0 线圈得电,电动机恢复运行状态。

当按下停止按钮 SB2 时,PLC 执行[RST M0]指令,使 M0 线圈失电,由于 M0 常开触点断开,所以 Y0 线圈失电,电动机处于停止状态。

实例 6-2 用计数器实现暂停控制程序设计

电动机暂停控制

设计要求:某电动机的定时启停控制程序如图 6-2-1 所示,要求使用计数器对图 6-2-1 所示程序进行修改,并使该程序具有暂停功能。

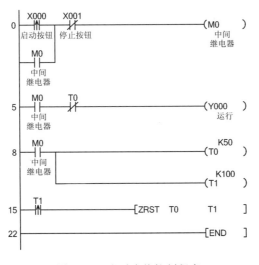

图 6-2-1 定时启停控制程序

1. 输入/输出元件及其控制功能

实例 6-2 中用到的输入/输出元件及其控制功能如表 6-2-1 所示。

表 6-2-1 实例 6-2 输入/输出元件及其控制功能

说　　明	PLC 软元件	元件文字符号	元 件 名 称	控 制 功 能
输入	X0	SB1	启动按钮	启动控制
输入	X1	SB2	停止按钮	停止控制
输入	X2	SB3	暂停按钮	暂停控制
输出	Y0	KM1	主接触器	接通或分断电源

2．控制程序设计

【思路点拨】

分析图 6-2-1 可知，当按下启动按钮时，电动机开始运行。当电动机运行 5 秒后，电动机停止运行；当电动机停止运行 5 秒后，电动机再次运行。当按下停止按钮时，电动机停止运行。针对图 6-2-1 所示的程序，如果采用继电器方法实施控制暂停，定时器的经过值将无法保持，当暂停结束后，系统将无法恢复到原运行状态。为解决这一问题，我们使用计数器来替换原程序中的定时器，因为计数器具有经过值保持能力。

使用计数器来替换原程序中的定时器，修改后的程序如图 6-2-2 所示。

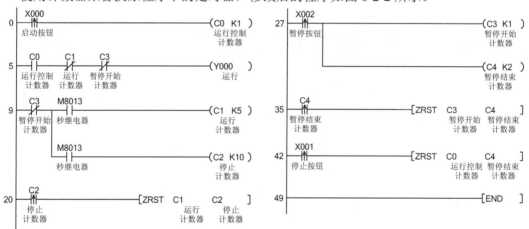

图 6-2-2 定时启停/暂停控制程序

程序说明：当按下启动按钮 SB1 时，PLC 执行[C0　K0]指令，计数器 C0 的常开触点变为常闭，Y0 线圈得电，电动机处于运行状态。

当首次按下暂停按钮 SB3 时，PLC 执行[C3　K1]指令和[C4　K2]指令，计数器 C3 的常闭触点变为常开，Y0 线圈失电，电动机处于暂停状态。在暂停过程中，计数器 C1 和 C2 当前的计数值被保持。

电动机暂停控制程序分析

当再次按下暂停按钮 SB3 时，PLC 执行[C4　K2]指令，计数器 C4 的常开触点变为常闭。PLC 执行[ZRST　C3　C4]指令，计数器 C3 和 C4 被复位，Y0 线圈再次得电，电动机恢复运行状态。

当按下停止按钮 SB2 时，PLC 执行[ZRST　C0　C4]指令，计数器 C0～C4 被复位，Y0 线圈失电，电动机处于停止状态。

项目 6 暂停控制程序设计

✈ 实例 6-3 用传送指令实现暂停控制程序设计

电动机暂停控制

设计要求：当按下启动按钮时，电动机开始正转运行。当电动机正转运行 5 秒后，电动机改为反转运行。当电动机反转运行 5 秒后，电动机改为正转运行。当按下暂停按钮时，电动机暂停运行；当按下停止按钮时，电动机停止运行。

1. 输入/输出元件及其控制功能

实例 6-3 中用到的输入/输出元件及其控制功能如表 6-3-1 所示。

表 6-3-1 实例 6-3 输入/输出元件及其控制功能

说 明	PLC 软元件	元件文字符号	元 件 名 称	控 制 功 能
输入	X0	SB1	启动按钮	启动控制
	X1	SB2	停止按钮	停止控制
	X2	SB3	暂停按钮	暂停控制
输出	Y0	KM1	主接触器	正转运行
	Y1	KM2	主接触器	反转运行

2. 控制程序设计

【思路点拨】

在暂停时，可以使用 MOV 指令将电动机当前的状态数据保存到某个寄存器当中。当暂停结束以后，再次使用 MOV 指令调取原先保存在寄存器当中的状态数据，使电动机恢复原状态运行。

用传送指令编写的暂停控制程序如图 6-3-1 所示，关于图 6-3-1 中的正反转控制部分程序分析从略，这里只分析暂停控制程序。

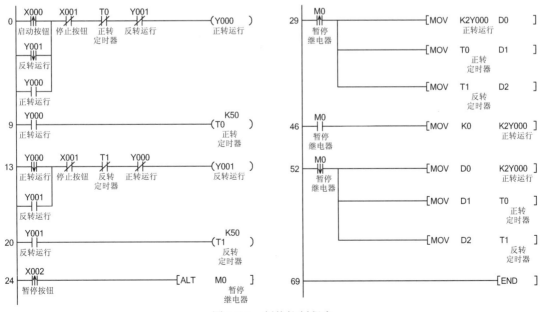

图 6-3-1 暂停控制程序

程序说明：当首次按下暂停按钮 SB3 时，PLC 执行[ALT M0]指令，在 M0 触点上升沿脉冲作用下，PLC 执行 [MOV K2Y000 D0] 指令，将输出继电器的状态数据保存到 D0；PLC 执行[MOV T0 D1] 指令，将定时器 T0 的当前值保存到 D1；PLC 执行[MOV T1 D2] 指令，将定时器 T1 的当前值保存到 D2；PLC 执行[MOV K0 K2Y000] 指令，使电动机处于暂停状态。

电动机暂停控制程序分析

当再次按下暂停按钮 SB3 时，PLC 执行[ALT M0]指令，在 M0 触点下降沿脉冲作用下，PLC 执行 [MOV D0 K2Y000] 指令，将 D0 中的状态数据恢复到输出端口上；PLC 执行 [MOV D1 T0] 指令，将 D1 中的状态数据恢复给定时器 T0；PLC 执行[MOV D2 T1] 指令，将 D2 中的状态数据恢复给定时器 T1，使电动机恢复原状态运行。

【经验总结】

相比实例 6-1 和实例 6-2 所使用的方法，实例 6-3 所使用的方法具有两个明显的优点：第一个优点是该方法不仅可以对某个继电器实施暂停控制，还可以同时对某几个继电器实施暂停控制，即批量控制暂停；第二个优点是该方法可以有效地保存程序中的中间变量值，如定时器的经过值。

实例 6-4　用跳转指令实现暂停控制程序设计

电动机暂停控制

设计要求：当按下启动按钮时，电动机开始正转运行。当电动机正转运行 5 秒后，电动机改为反转运行。当电动机反转运行 5 秒后，电动机改为正转运行。当按下暂停按钮时，电动机暂停运行；当按下停止按钮时，电动机停止运行。

1. 输入/输出元件及其控制功能

实例 6-4 中用到的输入/输出元件及其控制功能如表 6-4-1 所示。

表 6-4-1　实例 6-4 输入/输出元件及其控制功能

说　明	PLC 软元件	元件文字符号	元 件 名 称	控 制 功 能
输入	X0	SB1	启动按钮	启动控制
	X1	SB2	停止按钮	停止控制
	X2	SB3	暂停按钮	暂停控制
输出	Y0	KM1	主接触器	正转运行
	Y1	KM2	主接触器	反转运行

2. 控制程序设计

【思路点拨】

在执行暂停时，将继电器 M8034 置位，禁止 PLC 对外输出，通过 M8034 驱动 CJ 指令，使程序流程跳转到 END 行。当暂停结束以后，将继电器 M8034 复位，允许 PLC 对外输出，程序流程跳转结束，电动机恢复原状态运行。

项目 6　暂停控制程序设计

用跳转指令编写的暂停控制程序如图 6-4-1 所示，关于图 6-4-1 中的正反转控制部分程序分析从略，这里只分析暂停控制程序。

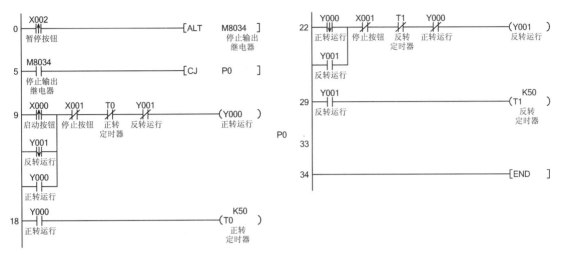

图 6-4-1　暂停控制程序

程序说明：当首次按下暂停按钮 SB3 时，PLC 执行[ALT　M8034]指令，继电器 M8034 为 ON 状态，禁止 PLC 对外输出，电动机停止运行。在继电器 M8034 为 ON 期间，PLC 执行[CJ　P0]指令，程序流程发生跳转，PLC 开始执行跳转程序，跳转的入口地址在 P0，从跳转步至尾步之间的所有指令因被 PLC 忽略而不执行，但该段程序中软元件的状态还将得以保持，PLC 只能在暂停控制程序段内反复扫描，电动机处于暂停状态。

电动机暂停控制程序分析

当再次按下暂停按钮 SB3 时，PLC 又执行[ALT　M8034]指令，使继电器 M8034 为 OFF 状态，允许 PLC 对外输出。PLC 不执行[CJ　P0]指令，程序流程不再发生跳转，PLC 恢复扫描全部程序步，电动机状态又恢复到暂停前的状态。

【经验总结】

通过分析本项目实例 6-1、实例 6-2、实例 6-3 和实例 6-4 的暂停控制程序，可总结经验如下：虽然使用继电器、计数器、数据传送指令和跳转指令都可以实现暂停控制，但作者还是推荐实例 6-4 所使用的方法，因为该方法不仅具有普适性，而且编程逻辑简单，不需要处理定时器的经过值，建议读者在以后编写暂停控制程序时，不管你编写的是何种控制程序，也不管程序有多么长、多么复杂，都可以直接套用实例 6-4 所示的方法。

项目 7

顺序控制程序设计

在工控现场中,顺序控制是一种常见的控制方式,它将整个控制过程划分为若干工步,每个工步按一定的顺序轮流工作。对于简单的顺序控制程序,通常可以采用三种编程方法。第一种方法是使用步进指令控制每步工况。第二种方法是将启保停电路与工步对应,通过启保停电路输出驱动对应的工况,只要每个启保停电路都能够按规定顺序工作,则整个启保停控制系统就能实现顺序控制。第三种方法是使用触点比较指令将顺序控制全过程分成若干段,再分段驱动每步工况。

实例 7-1　天塔之光控制程序设计

天塔灯光控制

设计要求:天塔灯光布置如图 7-1-1 所示,当按下启动按钮时,天塔之光开始发射型闪烁:第一组 L1 亮 1 秒后灭;接着第二组 L2、L3、L4 亮 1 秒后灭;再接着第三组 L5、L6、L7、L8 亮 1 秒后灭。当按下停止按钮时,灯全部熄灭。

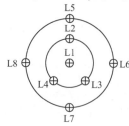

图 7-1-1　天塔灯光布置图

1. 输入/输出元件及其控制功能

实例 7-1 中用到的输入/输出元件及其控制功能如表 7-1-1 所示。

表 7-1-1　实例 7-1 输入/输出元件及其控制功能

说　明	PLC 软元件	元件文字符号	元件名称	控　制　功　能
输入	X0	SB1	启动按钮	启动控制
	X1	SB2	停止按钮	停止控制

续表

说 明	PLC 软元件	元件文字符号	元 件 名 称	控 制 功 能
输出	Y0	HL1	灯	指示
	Y1	HL2	灯	指示
	Y2	HL3	灯	指示
	Y3	HL4	灯	指示
	Y4	HL5	灯	指示
	Y5	HL6	灯	指示
	Y6	HL7	灯	指示
	Y7	HL8	灯	指示

2．控制程序设计

【思路点拨】

因为天塔上 3 组灯光是按照规定的顺序要求进行点亮的，所以本实例特别适合使用步进指令来编写控制程序。在一个周期内，灯光的闪烁可分为 4 个状态步，即第 1 组灯点亮、第 2 组灯点亮、第 3 组灯点亮、第 2 组灯点亮。每个状态步都采用定时器计时控制，通过定时器触点的动作激活下一个状态步。

（1）用步进指令设计。用步进指令编写的天塔之光程序如图 7-1-2 所示。

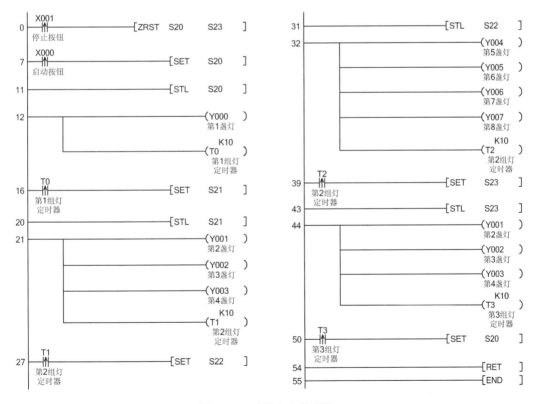

图 7-1-2　天塔之光梯形图 1

程序说明：按下启动按钮 SB1，PLC 执行[SET S20]指令，使状态器 S20 有效，S20 步变为活动步。在 S20 步，PLC 执行[OUT Y000]指令，使 Y0 线圈得电，第 1 组灯点亮；在第 1 组灯点亮期间，定时器 T0 对第 1 组灯点亮时间进行计时。

用步进指令设计

当定时器 T0 计时满 1 秒；PLC 执行[SET S21]指令，使状态器 S21 有效，S21 步变为活动步。在 S21 步，PLC 执行[OUT Y001]、[OUT Y002] 和[OUT Y003]指令，使 Y1、Y2 和 Y3 线圈得电，第 2 组灯点亮。在第 2 组灯点亮期间，定时器 T1 对第 2 组灯点亮时间进行计时。

当定时器 T1 计时满 1 秒；PLC 执行[SET S22]指令，使状态器 S22 有效，S22 步变为活动步。在 S22 步，PLC 执行[OUT Y004]、[OUT Y005]、[OUT Y006]和[OUT Y007]指令，使 Y4、Y5、Y6 和 Y7 线圈得电，第 3 组灯点亮。在第 3 组灯点亮期间，定时器 T2 对第 3 组灯点亮时间进行计时。

当定时器 T2 计时满 1 秒；PLC 执行[SET S23]指令，使状态器 S23 有效，S23 步变为活动步。在 S23 步，PLC 执行[OUT Y001]、[OUT Y002] 和[OUT Y003]指令，使 Y1、Y2 和 Y3 线圈得电，第 2 组灯点亮。在第 2 组灯点亮期间，定时器 T3 对第 2 组灯点亮时间进行计时。

当定时器 T3 计时满 1 秒；PLC 执行[SET S20]指令，使状态器 S20 有效，S20 步变为活动步，程序进入循环执行状态。

按下停止按钮 SB2，PLC 执行[ZRST S20 S23]指令，状态器 S20～S23 被复位，天塔灯光被熄灭。

（2）用启保停电路设计。用启保停电路编写的天塔之光程序如图 7-1-3 所示。

程序说明：按下启动按钮 SB1，PLC 执行[OUT M0]指令，使 M0 线圈得电，M0 的常开触点变为常闭，PLC 执行[MOV K1 K2Y000]指令，使 Y0 线圈得电，第 1 组灯点亮；在第 1 组灯点亮期间，定时器 T0 对第 1 组灯点亮时间进行计时。

用启保停电路设计

当定时器 T0 计时满 1 秒，T0 的常闭触点动作，使 M0 线圈失电。在 M0 常开触点下降沿脉冲作用下，PLC 执行[OUT M1]指令，使 M1 线圈得电，M1 的常开触点变为常闭，PLC 执行[MOV K14 K2Y000]指令，使 Y1、Y2 和 Y3 线圈得电，第 2 组灯点亮；在第 2 组灯点亮期间，定时器 T1 对第 2 组灯点亮时间进行计时。

当定时器 T1 计时满 1 秒，T1 的常闭触点动作，使 M1 线圈失电。在 M1 常开触点下降沿脉冲作用下，PLC 执行[OUT M2]指令，使 M2 线圈得电，M2 的常开触点变为常闭，PLC 执行[MOV K240 K2Y000]指令，使 Y4、Y5、Y6 和 Y7 线圈得电，第 3 组灯点亮；在第 3 组灯点亮期间，定时器 T2 对第 3 组灯点亮时间进行计时。

当定时器 T2 计时满 1 秒，T2 的常闭触点动作，使 M2 线圈失电。在 M2 常开触点下降沿脉冲作用下，PLC 执行[OUT M3]指令，使 M3 线圈得电，M3 的常开触点变为常闭，PLC 执行[MOV K14 K2Y000]指令，使 Y1、Y2 和 Y3 线圈得电，第 2 组灯点亮；在第 2 组灯点亮期间，定时器 T3 对第 2 组灯点亮时间进行计时。

当定时器 T3 计时满 1 秒，T3 的常闭触点动作，使 M3 线圈失电。PLC 执行[OUT M0]指令，程序进入循环执行状态。

按下停止按钮 SB2，PLC 执行[ZRST M0 M3]指令，使 M0～M3 线圈失电；PLC 执行

[ZRST Y0 Y7]指令，使Y0～Y7线圈失电，天塔灯光被熄灭。

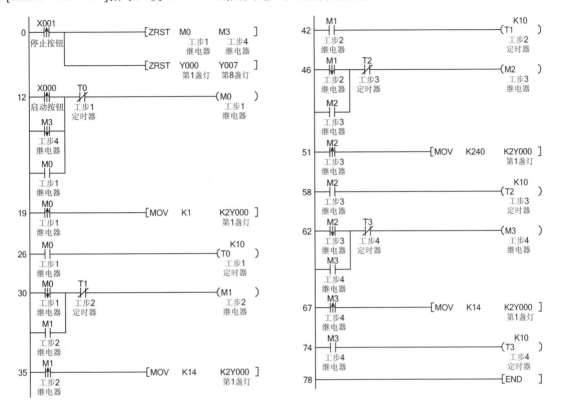

图 7-1-3 天塔之光梯形图 2

（3）用触点比较指令设计。用触点比较指令编写的天塔之光程序如图 7-1-4 所示。

用触点比较指令设计

程序说明：按下启动按钮 SB1，PLC 执行[SET M0]指令，使 M0 线圈得电。在 M0 线圈得电期间，定时器 T0 对系统工作时间进行计时。

PLC 执行[> T0 K0]指令和[< T0 K10] 指令，判断 T0 的经过值是否在 0～1 秒时间段，如果 T0 的经过值在 0～1 秒时间段内，则上述两个比较触点接通，PLC 执行[MOV K1 K2Y000]指令，使 Y0 线圈得电，第 1 组灯点亮。

PLC 执行[>= T0 K10]指令和[< T0 K20] 指令，判断 T0 的经过值是否在 1～2 秒时间段，如果 T0 的经过值在 1～2 秒时间段内，则上述两个比较触点接通，PLC 执行[MOV K14 K2Y000]指令，使 Y1、Y2 和 Y3 线圈得电，第 2 组灯点亮。

PLC 执行[>= T0 K20]指令和[< T0 K30] 指令，判断 T0 的经过值是否在 2～3 秒时间段，如果 T0 的经过值在 2～3 秒时间段内，则上述两个比较触点接通，PLC 执行[MOV K240 K2Y000]指令，使 Y4、Y5、Y6 和 Y7 线圈得电，第 3 组灯点亮。

PLC 执行[= T0 K40]指令，如果定时器 T0 的当前值等于 4 秒，则比较触点接通，PLC 执行[MOV K0 T0]指令，定时器 T0 复位，程序进入循环执行状态。

按下停止按钮 SB2，PLC 执行[RST M0]指令，使 M0 线圈失电；PLC 执行[ZRST Y000 Y007]指令，使 Y0～Y7 线圈失电，天塔灯光被熄灭。

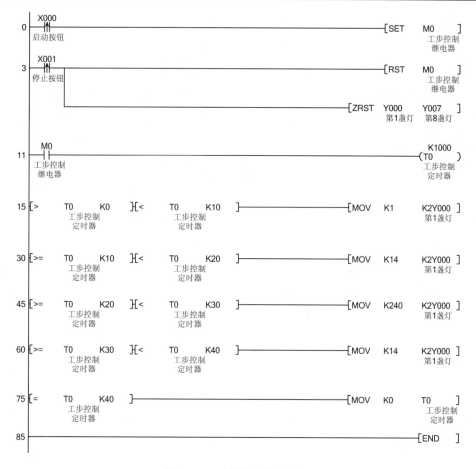

图 7-1-4 天塔之光梯形图 3

【经验总结】

以本实例为例,作者推荐了 3 种顺序控制程序的编程方法,这 3 种方法都具有普适性、易用性和程式化的特点,因此读者在编程时可以直接套用,但具体选用哪一种方法主要看个人习惯。

实例 7-2　电动机星/角减压启动控制程序设计

电动机星角启动控制

设计要求:当按下启动按钮时,电动机先以星形方式启动;启动延时 5 秒后,电动机再以角形方式运行。当按下停止按钮时,电动机停止运行。

1. 输入/输出元件及其控制功能

实例 7-2 中用到的输入/输出元件及其控制功能如表 7-2-1 所示。

表 7-2-1 实例 7-2 输入/输出元件及其控制功能

说 明	PLC 软元件	元件文字符号	元件名称	控制功能
输入	X0	SB1	启动按钮	启动控制
	X2	SB2	停止按钮	停止控制
输出	Y0	KM1	主接触器	接通或分断电源
	Y1	KM2	星启动接触器	星启动
	Y2	KM3	角运行接触器	角运行

2．控制程序设计

【思路点拨】

电动机星/角减压启动控制过程可分为 3 个状态步，即系统待机步、电动机启动步和电动机运行步。第 1 个状态步的激活条件是继电器 M8002 瞬时得电；第 2 个状态步的激活条件是按下启动按钮；第 3 个状态步的激活条件是定时器触点动作。

（1）用步进指令设计。用步进指令编写的电动机星/角减压启动程序如图 7-2-1 所示。

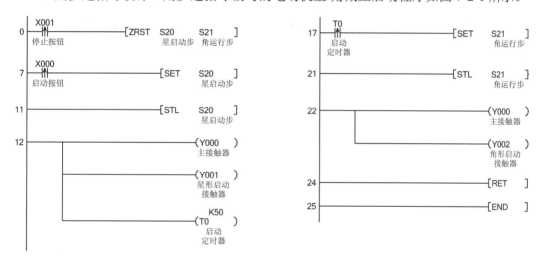

图 7-2-1 电动机星/角启动梯形图 1

程序说明：按下启动按钮 SB1，PLC 执行[SET S20]指令，使状态器 S20 有效，S20 步变为活动步。在 S20 步，PLC 执行[OUT Y000]和[OUT Y001]指令，使 Y0 和 Y1 线圈得电，电动机处于星形启动状态；在 Y1 线圈得电期间，定时器 T0 对电动机启动时间进行计时。

用步进指令设计

当定时器 T0 计时满 5 秒；PLC 执行[SET S21]指令，使状态器 S21 有效，S21 步变为活动步。在 S21 步，PLC 执行[OUT Y000]和[OUT Y002]指令，使 Y0 和 Y2 线圈得电，电动机处于角形运行状态。

按下停止按钮 SB2，PLC 执行[ZRST S20 S21]指令，状态器 S20 和 S21 被复位，S20～S23 步变为静止步，电动机停止运行。

【注意事项】

① 初始状态（S0）应预先驱动，否则程序不能向下执行，驱动初始状态通常用控制系统的初始条件，若无初始条件，可用 M8002 或 M8000 触点进行驱动。

② 不同步程序的状态继电器编号不要重复。

③ 当上一步程序结束，转移到下一步程序时，上一步程序中的元件会自动复位（SET/RST 指令作用的元件除外）。

④ 在步进顺序控制梯形图中可使用双线圈功能，即在不同步程序中可以使用同一个输出线圈，这是因为 CPU 只执行当前处于活动步的步程序。

⑤ 统一编号的定时器不要在相邻的步程序中使用，不是相邻的步程序中则可以使用。

⑥ 不能同时动作的输出线圈尽量不要设在相邻的步程序中，因为可能出现下一步程序开始执行时上一步程序未完全复位，这样会出现不能同时动作的两个输出线圈同时动作，如果必须这样做，可以在相邻的步程序中采用软连锁保护，即给一个线圈串联另一个线圈的常闭触点。

⑦ 在步程序中可以使用跳转指令。在中断程序和子程序中也不能出现步程序。在步程序中最多可以有 4 级 FOR/NEXT 指令嵌套。

⑧ 在选择分支和并行分支程序中，分支数最多不能超过 8 条，总的支路数不能超过 16 条。

⑨ 如果希望在停电恢复后继续维持停电前的运行状态，可使用 S500～S899 停电保持型状态继电器。

（2）用启保停电路设计。用启保停电路编写的电动机星/角减压启动程序如图 7-2-2 所示。

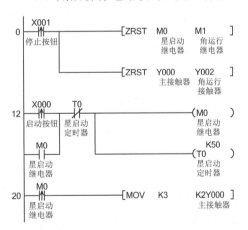
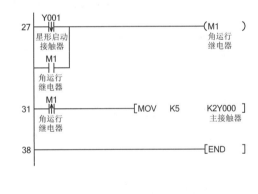

图 7-2-2　电动机星/角启动梯形图 2

程序说明：按下启动按钮 SB1，PLC 执行[OUT　M0]指令，使 M0 线圈得电，M0 的常开触点变为闭合，PLC 执行[MOV　K3　K2Y000]指令，使 Y0 和 Y1 线圈得电，电动机处于星启动状态；在 M0 线圈得电期间，定时器 T0 对 M0 线圈得电时间进行计时。

用启保停电路设计

当定时器 T0 计时满 5 秒，T0 的常闭触点动作，使 M0 线圈失电。在 M0 常开触点下降沿脉冲作用下，PLC 执行[OUT　M1]指令，使 M1 线圈得电，M1 的常开触点变为闭合，PLC 执行[MOV　K5　K2Y000]指令，使 Y0 和 Y2 线圈得电，电动机处于角运行状态。

按下停止按钮 SB2，PLC 执行[ZRST M0 M1]指令，使 M0～M1 线圈失电；PLC 执行[ZRST Y000 Y002]指令，使 Y0～Y2 线圈失电，电动机停止运行。

（3）用触点比较指令设计。用触点比较指令编写的电动机星/角减压启动程序如图 7-2-3 所示。

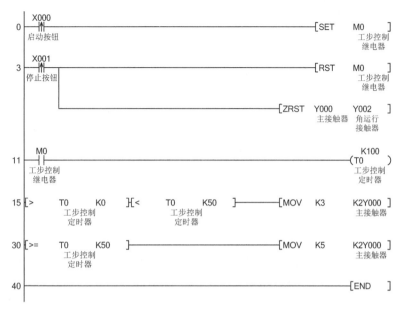

图 7-2-3 电动机星/角启动梯形图 3

程序说明：按下启动按钮 SB1，PLC 执行[SET M0]指令，使 M0 线圈得电。在 M0 线圈得电期间，定时器 T0 对系统工作时间进行计时。

PLC 执行[> T0 K0]指令和[< T0 K50] 指令，判断 T0 的经过值是否在 0～5 秒时间段，如果 T0 的经过值在 0～5 秒时间段内，则上述两个比较触点接通，PLC 执行[MOV K3 K2Y000]指令，使 Y0 和 Y1 线圈得电，电动机处于星启动状态。

用触点比较指令设计

PLC 执行[>= T0 K50]指令，判断 T0 的经过值是否在大于 5 秒时间段，如果 T0 的经过值在大于 5 秒时间段内，则上述两个比较触点接通，PLC 执行[MOV K5 K2Y000]指令，使 Y0 和 Y2 线圈得电，电动机处于角运行状态。

按下停止按钮 SB2，PLC 执行[RST M0]指令，使 M0 线圈失电；PLC 执行[ZRST Y000 Y002]指令，使 Y0～Y2 线圈失电，电动机停止运行。

实例 7-3 小车定时往复运行控制程序设计

小车定时往复运行

设计要求：使用两个常开控制按钮，控制一台小车在 A、B 两点之间做往复运行。小车初始位在 A 点，当按下启动按钮后，小车开始从 A 点向 B 点运行。当小车运行到 B 点，小车停止运行，在 B 点原地等待 5 秒。当小车原地等待满 5 秒，小车开始从 B 点向 A 点运行。当小车运行到 A 点，小车停止运行，在 A 点原地等待 5 秒。当小车原地等待满 5 秒，小车开始下一个往复运行。当按下停止按钮后，小车停止当前的运行。

1. 输入/输出元件及其控制功能

实例 7-3 中用到的输入/输出元件及其控制功能如表 7-3-1 所示。

表 7-3-1 实例 7-3 输入/输出元件及其控制功能

说 明	PLC 软元件	元件文字符号	元 件 名 称	控 制 功 能
输入	X0	SB1	启动按钮	启动控制
	X1	SB2	停止按钮	停止控制
	X2	SQ1	行程开关	A 点位置检测
	X3	SQ2	行程开关	B 点位置检测
输出	Y0	KM1	右行接触器	接通或分断电源
	Y1	KM2	左行接触器	接通或分断电源

2. 控制程序设计

【思路点拨】

小车定时往复运行控制过程可分为 5 个状态步，即系统待机步、小车右行步、B 限位点停留步、小车左行步和 A 限位点停留步。第 1 个状态步的激活条件是继电器 M8002 瞬时得电；第 2 个状态步的激活条件是按下启动按钮或定时器触点动作；第 3 个状态步的激活条件是行程开关动作；第 4 个状态步的激活条件是定时器触点动作；第 5 个状态步的激活条件是行程开关动作。

（1）用步进指令设计。用步进指令编写小车定时往复运行控制程序如图 7-3-1 所示。

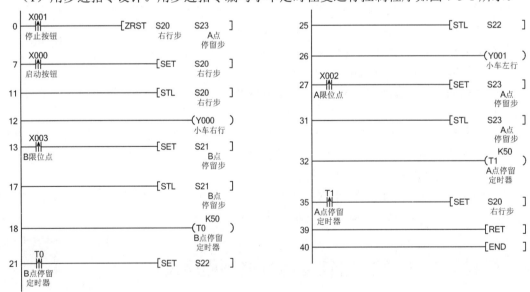

图 7-3-1 小车定时往复运行梯形图 1

程序说明：按下启动按钮 SB1，PLC 执行[SET S20]指令，使状态器 S20 有效，S20 步变为活动步。在 S20 步，PLC 执行[OUT Y000]指令，使 Y0 线圈得电，小车右行。

当小车行驶到 B 限位点时，PLC 执行[SET S21]指令，使状态器 S21 有效，S21 步变为活动步。在 S21 步,Y0 线圈失电,小车停留在 B 限位点,定时器 T0 对小车停留时间进行计时。

当定时器 T0 计时满 5 秒,PLC 执行[SET   S22]指令,使状态器 S22 有效,S22 步变为活动步。在 S22 步,PLC 执行[OUT   Y001]指令,使 Y1 线圈得电,小车左行。

当小车行驶到 A 限位点时,PLC 执行[SET   S23]指令,使状态器 S23 有效,S23 步变为活动步。在 S23 步,Y1 线圈失电,小车停留在 A 限位点,定时器 T1 对小车停留时间进行计时。

当定时器 T1 计时满 5 秒,PLC 执行[SET   S20]指令,使状态器 S20 有效,S20 步变为活动步。在 S20 步,程序进入循环执行状态。

按下停止按钮 SB2,PLC 执行[ZRST   S20   S23]指令,状态器 S20~S23 被复位,S20~S23 步变为静止步,小车停止运行。

(2)用启保停电路设计。用启保停电路编写小车定时往复运行控制程序如图 7-3-2 所示。

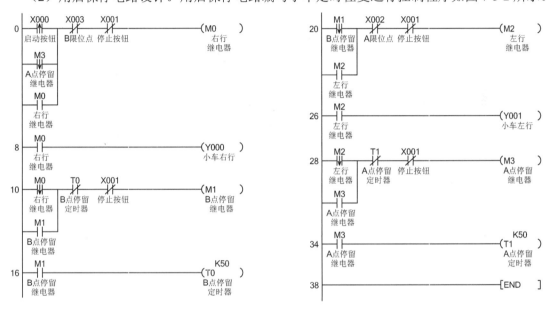

图 7-3-2 小车定时往复运行梯形图 2

程序说明:按下启动按钮 SB1,PLC 执行[OUT   M0]指令,使 M0 线圈得电,M0 的常开触点变为常闭,PLC 执行[OUT   Y000]指令,使 Y0 线圈得电,小车处于右行状态。

当小车行驶到 B 限位点时,X3 的常闭触点动作,使 M0 线圈失电。在 M0 常开触点下降沿脉冲作用下,PLC 执行[OUT   M1]指令,使 M1 线圈得电。在 M1 线圈得电期间,定时器 T0 对小车停留在 B 限位点的时间进行计时。

当定时器 T0 计时满 5 秒,T0 的常闭触点动作,使 M1 线圈失电。在 M1 常开触点下降沿脉冲作用下,PLC 执行[OUT   M2]指令,使 M2 线圈得电,小车处于左行状态。

当小车行驶到 A 限位点时,X2 的常闭触点动作,使 M2 线圈失电。在 M2 常开触点下降沿脉冲作用下,PLC 执行[OUT   M3]指令,使 M3 线圈得电。在 M3 线圈得电期间,定时器 T1 对小车停留在 B 限位点的时间进行计时。

当定时器 T1 计时满 5 秒,T1 的常闭触点动作,使 M3 线圈失电。在 M3 常开触点下降沿脉冲作用下,PLC 执行[OUT   M0]指令,使 M0 线圈得电,小车处于左行状态。

按下停止按钮 SB2,M0~M3 线圈失电,Y0 和 Y1 线圈失电,小车停止运行。

实例 7-4　两台电动机限时启动、限时停止控制程序设计

> **设计要求：** 某生产机械由两台三相异步电动机拖动。控制要求如下：第 1 台电动机优先于第 2 台电动机启动，只有在第 1 台电动机运行 10 秒后，第 2 台电动机才允许启动；第 2 台电动机优先于第 1 台电动机停止，只有在第 2 台电动机停止运行 10 秒后，第 1 台电动机才允许停止运行；在第 2 台电动机未启动的情况下，允许第 1 台电动机停止运行。

1. 输入/输出元件及其控制功能

实例 7-4 中用到的输入/输出元件及其控制功能如表 7-4-1 所示。

两台电机限时启停控制

表 7-4-1　实例 7-4 输入/输出元件及其控制功能

说　明	PLC 软元件	元件文字符号	元件名称	控制功能
输入	X0	SB1	按钮	第一台电动机启动控制
	X1	SB2	按钮	第一台电动机停止控制
	X2	SB3	按钮	第二台电动机启动控制
	X3	SB4	按钮	第二台电动机停止控制
输出	Y0	KM1	接触器	第一台电动机运行
	Y1	KM2	接触器	第二台电动机运行

2. 程序设计

【思路点拨】

两台电动机限时启动、限时停止控制过程如图 7-4-1 所示，该过程可分为 7 个状态步，即初始待机步、第 1 台电动机运行 10 秒之内步、第 2 台电动机运行 10 秒之后步、第 2 台电动机启动步、第 2 台电动机停止 10 秒之内步、第 2 台电动机停止 10 秒之后步和第 1 台电动机停止步。

第 1 个状态步的激活条件是特殊功能继电器 M8002 瞬时得电；第 2 个状态步的激活条件是按下第 1 台电动机的启动按钮；第 3 个状态步的激活条件是第 1 个定时器触点动作；第 4 个状态步的激活条件是按下第 2 台电动机的启动按钮；第 5 个状态步的激活条件是按下第 2 台电动机的停止按钮；第 6 个状态步的激活条件是第 2 个定时器触点动作；第 7 个状态步的激活条件是按下第 1 台电动机的停止按钮。

当第 2 个状态步为活动步时，如果按下第 1 台电动机的停止按钮，则状态步转移回到初始待机步。

两台电动机限时启动、限时停止控制程序如图 7-4-1 所示。

程序说明：当 PLC 上电后，在 M8002 驱动下，PLC 执行[SET　S0] 指令，使状态器 S0 有效，S0 步变为活动步。在 S0 步，PLC 执行空操作，系统处于待机状态，两台电动机处于停止状态，等待启动控制信号。

两台电动机限时启动、限时停止控制程序分析

按下第 1 台电动机启动按钮 SB1，PLC 执行[SET　S20]指令，使状态器 S20 有效，S20 步变为活动步。在 S20 步，PLC 执行[OUT　Y000]指令，使 Y0 线圈得电，第 1 台电动机运行，定时器 T0 对第 1 台电动机运行时间进行计时。

当定时器 T0 计时满 10 秒，PLC 执行[SET　S21]指令，使状态器 S21 有效，S21 步变为

项目7 顺序控制程序设计

活动步。在 S21 步，PLC 执行[OUT Y000]指令，使 Y0 线圈得电，第 1 台电动机运行。

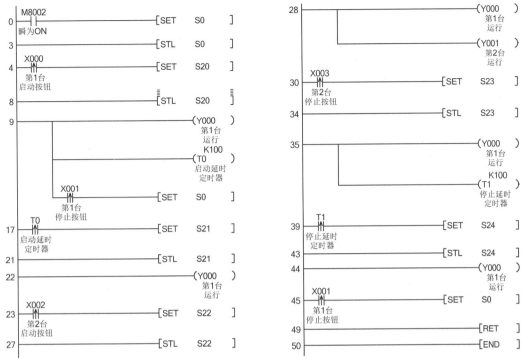

图 7-4-1 两台电动机限时启动、限时停止控制程序

按下第 2 台电动机启动按钮 SB3，PLC 执行[SET S22]指令，使状态器 S22 有效，S22 步变为活动步。在 S22 步，PLC 执行[OUT Y000]指令和[OUT Y001]指令，使 Y0 和 Y1 线圈得电，第 1 台和第 2 台电动机同时运行。

按下第 2 台电动机停止按钮 SB4，PLC 执行[SET S23]指令，使状态器 S23 有效，S23 步变为活动步。在 S23 步，PLC 执行[OUT Y000]指令，使 Y0 线圈得电，第 1 台电动机继续运行，第 2 台电动机停止运行；在 S23 步，定时器 T1 对第 1 台电动机运行时间（即第 2 台电动机停止时间）进行计时。

当定时器 T1 计时满 10 秒，PLC 执行[SET S24]指令，使状态器 S24 有效，S24 步变为活动步。在 S24 步，PLC 执行[OUT Y000]指令，使 Y0 线圈得电，第 1 台电动机运行。

按下第 1 台电动机停止按钮 SB2，PLC 执行[SET S20]指令，使状态器 S20 有效，S20 步变为活动步。在 S25 步，电动机停止运行，等待启动控制信号。

实例 7-5 洗衣机控制程序设计

洗衣机运行控制

设计要求：设计一个工业洗衣机的 PLC 控制系统。控制要求如下：启动后，进水阀打开，洗衣机注水，当水位上升到高水位时，进水阀关闭，开始洗涤。在洗涤期间，电动机先正转 20 秒，暂停 5 秒，然后再反转 20 秒，暂停 5 秒，如此循环 3 次后，排水阀打开，洗衣机排水。当水位下降到低水位时，开始脱水，脱水时间为 10 秒，脱水结束后排水阀关闭，洗衣全过程结束，系统自动停机。

· 111 ·

1. 输入/输出元件及其控制功能

实例 7-5 中用到的输入/输出元件及其控制功能如表 7-5-1 所示。

表 7-5-1 实例 7-5 输入/输出元件及其控制功能

说 明	PLC 软元件	元件文字符号	元件名称	控制功能
输入	X0	SB1	启动按钮	启动控制
	X1	SB2	停止按钮	停止控制
	X2	SL1	传感器	高水位检测
	X3	SL2	传感器	低水位检测
输出	Y0	YV1	电磁阀	进水控制
	Y1	YV2	电磁阀	排水控制
	Y2	KM1	接触器	脱水电动机控制
	Y3	KM2	接触器	洗涤电动机正转控制
	Y4	KM3	接触器	洗涤电动机反转控制

2. 程序设计

【思路点拨】

工业洗衣机控制过程可分为 6 个状态步，即系统待机步、注水步、正转洗涤步、反转洗涤步、排水步和脱水步。本实例程序设计的难点是如何实现步进转移，因此需要使用计数器来记录步进转移的次数，再根据计数器触点的动作状态最终确定步进方向。

用步进指令编写的工业洗衣机控制程序如图 7-5-1 所示。

程序说明：按下停止按钮 SB2，PLC 执行[ZRST S0 S26]，状态器 S0~S26 被复位；PLC 执行[MOV K0 K2Y000]指令，洗衣机停止工作。

洗衣机控制程序分析

PLC 上电后，在 M8002 驱动下，PLC 执行[SET S0]指令，使状态器 S0 有效，S0 步变为活动步。在 S0 步，洗衣机处于待机状态。

按下启动按钮 SB1，PLC 执行[SET S20]指令，使状态器 S20 有效，S20 步变为活动步。在 S20 步，PLC 执行[OUT Y000]指令，使 Y0 线圈得电，进水电磁阀打开，洗衣机进水。

当水位上升到高位时，X2 的常开触点闭合，PLC 执行[SET S21]指令，使状态器 S21 有效，S21 步变为活动步。在 S21 步，PLC 执行[OUT Y003]指令，使 Y3 线圈得电，洗涤电动机正转运行；定时器 T0 对正转洗涤时间进行计时；计数器 C0 对洗涤电动机正转运行次数进行计数。

当定时器 T0 计时满 20 秒，PLC 执行[SET S22]指令，使状态器 S22 有效，S22 步变为活动步。在 S22 步，定时器 T1 对洗涤电动机暂停时间进行计时。

当定时器 T1 计时满 5 秒；PLC 执行[SET S23]指令，使状态器 S23 有效，S23 步变为活动步。在 S23 步，PLC 执行[OUT Y004]指令，使 Y4 线圈得电，洗涤电动机反转运行，定时器 T2 对洗涤电动机反转运行时间进行计时。

当定时器 T2 计时满 20 秒，如果计数器 C0 计数不满 2 次，则 PLC 执行[SET S24]指令，使状态器 S24 有效，S24 步变为活动步。在 S24 步，定时器 T3 对洗涤电动机暂停时间进行计时，当定时器 T3 计时满 5 秒；PLC 执行[SET S21]指令，使状态器 S21 有效，S21 步变为活动步，洗衣机再次正转洗涤。

项目 7 顺序控制程序设计

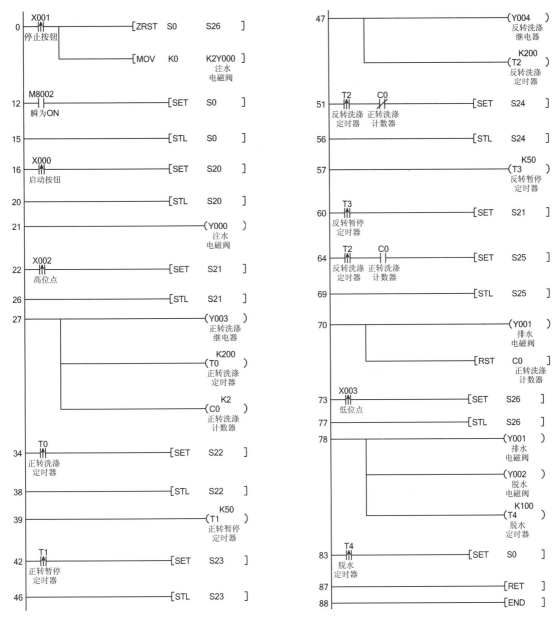

图 7-5-1 工业洗衣机控制程序

当定时器 T2 计时满 20 秒,如果计数器 C0 计数已满 2 次,则 PLC 执行[SET S25]指令,使状态器 S25 有效,S25 步变为活动步。在 S25 步,PLC 执行[OUT Y001]指令,使 Y1 线圈得电,排水阀打开,洗衣机排水;PLC 执行[RST C0]指令,计数器 C0 被复位。

当水位下降到低位时,PLC 执行[SET S26]指令,使状态器 S26 有效,S26 步变为活动步。在 S26 步,PLC 执行[OUT Y001]和[OUT Y002]指令,使 Y1 和 Y2 线圈得电,排水阀打开,脱水电动机运行;定时器 T4 对脱水电动机运行时间进行计时。

当定时器 T4 计时满 10 秒,PLC 执行[SET S0]指令,使状态器 S0 有效,S0 步变为活动步,洗衣机停止运行。

项目 8

SFC 程序设计

对于复杂的顺序控制程序通常可以采用顺序功能图（简称 SFC）方法进行编程，这种方法具有直观、简单和灵活等特点，现已被越来越多电气技术人员所接受，在本项目的编程实例中重点介绍 SFC 程序设计。

✈ 实例 8-1　3 条传送带顺序控制程序设计

传送带运行

设计要求：传送带组成如图 8-1-1 所示，当按下启动按钮时，3 号传送带开始运行，延时 5 秒后 2 号传送带自动运行，再延时 5 秒后 1 号传送带自动运行。当按下停止按钮时，1 号传送带停止，延时 5 秒后 2 号传送带自动停止，再延时 5 秒后 3 号传送带自动停止。操作人员在顺序启动 3 条传送带过程中，如果发现有异常情况，按下停止按钮后，将已启动的传送带停止，仍采用"后启动的传送带先停止"的原则。

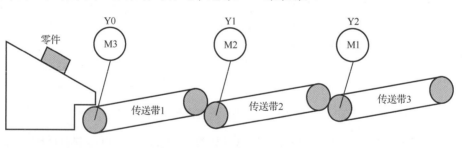

图 8-1-1　传送带组成示意图

1. 输入/输出元件及其控制功能

实例 8-1 中用到的输入/输出元件及其控制功能如表 8-1-1 所示。

表 8-1-1　实例 8-1 输入/输出元件及其控制功能

说　明	PLC 软元件	元件文字符号	元件名称	控制功能
输入	X0	SB1	按钮	启动控制
	X1	SB2	按钮	停止控制

项目 8 SFC 程序设计

续表

说 明	PLC 软元件	元件文字符号	元 件 名 称	控 制 功 能
输出	Y0	KM1	接触器	传送带 1 控制
	Y1	KM2	接触器	传送带 2 控制
	Y2	KM3	接触器	传送带 3 控制

2．控制程序设计

根据传送带运行控制要求，我们可以采用单流程结构进行程序设计，其控制流程图如图 8-1-2 所示。

程序说明：传送带顺序控制功能图由梯形图块和状态转移图块（SFC 图块）组成，现分别分析如下。

（1）梯形图块。在功能图中，梯形图块如图 8-1-3 所示。

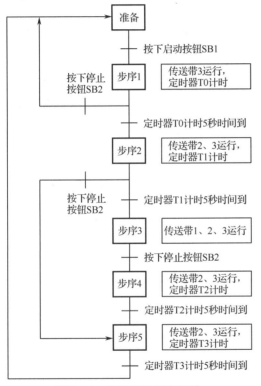

图 8-1-2 传送带控制流程图　　　图 8-1-3 传送带顺序控制梯形图块

当 PLC 上电后，在 M8002 驱动下，PLC 执行[SET　S0]指令，使状态器 S0 有效，启动步进进程。在 S0 步，如果没有按下启动按钮 SB1，则传送带处于待机状态。

（2）SFC 图块。在功能图中，SFC 图块如图 8-1-4 所示。

在 S0 状态步，按下启动按钮 SB1，步进进程转入 S10 状态步。

在 S10 步，Y2 线圈得电，3 号传送带运行。定时器 T0 对 3 号传送带运行时间进行计时，当定时器 T0 计时满 5 秒，T0 的常开触点闭合，步进进程转入 S11 状态步。如果在定时器 T0 计时未满 5 秒的情况下按下停止按钮 SB2，则步进进程转入 S0 步。

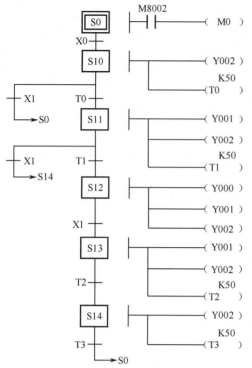

在 S11 步，Y1 和 Y2 线圈得电，2 号和 3 号传送带运行。定时器 T1 对两条传送带运行时间进行计时，当定时器 T1 计时满 5 秒时，T1 的常开触点闭合，步进进程转入 S12 步。如果在定时器 T1 计时未满 5 秒的情况下按下停止按钮 SB2，则步进进程转入 S14 步。

在 S12 步，Y0、Y1 和 Y2 线圈得电，3 条传送带都运行。按下启动按钮 SB2，步进进程转入 S13 步。

在 S13 步，Y1 和 Y2 线圈得电，1 号传送带停止。定时器 T2 对两条传送带运行时间进行计时，当定时器 T2 计时满 5 秒时，T2 的常开触点闭合，步进进程转入 S14 步。

在 S14 步，Y2 线圈得电，2 号传送带停止。定时器 T3 对 3 号传送带运行时间进行计时，当定时器 T3 计时满 5 秒时，T3 的常开触点闭合，步进进程转入 S0 步，3 条传送带停止。

3 条传送带顺序控制程序分析

图 8-1-4　传送带顺序控制 SFC 图块

将图 8-1-3 和图 8-1-4 所示的功能图转换成梯形图程序，如图 8-1-5 所示。

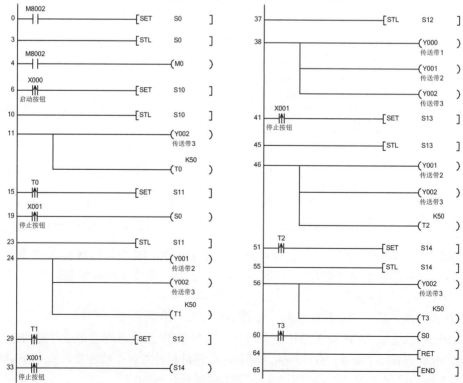

图 8-1-5　传送带顺序控制梯形图程序

项目 8 SFC 程序设计

实例 8-2 8 个彩灯单点左右循环控制程序设计

流水灯控制

设计要求：用两个控制按钮控制 8 个彩灯实现单点左右循环点亮，时间间隔为 1 秒。当按下启动按钮时，彩灯开始循环点亮；当按下停止按钮时，彩灯立即全部熄灭。

1. 输入/输出元件及其控制功能

实例 8-2 中用到的输入/输出元件及其控制功能如表 8-2-1 所示。

表 8-2-1 实例 8-2 输入/输出元件及其控制功能

说 明	PLC 软元件	元件文字符号	元 件 名 称	控 制 功 能
输入	X0	SB1	启动按钮	启动控制
	X1	SB2	停止按钮	停止控制
输出	Y0	HL1	彩灯 1	状态显示
	Y1	HL2	彩灯 2	状态显示
	Y2	HL3	彩灯 3	状态显示
	Y3	HL4	彩灯 4	状态显示
	Y4	HL5	彩灯 5	状态显示
	Y5	HL6	彩灯 6	状态显示
	Y6	HL7	彩灯 7	状态显示
	Y7	HL8	彩灯 8	状态显示

2. 控制程序设计

（1）第一种编程方法。根据彩灯单点左右循环点亮控制要求，我们可以采用无分支结构进行程序设计，其控制流程如图 8-2-1 所示。

无分支功能图程序由梯形图块和 SFC 图块组成，现分别分析如下。

① 梯形图块。在功能图中，梯形图块如图 8-2-2 所示。

当按下停止按钮 SB2 时，PLC 执行[ZRST S0 S22]指令，用于停止步进的进程；PLC 执行[MOV K0 K2Y000]指令，用于熄灭彩灯。当 PLC 上电后，在 M8002 驱动下，PLC 执行[SET S0]指令，使状态器 S0 有效，启动步进进程。在 S0 步，如果没有按下启动按钮 SB1，则彩灯控制系统处于待机状态。

② SFC 图块。在功能图中，SFC 图块如图 8-2-3 所示。

在 S0 状态步，PLC 执行[OUT M0]指令，使 M0 线圈得电。按下启动按钮 SB1，步进进程转入 S10 状态步。

在 S10 步，Y0 线圈得电，彩灯 1 被首次点亮，定时器 T0 开始计时。当定时器 T0 计时 1 秒时间到，T0 的常开触点闭合，步进进程转入 S11 状态步。

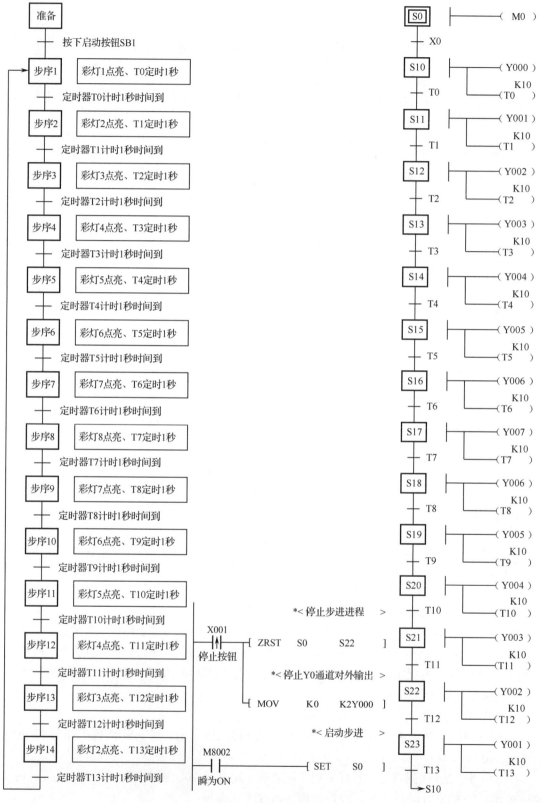

图 8-2-1　无分支控制流程图　　图 8-2-2　无分支功能图的梯形图块　　图 8-2-3　无分支功能图的 SFC 图块

项目 8 SFC 程序设计

在 S11 步，Y1 线圈得电，彩灯 2 被首次点亮，定时器 T1 开始计时。当定时器 T1 计时 1 秒时间到，T1 的常开触点闭合，步进进程转入 S12 步。

在 S12 步，Y2 线圈得电，彩灯 3 被首次点亮，定时器 T2 开始计时。当定时器 T2 计时 1 秒时间到，T2 的常开触点闭合，步进进程转入 S13 步。

在 S13 步，Y3 线圈得电，彩灯 4 被首次点亮，定时器 T3 开始计时。当定时器 T3 计时 1 秒时间到，T3 的常开触点闭合，步进进程转入 S14 步。

在 S14 步，Y4 线圈得电，彩灯 5 被首次点亮，定时器 T4 开始计时。当定时器 T4 计时 1 秒时间到，T4 的常开触点闭合，步进进程转入 S15 步。

在 S15 步，Y5 线圈得电，彩灯 6 被首次点亮，定时器 T5 开始计时。当定时器 T5 计时 1 秒时间到，T5 的常开触点闭合，步进进程转入 S16 步。

在 S16 步，Y6 线圈得电，彩灯 7 被首次点亮，定时器 T6 开始计时。当定时器 T6 计时 1 秒时间到，T6 的常开触点闭合，步进进程转入 S17 步。

在 S17 步，Y7 线圈得电，彩灯 8 被首次点亮，定时器 T7 开始计时。当定时器 T7 计时 1 秒时间到，T7 的常开触点闭合，步进进程转入 S18 步。

在 S18 步，Y6 线圈得电，彩灯 7 被再次点亮，定时器 T8 开始计时。当定时器 T8 计时 1 秒时间到，T8 的常开触点闭合，步进进程转入 S19 步。

在 S19 步，Y5 线圈得电，彩灯 6 被再次点亮，定时器 T9 开始计时。当定时器 T9 计时 1 秒时间到，T9 的常开触点闭合，步进进程转入 S20 步。

在 S20 步，Y4 线圈得电，彩灯 5 被再次点亮，定时器 T10 开始计时。当定时器 T10 计时 1 秒时间到，T10 的常开触点闭合，步进进程转入 S21 步。

在 S21 步，Y3 线圈得电，彩灯 4 被再次点亮，定时器 T1 开始计时。当定时器 T11 计时 1 秒时间到，T11 的常开触点闭合，步进进程转入 S22 步。

在 S22 步，Y2 线圈得电，彩灯 3 被再次点亮，定时器 T12 开始计时。当定时器 T12 计时 1 秒时间到，T12 的常开触点闭合，步进进程转入 S23 步。

在 S23 步，Y1 线圈得电，彩灯 2 被再次点亮，定时器 T13 开始计时。当定时器 T13 计时 1 秒时间到，T13 的常开触点闭合，步进进程转入 S10 步。

采用无分支结构设计

将图 8-2-2 和图 8-2-3 所示的功能图转换成梯形图程序，如图 8-2-4 所示。

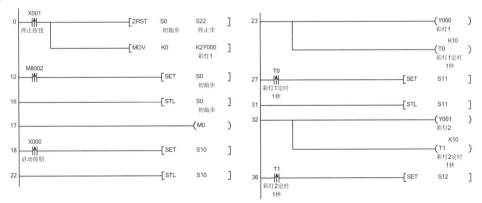

图 8-2-4 彩灯单点左右循环点亮无分支的梯形图程序

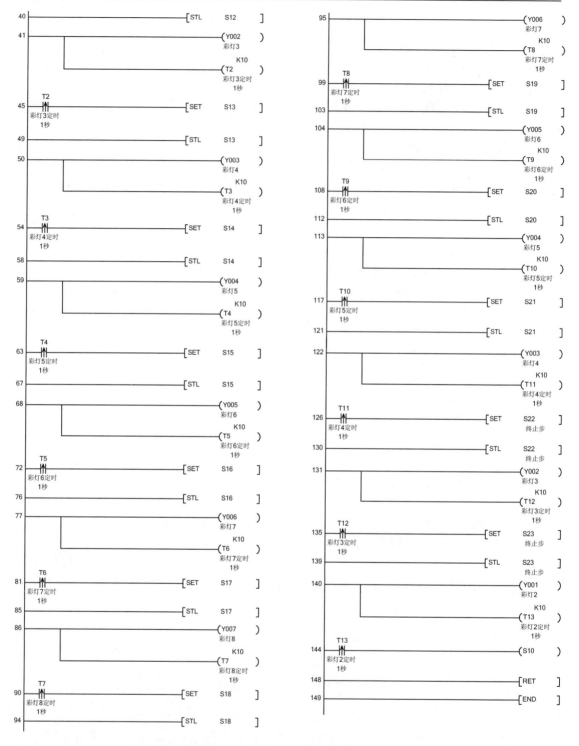

图 8-2-4 彩灯单点左右循环点亮无分支的梯形图程序（续）

（2）第二种编程方法。根据彩灯单点左右循环点亮控制要求，我们可以采用选择性分支结构进行程序设计，其控制流程图如图 8-2-5 所示。

项目 8 SFC 程序设计

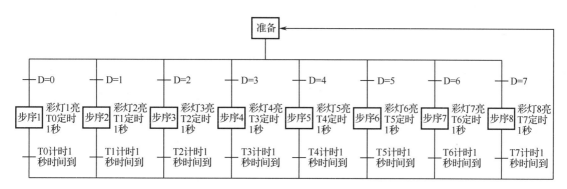

图 8-2-5 选择性分支控制流程图

选择性分支功能图程序由梯形图块和 SFC 图块组成，现分别分析如下。

① 梯形图块。在选择性分支功能图中，梯形图块如图 8-2-6 所示。

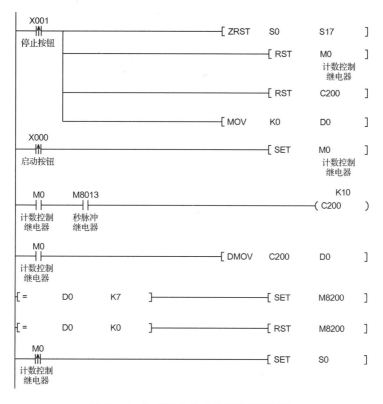

图 8-2-6 选择性分支功能图的梯形图块

当按下停止按钮 SB2 时，PLC 执行[ZRST S0 S17]指令，用于停止步进的进程；PLC 执行[MOV K0 D0]指令，用于 D0 的清零；PLC 执行[RST M0]指令，用于停止计数器计数；PLC 执行[RST C200]指令，用于 C200 清零。当按下启动按钮 SB1 时，PLC 执行[SET S0]指令，用于启动步进的进程。

② SFC 图块。在选择性分支功能图中，SFC 图块如图 8-2-7 所示。

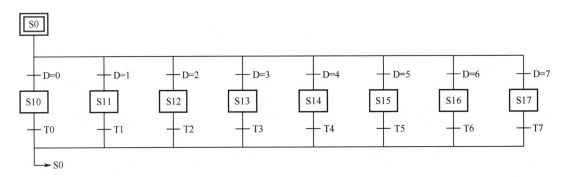

图 8-2-7　选择性分支功能图的 SFC 图块

在 S0 步，PLC 执行[OUT　M0]指令，此步为虚步，没有实际操作，如图 8-2-8 所示。当满足转移条件时，程序开始进行选择性分支的状态转移。

图 8-2-8　S0 步中的梯形图

当 D0 的当前值为 0 时，满足[=　D0　K0]指令的转移条件，步进进程转入 S10 步。如图 8-2-9 所示，在 S10 步，Y0 线圈得电，彩灯 1 被点亮，定时器 T0 开始计时。当定时器 T0 计时 1 秒时间到，T0 的常开触点闭合，步进进程转入 S0 步。

当 D0 的当前值为 1 时，满足[=　D0　K1]指令的转移条件，步进进程转入 S11 步。如图 8-2-10 所示，在 S11 步，Y1 线圈得电，彩灯 2 被点亮，定时器 T1 开始计时。当定时器 T1 计时 1 秒时间到，T1 的常开触点闭合，步进进程转入 S0 步。

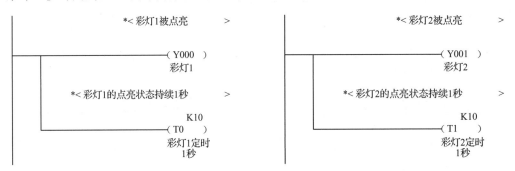

图 8-2-9　S10 步中的梯形图　　　　　图 8-2-10　S11 步中的梯形图

当 D0 的当前值为 2 时，满足[=　D0　K2]指令的转移条件，步进进程转入 S12 步。如图 8-2-11 所示，在 S12 步，Y2 线圈得电，彩灯 3 被点亮，定时器 T2 开始计时。当定时器 T2 计时 1 秒时间到，T2 的常开触点闭合，步进进程转入 S0 步。

当 D0 的当前值为 3 时，满足[=　D0　K3]指令的转移条件，步进进程转入 S13 步。如图 8-2-12 所示，在 S13 步，Y3 线圈得电，彩灯 4 被点亮，定时器 T3 开始计时。当定时器 T3 计时 1 秒时间到，T3 的常开触点闭合，步进进程转入 S0 步。

当 D0 的当前值为 4 时，满足[=　D0　K4]指令的转移条件，步进进程转入 S14 步。如图 8-2-13 所示，在 S14 步，Y4 线圈得电，彩灯 5 被点亮，定时器 T4 开始计时。当定时器 T4 计时 1 秒时间到，T4 的常开触点闭合，步进进程转入 S0 步。

当 D0 的当前值为 5 时,满足[= D0 K5]指令的转移条件,步进进程转入 S15 步。如图 8-2-14 所示,在 S15 步,Y5 线圈得电,彩灯 6 被点亮,定时器 T5 开始计时。当定时器 T5 计时 1 秒时间到,T5 的常开触点闭合,步进进程转入 S0 步。

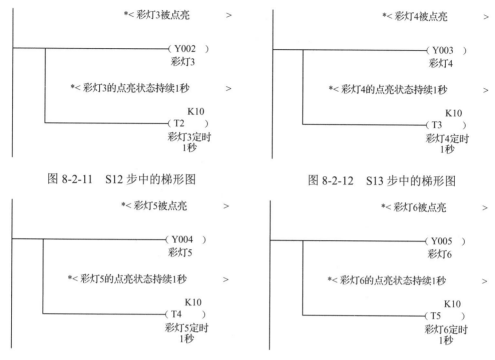

图 8-2-11 S12 步中的梯形图　　　　图 8-2-12 S13 步中的梯形图

图 8-2-13 S14 步中的梯形图　　　　图 8-2-14 S15 步中的梯形图

当 D0 的当前值为 6 时,满足[= D0 K6]指令的转移条件,步进进程转入 S16 步。如图 8-2-15 所示,在 S16 步,Y6 线圈得电,彩灯 7 被点亮,定时器 T6 开始计时。当定时器 T6 计时 1 秒时间到,T6 的常开触点闭合,步进进程转入 S0 步。

当 D0 的当前值为 7 时,满足[= D0 K7]指令的转移条件,步进进程转入 S17 步。如图 8-2-16 所示,在 S17 步,Y7 线圈得电,彩灯 7 被点亮,定时器 T7 开始计时。当定时器 T7 计时 1 秒时间到,T7 的常开触点闭合,步进进程转入 S0 步。

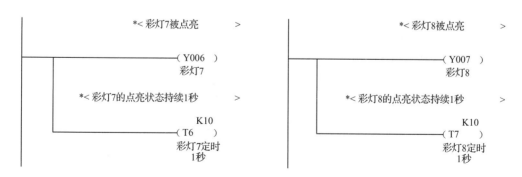

图 8-2-15 S16 步中的梯形图　　　　图 8-2-16 S17 步中的梯形图

将图 8-2-6 和图 8-2-7 所示的功能图转换成梯形图程序,如图 8-2-17 所示。

采用选择性分支结构设计

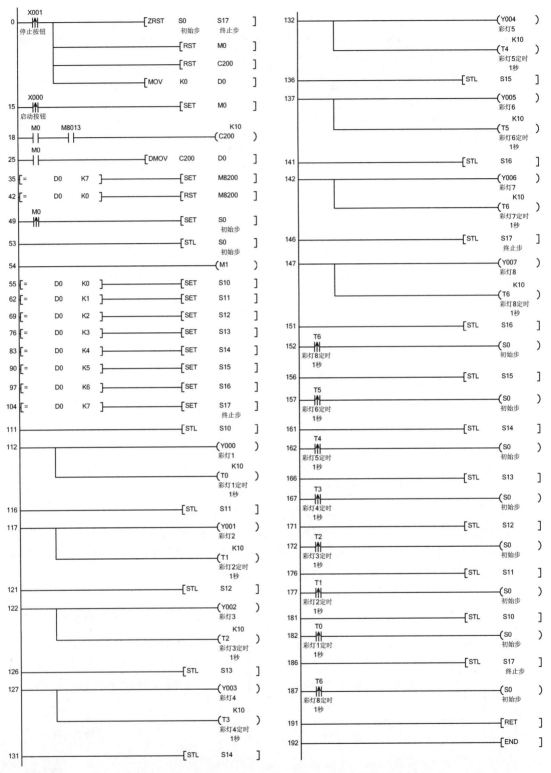

图 8-2-17 彩灯单点左右循环点亮选择性分支的梯形图程序

实例 8-3　交通信号灯控制程序设计

交通灯运行

设计要求：按下启动按钮，交通信号灯控制系统按图 8-3-1 所示要求工作，绿灯闪烁的周期为 0.4 秒；按下停止按钮，所有信号灯熄灭。

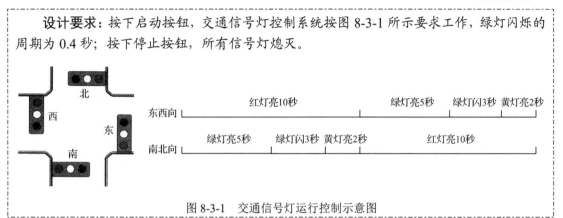

图 8-3-1　交通信号灯运行控制示意图

1. 输入/输出元件及其控制功能

实例 8-3 中用到的输入/输出元件及其控制功能如表 8-3-1 所示。

表 8-3-1　实例 8-3 输入/输出元件及其控制功能

说　明	PLC 软元件	元件文字符号	元 件 名 称	控 制 功 能
输入	X0	SB1	启动按钮	交通信号灯系统启动
	X1	SB2	停止按钮	交通信号灯系统停止
输出	Y0	HL1	东西向红灯	东西向禁行指示
	Y1	HL2	东西向绿灯	东西向通行指示
	Y2	HL3	东西向黄灯	东西向信号转换指示
	Y3	HL4	南北向红灯	南北向禁行指示
	Y4	HL5	南北向绿灯	南北向通行指示
	Y5	HL6	南北向黄灯	南北向信号转换指示

2. 控制程序设计

根据交通信号灯运行控制要求，我们可以采用并行性分支结构进行程序设计，其控制流程图如图 8-3-2 所示。

交通信号灯控制功能图程序由梯形图块和 SFC 图块组成，现分别分析如下。

（1）梯形图块。在功能图中，梯形图块如图 8-3-3 所示。

当按下停止按钮 SB2 时，PLC 执行[ZRST　S0　S17]指令，用于停止步进的进程；PLC 执行[ZRST　Y000　Y007]指令，用于停止交通信号灯运行。当 PLC 上电后，在 M8002 驱动下，PLC 执行[SET　S0]指令，使状态器 S0 有效，启动步进进程。在 S0 步，如果没有按下启动按钮 SB1，则交通灯控制系统处于待机状态。

（2）SFC 图块。在功能图中，SFC 图块如图 8-3-4 所示。

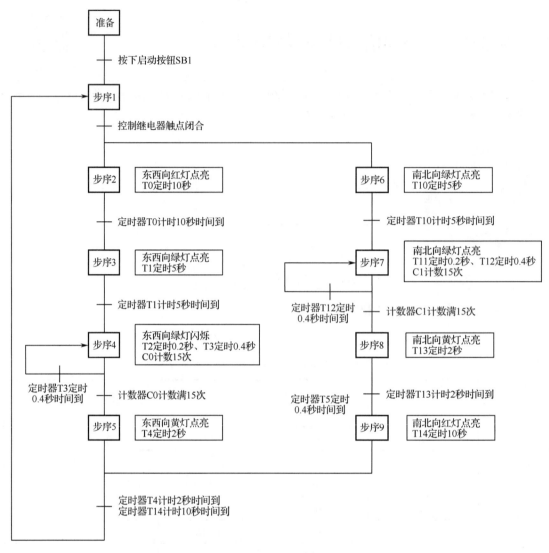

图 8-3-2 交通信号灯控制流程图

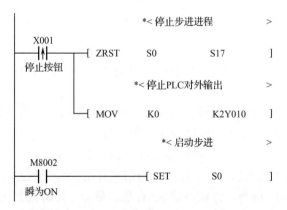

图 8-3-3 交通信号灯控制功能图的梯形图块

项目 8 SFC 程序设计

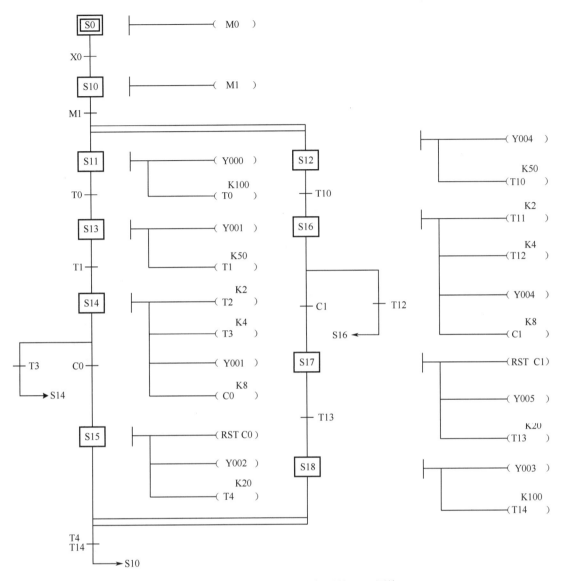

图 8-3-4 交通信号灯控制功能图的 SFC 图块

在 S0 状态步，PLC 执行[OUT M0]指令，使 M0 线圈得电。按下启动按钮 SB1，步进进程转入 S10 状态步。

在 S10 状态步，PLC 执行[OUT M1]指令，中间继电器 M1 得电，M1 的常开触点闭合，并行分支程序进行状态转移，步进进程分别转入 S11 步和 S12 步。在 S15 步和 S18 步分别完成以后，上述两个分支再进行汇合。

① 东西向信号灯控制过程。在 S11 步，Y0 线圈得电，东西向红灯点亮，定时器 T0 开始计时。当定时器 T0 计时 10 秒时间到，T0 的常开触点闭合，步进进程转入 S13 步。

在 S13 步，Y1 线圈得电，东西向绿灯点亮，定时器 T1 开始计时。当定时器 T1 计时 5 秒时间到，T1 的常开触点闭合，步进进程转入 S14 步。

在 S14 步，定时器 T2 和 T3 同时开始计时。当定时器 T2 计时 0.2 秒时间到，T2 的常开触点闭合,东西向绿灯闪亮,同时计数器 C0 对 T2 的上升沿脉冲进行计数;当定时器 T3 计时 0.4 秒时间到,T3 的常开触点闭合,使步进进程转入 S14 状态步。当 T2 的第 15 个上升沿脉冲到来时,即东西向绿灯闪亮的时间满 3 秒,计数器 C0 的常开触点闭合,步进进程转入 S15 步。

在 S15 步,PLC 执行[RST C0]指令,计数器 C0 清零;Y2 线圈得电,东西向黄灯点亮,定时器 T4 开始计时。当定时器 T4 计时 2 秒时间到,T4 的常开触点闭合,步进进程转入 S10 步。

② 南北向信号灯控制过程。在 S12 步,Y4 线圈得电,南北向绿灯点亮,定时器 T10 开始计时。当定时器 T10 计时 5 秒时间到,T10 的常开触点闭合,步进进程转入 S16 步。

在 S16 步,定时器 T11 和 T12 同时开始计时。当定时器 T11 计时 0.2 秒时间到,T11 的常开触点闭合,南北向绿灯闪亮,同时计数器 C1 对 T11 的上升沿脉冲进行计数;当定时器 T12 计时 0.4 秒时间到,T12 的常开触点闭合,步进进程转入 S16 状态步。当 T11 的第 15 个上升沿脉冲到来时,即南北向绿灯闪亮的时间满 3 秒,计数器 C1 的常开触点闭合,步进进程转入 S17 步。

在 S17 步,PLC 执行[RST C1]指令,计数器 C1 清零;Y5 线圈得电,南北向黄灯点亮,定时器 T13 开始计时。当定时器 T13 计时 2 秒时间到,T13 的常开触点闭合,步进进程转入 S18 步。

在 S18 步,Y3 线圈得电,南北向红灯点亮,定时器 T14 开始计时。当定时器 T14 计时 10 秒时间到,T14 的常开触点闭合,步进进程转入 S10 步。

交通信号灯控制程序分析

将图 8-3-3 和图 8-3-4 所示的功能图转换成梯形图程序,如图 8-3-5 所示。

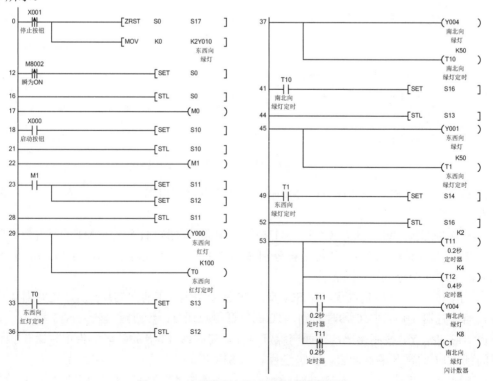

图 8-3-5 交通信号灯运行控制梯形图程序

项目 8 SFC 程序设计

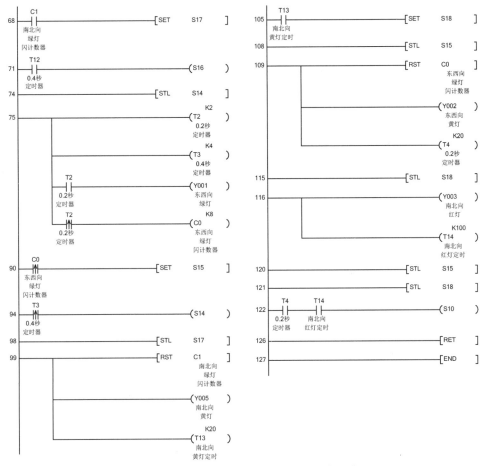

图 8-3-5 交通信号灯运行控制梯形图程序（续）

实例 8-4 混料罐液体搅拌控制程序设计

混料罐液体搅拌控制

设计要求：混料罐组成如图 8-4-1 所示，液体搅拌控制要求如下。
（1）在初始状态时，所有阀门均为关闭状态，搅拌电动机不工作。
（2）当按下启动按钮时，A 液体阀门自动打开。
（3）当液位达到中点位时，B 液体阀门自动打开。
（4）当液位达到高点位时，A、B 液体阀门自动关闭；搅拌电动机启动，低转速运行。
当搅拌电动机低转速运行 5 秒后，搅拌电动机转为中转速运行。
当搅拌电动机中转速运行 5 秒后，搅拌电动机转为高转速运行。
当搅拌电动机高转速运行 5 秒后，搅拌电动机停止运行，混合液体释放阀门自动打开。
（5）当液位下降到低点位时，混合液体释放阀门闭合。
（6）当上述工作过程执行两次循环以后，系统停止工作。
（7）当按下停止按钮时，系统恢复初始状态。
（8）当按下暂停按钮时，系统进入暂停状态；当再次按下暂停按钮时，系统继续原运行状态。

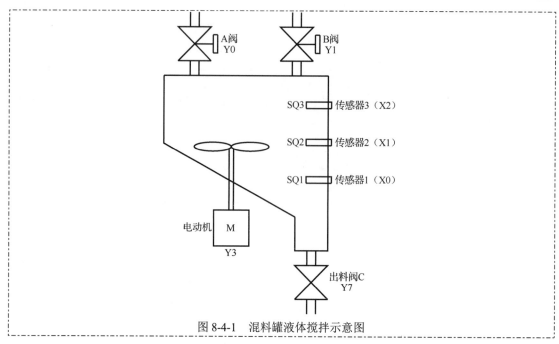

图 8-4-1 混料罐液体搅拌示意图

1．输入/输出元件及其控制功能

实例 8-4 中用到的输入/输出元件及其控制功能如表 8-4-1 所示。

表 8-4-1 实例 8-4 输入/输出元件及其控制功能

说 明	PLC 软元件	元件文字符号	元 件 名 称	控 制 功 能
输入	X0	SL1	液位继电器	液位低点检测
	X1	SL2	液位继电器	液位中点检测
	X2	SL3	液位继电器	液位高点检测
	X3	SB1	控制按钮	启动控制
	X4	SB2	控制按钮	停止控制
	X5	SB3	控制按钮	暂停控制
输出	Y0	HL1	输出继电器	A 液体阀门
	Y1	HL2	输出继电器	B 液体阀门
	Y3	HL3	输出继电器	搅拌电动机
	Y4	HL4	输出继电器	低速运行
	Y5	HL5	输出继电器	中速运行
	Y6	HL6	输出继电器	高速运行
	Y7	HL7	输出继电器	混合液体释放阀门

2．控制程序设计

根据混料罐液体搅拌控制要求，我们可以采用选择性分支结构进行程序设计，其控制流程图如图 8-4-2 所示。

混料罐液体搅拌控制功能图程序由梯形图块和 SFC 图块组成，现分别分析如下。

（1）梯形图块 1。在功能图中，梯形图块 1 如图 8-4-3 所示。

项目 8 SFC 程序设计

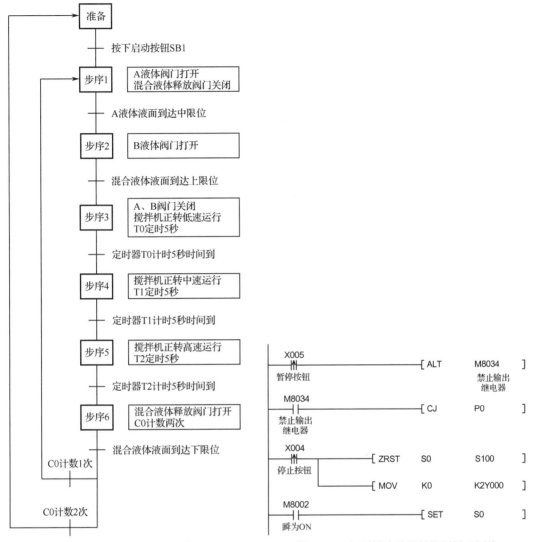

图 8-4-2 混料罐液体搅拌控制流程图   图 8-4-3 混料罐液体搅拌控制梯形图块 1

当按下停止按钮 SB2 时，PLC 执行[ZRST　S0　S100]指令，用于停止步进进程；PLC 执行[MOV　K0　K2Y000]指令，用于停止混料罐运行。在 M8002 的驱动下，PLC 执行[SET　S0]指令，用于启动步进进程。

（2）梯形图块 2。在功能图中，梯形图块 2 如图 8-4-4 所示。

当按下暂停按钮 SB3 时，PLC 执行[ALT　M8034]指令，继电器 M8034 得电，PLC 停止对外输出。由于 M8034 的常开触点闭合，PLC 执行[CJ　P0]指令，程序流程发生跳转，所以控制系统实现了暂停。

（3）SFC 图块。在功能图中，SFC 图块如图 8-4-5 所示。

在 S0 步，PLC 执行[RST　C0]指令，将用于记录循环次数的计数器 C0 清零。当按下启动按钮 SB1 时，步进进程转入 S10 步。

在 S10 步，Y0 线圈得电，A 液体阀门打开，A 液体被注入混料罐内。当罐内液位达到中点位时，液位检测传感器 SQ2 的常开触点闭合，步进进程转入 S11 步。

· 131 ·

在 S11 步，Y0 和 Y1 线圈得电，A 液体和 B 液体阀门均打开，A 液体和 B 液体被注入混料罐内。当罐内液位达到高点位时，液位检测传感器 SQ3 的常开触点闭合，步进进程转入 S12 步。

在 S12 步，Y3 线圈得电，控制搅拌电动机正向旋转；Y4 线圈得电，控制搅拌电动机低转速运行。当搅拌电动机正向低转速运行 5 秒，定时器 T0 定时 5 秒时间到，步进进程转入 S13 步。

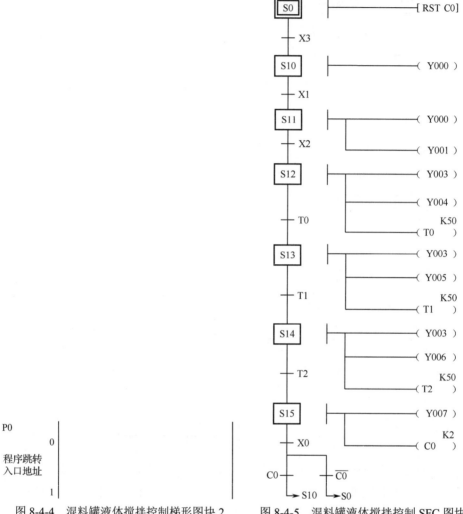

图 8-4-4　混料罐液体搅拌控制梯形图块 2　　图 8-4-5　混料罐液体搅拌控制 SFC 图块

在 S13 步，Y3 线圈得电，控制搅拌电动机正向旋转；Y5 线圈得电，控制搅拌电动机中转速运行。当搅拌电动机正向中转速运行 5 秒，定时器 T1 定时 5 秒时间到，步进进程转入 S14 步。

在 S14 步，Y3 线圈得电，控制搅拌电动机正向旋转；Y6 线圈得电，控制搅拌电动机高转速运行。当搅拌电动机正向高转速运行 5 秒，定时器 T2 定时 5 秒时间到，步进进程转入 S15 步。

在 S15 步，Y7 线圈得电，混合液体释放阀门打开，混合液体被排出混料罐外。计数器 C0 对继电器 Y007 得电的次数进行计数。当罐内液位达到低点位时，液位检测传感器 SQ1 的常开触点闭合，且在计数器 C0 的常闭触点未断开时，步进进程转入 S10 步，或者在计数器 C0 的常开触点常闭时，步进进程转入 S0 步。

将图 8-4-3、图 8-4-4 和图 8-4-5 所示的功能图转换成梯形图程序，如图 8-4-6 所示。

混料罐液体搅拌控制程序分析

项目 8 SFC 程序设计

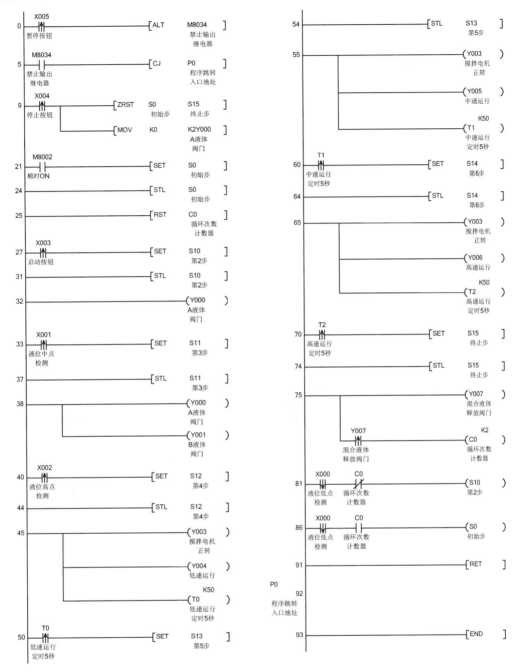

图 8-4-6 混料罐液体搅拌控制梯形图程序

实例 8-5 机械手搬运控制程序设计

机械手运行控制

设计要求：机械手工作过程如图 8-5-1 所示，原始位置在左上方，机械手将工件从 A 点移送到 B 点，然后再空手从 B 点返回到 A 点。控制要求如下：

（1）可手动控制，每个动作均能手动操作，用于将机械手复归原位。

（2）可自动控制，启动条件为机械手必须在原点位置，且机械手为松脱状态。

（3）可单周期运行，机械手按图 8-5-1 工作一个周期，一个周期的工作过程是：原点→下降→夹紧（1秒）→上升→右移→下降→放松（1秒）→上升→左移→原点。

（4）可连续运行，在一个周期运行结束后自动进入下一个周期的运行。

（5）按下停止按钮时，机械手停止运行。

系统设有手动控制功能，以便使机械手回到原始位。当机械手在 A 点和 B 点做夹紧钳口或放松钳口动作时，均需要 1 秒延时，用于相应动作状态的保持。当按下启动按钮时，机械手开始按步工作；当按下停止按钮时，机械手停止当前工作。

机械手控制面板如图 8-5-2 所示。

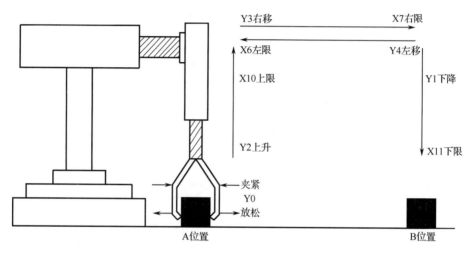

图 8-5-1　机械手工作示意图

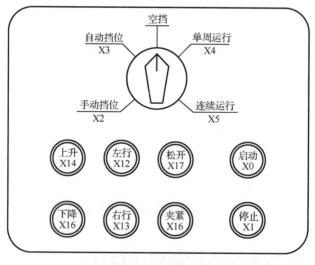

图 8-5-2　机械手控制面板

1. 输入/输出元件及其控制功能

实例 8-5 中用到的输入/输出元件及其控制功能如表 8-5-1 所示。

表 8-5-1 实例 8-5 中的输入/输出元件及其控制功能

说 明	PLC 软元件	元件文字符号	元件名称	控制功能
输入	X0	SB1	按钮	启动控制
	X1	SB2	按钮	停止控制
	X2	SA1-1	转换开关	手动挡控制
	X3	SA1-2	转换开关	自动挡控制
	X4	SA2-1	转换开关	单周工作
	X5	SA2-2	转换开关	连续工作
	X6	SQ1	行程开关	机械手左限位检测
	X7	SQ2	行程开关	机械手右限位检测
	X10	SQ3	行程开关	机械手上限位检测
	X11	SQ4	行程开关	机械手下限位检测
	X12	SB3	按钮	机械手左行控制
	X13	SB4	按钮	机械手右行控制
	X14	SB5	按钮	机械手上升控制
	X15	SB6	按钮	机械手下降控制
	X16	SB7	按钮	机械手夹紧控制
输出	Y0	YA1	电磁铁	机械手夹紧、放松控制
	Y1	YV1	电磁阀	机械手下降控制
	Y2	YV2	电磁阀	机械手上升控制
	Y3	YV3	电磁阀	机械手右移控制
	Y4	YV4	电磁阀	机械手左移控制

2. 控制程序设计

根据机械手搬运控制要求,我们可以采用选择性分支结构进行程序设计,其控制流程图说如图 8-5-3 所示。

机械手抓取搬运控制功能图程序由梯形图块和 SFC 图块组成,现分别分析如下。

(1) 梯形图块。在功能图中,梯形图块如图 8-5-4 所示。

当按下停止按钮 SB2 时,PLC 执行[ZRST S0 S100]指令,用于停止步进进程;PLC 执行[MOV K0 K2Y000]指令,用于停止机械手工作。在 M8002 驱动下,PLC 执行[SET S0]指令,用于启动步进进程。

(2) SFC 图块。在功能图中,SFC 图块如图 8-5-5 所示。

在 S0 状态步,PLC 执行[OUT M0]指令,使 M0 线圈得电。如果转换开关 SA1-1 闭合,机械手选择的是手动控制方式,步进进程转入 S10 步。如果转换开关 SA1-2 闭合,机械手选择的是自动控制方式,按压启动按钮 SB1,步进进程转入 S11 步。

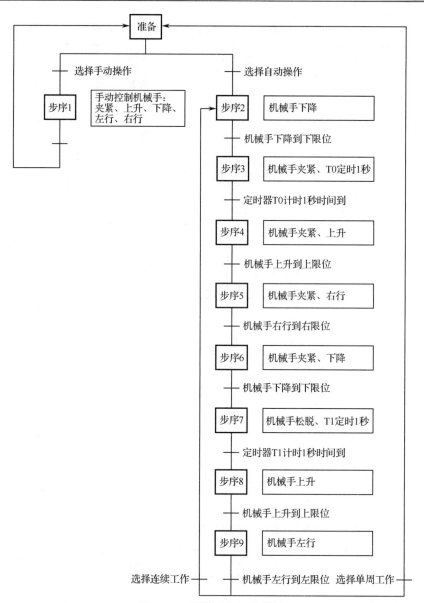

图 8-5-3 机械手搬运流程图

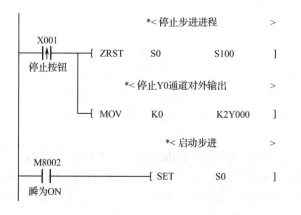

图 8-5-4 机械手抓取搬运控制梯形图块

项目 8 SFC 程序设计

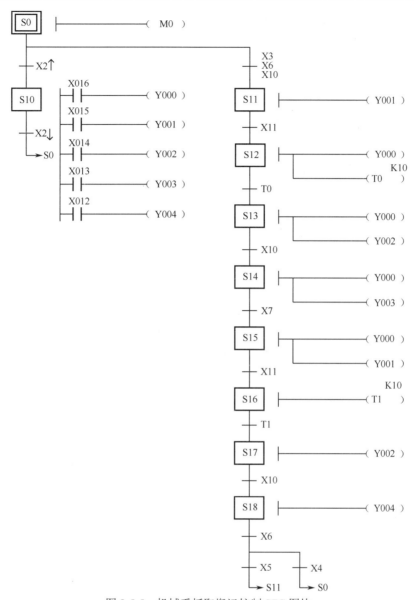

图 8-5-5 机械手抓取搬运控制 SFC 图块

在 S10 步，按钮 SB7 控制 Y0 线圈，实现机械手的夹紧；按钮 SB6 控制 Y1 线圈，实现机械手的下降；按钮 SB5 控制 Y2 线圈，实现机械手的上升；按钮 SB4 控制 Y3 线圈，实现机械手的右移；按钮 SB3 控制 Y4 线圈，实现机械手的左移。当 SA1-1 开关断开时，机械手不仅退出了手动控制方式，而且停止了工作，步进进程转入 S0 步。

在 S11 步，Y1 线圈得电，机械手下降。当下限位开关 SQ4 受压时，机械手停止下降，步进进程转入 S12 步。

在 S12 步，Y0 线圈得电，机械手将工件夹紧。当定时器 T0 计时满 1 秒，步进进程转入 S13 步。

在 S13 步，Y0 线圈得电，机械手夹持工件；Y2 线圈得电，机械手上升。当上限位开关 SQ3 受压时，使步进进程转入 S14 步。

在 S14 步，Y0 线圈得电，机械手夹持工件；Y3 线圈得电，机械手右移。当右限位开关

SQ2 受压时，使步进进程转入 S15 步。

在 S15 步，Y0 线圈得电，机械手夹持工件；Y1 线圈得电，机械手下降。当下限位开关 SQ4 受压时，使步进进程转入 S16 步。

在 S16 步，Y0 线圈失电，机械手松脱；当定时器 T1 计时满 1 秒时，步进进程转入 S17 步。

在 S17 步，Y2 线圈得电，机械手上升。当上限位开关 SQ3 受压时，步进进程转入 S18 步。

在 S18 步，Y4 线圈得电，机械手左移。当左限位开关 SQ1 受压时，如果转换开关 SA2-1 闭合，机械手选择的是单周工作方式，步进进程转入 S0 步，机械手停止工作；如果转换开关 SA2-2 闭合，机械手选择的是连续工作方式，则步进进程转入 S11 步，机械手循环工作，再次去搬运工件。

将图 8-5-4 和图 8-5-5 所示的功能图转换成梯形图程序，如图 8-5-6 所示。

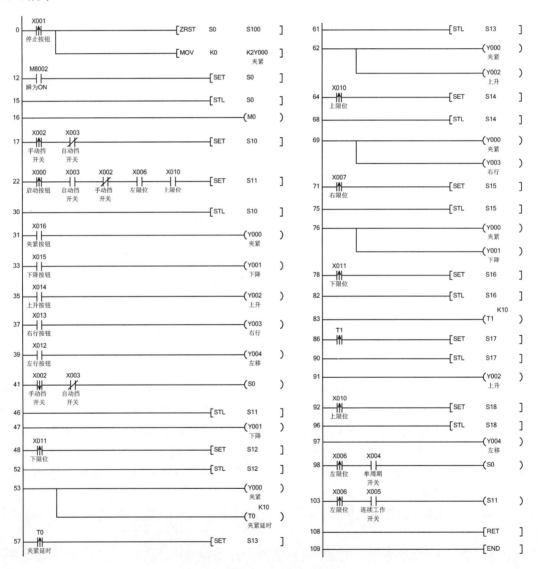

图 8-5-6 机械手控制梯形图程序

项目 8　SFC 程序设计

实例 8-6　大小球分拣控制程序设计

大小铁球分拣控制

设计要求：大小球分拣示意图如图 8-6-1 所示，电动机驱动操作杆带动吸盘上下移动，完成取球和放球动作。通过下限位行程开关 SQ2 的通断状态来判别大小球，再由电动机驱动操作杆左右移动，将大小球送往指定位置，从而完成大小球分拣的工作过程。控制要求如下。

（1）在开始自动工作之前，设备处于原位状态，此时操作杆在上部、左限位位置，上限位行程开关 SQ1 和左限位行程开关 SQ3 受压。

（2）启动自动循环工作后，操作杆下行 2 秒，此时若碰到的是大球，行程开关 SQ2 仍为断开状态；若碰到的是小球，行程开关 SQ2 则为闭合状态；从而将大、小球状态转换成开关检测信号。

（3）接通控制吸盘的电磁阀 YV 线圈，吸取球。

（4）当吸盘吸取小球后，操作杆上行，碰到上限位行程开关 SQ1 后，操作杆右行；碰到小球存放位置右限位行程开关 SQ4 后转为下行，碰到下限位行程开关 SQ2 后，将小球释放到小球箱，然后返回到原位。

（5）当吸盘吸取大球后，操作杆上行，碰到上限位行程开关 SQ1 后，操作杆右行；碰到大球存放位置右限位行程开关 SQ5 后转为下行，碰到下限位行程开关 SQ2 后，将大球释放到大球箱，然后返回到原位。

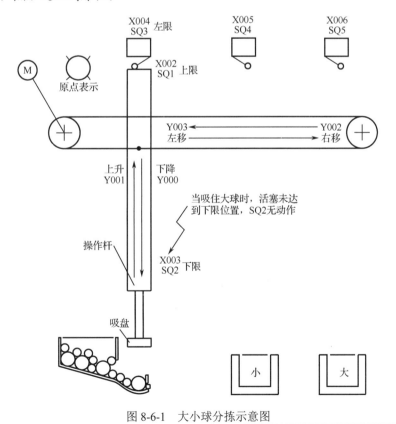

图 8-6-1　大小球分拣示意图

1. 输入/输出元件及其控制功能

实例 8-6 中用到的输入/输出元件及其控制功能如表 8-6-1 所示。

表 8-6-1 实例 8-6 输入/输出元件及其控制功能

说 明	PLC 软元件	元件文字符号	元 件 名 称	控 制 功 能
输入	X0	SB1	按钮	启动控制
	X1	SB2	按钮	停止控制
	X2	SQ1	行程开关	上限位检测
	X3	SQ2	行程开关	下限位检测
	X4	SQ3	行程开关	左限位检测
	X5	SQ4	行程开关	右限位小球箱检测
	X6	SQ5	行程开关	右限位大球箱检测
输出	Y0	KM1	接触器	操作杆下降
	Y1	KM2	接触器	操作杆上升
	Y2	KM3	接触器	操作杆右移
	Y3	KM4	接触器	操作杆左移
	Y4	YV1	电磁阀	吸盘吸持球

2. 控制程序设计

根据大小球分拣控制要求，我们可以采用选择性分支结构进行程序设计，其控制流程图如图 8-6-2 所示。

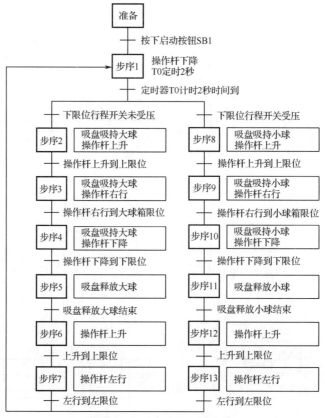

图 8-6-2 大小球分拣流程图

项目 8　SFC 程序设计

大小球分拣控制功能图程序由梯形图块和 SFC 图块组成，现分别分析如下。

（1）梯形图块。在功能图中，梯形图块如图 8-6-3 所示。

当按下停止按钮 SB2 时，PLC 执行[ZRST　S0　S100]指令，用于停止步进进程；PLC 执行[ZRST　Y000　Y007]指令，用于停止大小球的分拣工作。在 M8002 驱动下，PLC 执行[SET　S0]指令，用于启动步进进程。

（2）SFC 图块。在功能图中，SFC 图块如图 8-6-4 所示。

在 S0 状态步，PLC 执行[OUT　M0]指令，使 M0 线圈得电。当操作杆在原位，按压启动按钮 SB1，步进进程转入 S10 状态步。

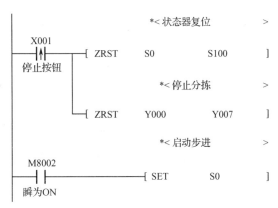

图 8-6-3　大小球分拣控制梯形图块

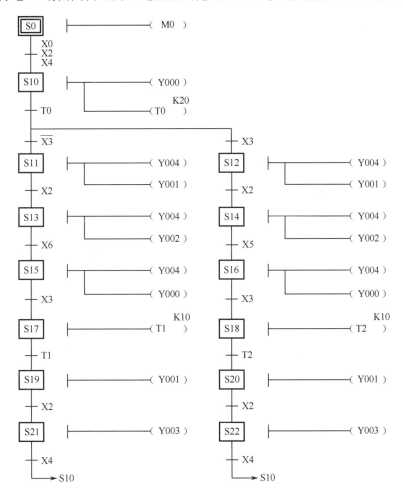

图 8-6-4　大小球分拣控制 SFC 图块

在 S10 状态步，Y0 线圈得电，操作杆下降；定时器 T0 开始计时，当 T0 计时满 2 秒，如果下限位行程开关 SQ2 未受压，则步进进程转入 S11 状态步；如果下限位行程开关 SQ2 受压，则步进进程转入 S12 状态步。

① 大球分拣控制过程。在 S11 状态步，Y4 线圈得电，吸盘吸持大球；Y1 线圈得电，操作杆上升。当上限位开关 SQ1 受压时，步进进程转入 S13 状态步。

在 S13 状态步，Y4 线圈得电，吸盘吸持大球；Y2 线圈失电，操作杆右行。当大球的右限位开关 SQ5 受压时，步进进程转入 S15 状态步。

在 S15 状态步，Y4 线圈得电，吸盘吸持大球；Y0 线圈得电，操作杆下降。当下限位行程开关 SQ2 受压时，步进进程转入 S17 状态步。

在 S17 状态步，Y4 线圈失电，吸盘释放大球。当定时器 T1 计时满 1 秒，步进进程转入 S19 状态步。

在 S19 状态步，Y1 线圈得电，操作杆上升。当上限位开关 SQ1 受压时，步进进程转入 S21 状态步。

在 S21 状态步，Y3 线圈得电，操作杆左行。当左限位开关 SQ3 受压时，步进进程转入 S10 状态步。操作杆循环工作，再次去分拣大小球。

② 小球分拣控制过程。在 S12 状态步，Y4 线圈得电，吸盘吸持小球；Y1 线圈得电，操作杆上升。当上限位开关 SQ1 受压时，步进进程转入 S14 状态步。

在 S14 状态步，Y4 线圈得电，吸盘吸持小球；Y2 线圈失电，操作杆右行。当小球的右限位开关 SQ5 受压时，步进进程转入 S16 状态步。

在 S16 状态步，Y4 线圈得电，吸盘吸持小球；Y0 线圈得电，操作杆下降。当下限位行程开关 SQ2 受压时，步进进程转入 S18 状态步。

在 S18 状态步，Y4 线圈失电，吸盘释放小球。当定时器 T2 计时满 1 秒，步进进程转入 S20 状态步。

在 S20 状态步，Y1 线圈得电，操作杆上升。当上限位开关 SQ1 受压时，步进进程转入 S22 状态步。

在 S22 状态步，Y3 线圈得电，操作杆左行。当左限位开关 SQ3 受压时，步进进程转入 S10 状态步。操作杆循环工作，再次去分拣大小球。

大小铁球分拣控制程序分析

将图 8-6-3 和图 8-6-4 所示的功能图转换成梯形图程序，如图 8-6-5 所示。

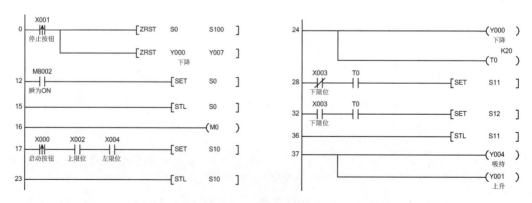

图 8-6-5 大小球分拣控制梯形图程序

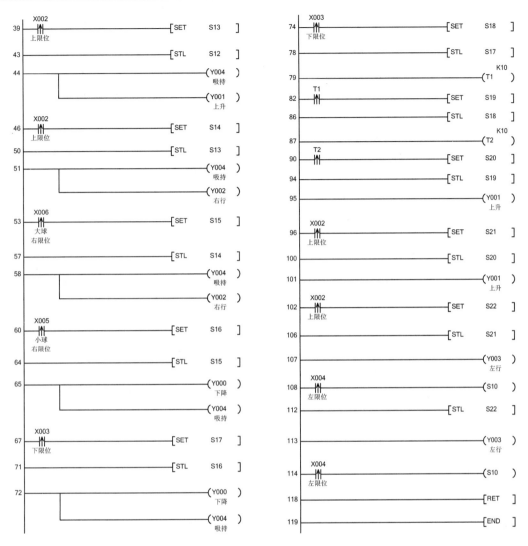

图 8-6-5　大小球分拣控制梯形图程序（续）

项目 9

时钟控制程序设计

在工艺生产和日常生活中,有的被控对象并不要求在全时域范围内连续工作,而是仅在某个特殊时段内工作,为满足此类控制要求,就需要使用时钟数据指令,并将时钟数据指令和 PLC 的实时时钟结合起来运用。

✈ 实例 9-1 PLC 时钟设置程序设计

设计要求:设定 PLC 当前时钟为 2016 年 12 月 31 日 23 时 59 分 0 秒。

1. 输入/输出元件及其控制功能

实例 9-1 中用到的输入元件及其控制功能如表 9-1-1 所示。

表 9-1-1 实例 9-1 输入元件及其控制功能

说 明	PLC 软元件	元件文字符号	元 件 名 称	控 制 功 能
输入	X0	SB1	按钮	对时控制

2. 控制程序设计

【思路点拨】

设置 PLC 的时钟可以采用两种方法:一种方法是使用实时时钟校准指令 TWR 设置,另一种方法是使用特殊功能寄存器设置。

(1) 使用实时时钟校准指令 TWR 设计。使用实时时钟校准指令 TWR 设计的程序梯形图如图 9-1-1 所示。

用 TWR 指令设计

程序说明:当点动按压按钮 X0 时,系统开始对时。PLC 执行[MOV K16 D0]指令,将年份数据 16 储存在 D0 单元;PLC 执行[MOV K12 D1]指令,将月份数据 12 储存在 D1 单元;PLC 执行[MOV K31 D2]指令,将日期数据 31 储存在 D2 单元;PLC 执行[MOV K23 D3]指令,将小时数据 23 储存在 D3 单元;PLC 执行[MOV K59 D4]指令,将分钟数据 59 储存在 D4 单元;PLC 执行[MOV K0 D5]指令,将秒数据 0 储存

项目 9 时钟控制程序设计

在 D5 单元；PLC 执行[MOV K6 D6]指令，将星期数据 6 储存在 D6 单元。

最后，PLC 执行[TWR D0]指令，对实时时钟进行校准，也就是将 D6 单元数据（星期 6）写入 D8019、D5 单元数据（16 年份）写入 D8018、D4 单元数据（12 月份）写入 D8017、D3 单元数据（31 日）写入 D8016、D2 单元数据（23 时）写入 D8015、D1 单元数据（59 分）写入 D8014、D0 单元数据（0 秒）写入 D8013。

（2）使用 MOV 指令设计。使用 MOV 指令设计的程序梯形图如图 9-1-2 所示。

用 MOV 指令设计

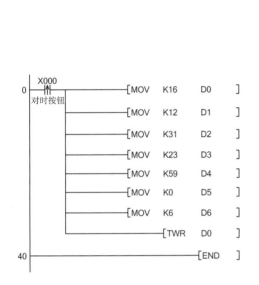

图 9-1-1 程序梯形图 1

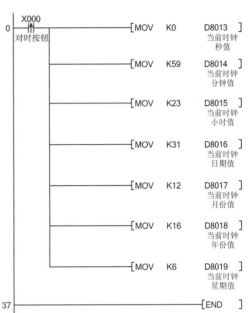

图 9-1-2 程序梯形图 2

程序说明：当点动按压按钮 X0 时，系统开始对时。PLC 执行[MOV K0 D8013]指令，将秒数据（0 秒）写入 D8013 单元；PLC 执行[MOV K59 D8014]指令，将分钟数据（59 分）写入 D8014 单元；PLC 执行[MOV K23 D8015]指令，将小时数据（23 时）写入 D8015 单元；PLC 执行[MOV K31 D8016]指令，将日期数据（31 日）写入 D8016 单元；PLC 执行[MOV K12 D8017]指令，将月份数据（12 月）写入 D8017 单元；PLC 执行[MOV K16 D8018]指令，将年份数据（16 年）写入 D8018 单元；PLC 执行[MOV K6 D8019]指令，将星期数据（星期 6）写入 D8019 单元。

实例 9-2 整点报时程序设计

设计要求：对 PLC 的时钟进行整点报时，要求当前是几点钟就对应响铃几次，且每次响铃持续时间为 2 秒。为了不影响晚间休息，PLC 只能在早晨 6 点至晚上 18 点时间段内报时。

1. 输入/输出元件及其控制功能

实例 9-2 中用到的输入/输出元件及其控制功能如表 9-2-1 所示。

表 9-2-1　实例 9-2 输入/输出元件及其控制功能

说　明	PLC 软元件	元件文字符号	元 件 名 称	控 制 功 能
输入	X0	SB1	开关	报时控制
输出	Y0	HA	电铃	整点报时

2．控制程序设计

【思路点拨】

PLC 当前的时钟数据存放在特殊数据寄存器 D8013～D8019 中，利用触点比较指令判断 D8015 的当前值是否大于 5 或小于 19，以此确定响铃报时的时间段。利用触点比较指令判断 D8013 和 D8014 的当前值是否为 0，如果为 0，说明当前时间是整点。响铃的持续时间可以采用两个定时器交替控制；响铃的次数可以采用计数器通过间接寻址的方式来控制，计数器的设定值由 D8015 确定。

使用触点比较指令设计的整点报时程序梯形图如图 9-2-1 所示。

整点报时程序分析

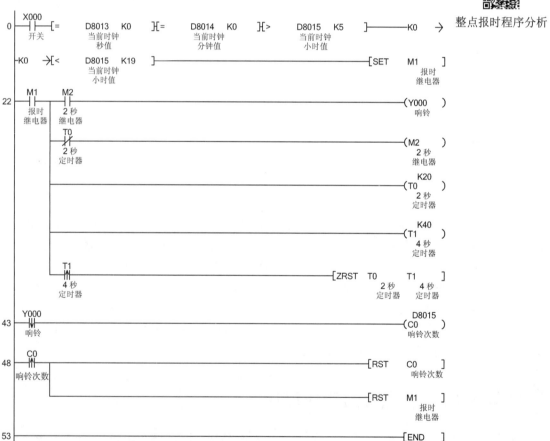

图 9-2-1　触点比较指令的梯形图

程序说明：将开关 X0 闭合，PLC 执行[= D8013 K0]和[= D8014 K0]指令，判断当前时间是否为 0 分 0 秒（整点）；PLC 执行[> D8015 K5]和[< D8015 K19]指令，判断当前时间是否处在早晨 6 点至晚上 18 点时间段内。如果以上判断条件满足，说明当前时间是

· 146 ·

规定时段中的整点，PLC 执行[SET　M1] 指令，再由 M1 驱动 Y0 线圈得电，进行整点报时。在 M1 得电期间，由定时器 T0 和 T1 共同组成 2 秒定时控制电路，目的是把继电器 M2 设定成为 2 秒脉冲发生器，并通过 M2 控制响铃时间。计数器 C0 对 Y0 的下降沿脉冲进行计数，当 C0 计数达到设定值时，PLC 执行[RST　M1] 和[RST　C0]指令，继电器 M1 失电、计数器 C0 复位，响铃过程结束。

实例 9-3　电动机工作时段限制程序设计

设计要求： 在每天的 8:00—17:00 时间段内，当按下启动按钮时，电动机可以启动并连续运行；当按下停止按钮时，电动机停止运行。在每天的 8:00—17:00 时间段以外，当按下启动按钮时，电动机不可以启动。

1. 输入/输出元件及其控制功能

实例 9-3 中用到的输入/输出元件及其控制功能如表 9-3-1 所示。

表 9-3-1　实例 9-3 输入/输出元件及其控制功能

说　明	PLC 软元件	元件文字符号	元 件 名 称	控 制 功 能
输入	X0	SB1	启动按钮	启动控制
	X1	SB2	停止按钮	停止控制
输出	Y0	KM1	主接触器	接通或分断主电路

2. 控制程序设计

【思路点拨】
PLC 的时钟数据可以使用时钟数据读出指令读取，也可以使用特殊功能寄存器读取。为满足电动机能在指定的时段运行，可以使用时钟数据比较指令、时钟数据区间比较指令和触点比较指令进行程序设计。

（1）使用时钟数据比较指令 TCMP 设计。使用时钟数据比较指令 TCMP 设计的程序梯形图如图 9-3-1 所示。

用 TCMP 指令设计

程序说明：当系统上电后，在 M8000 触点的驱动下，PLC 执行[TRD D0]指令，读取当前的时钟实时数据，并且将小时的时钟值储存在 D3 单元。在 M8000 触点的驱动下，PLC 执行[TCMP　K8　K0　K0　D3　M100] 指令，判断当前时钟值是否大于 8 时，如果 D3、D4 和 D5 单元中存放的时钟数据大于基准数据（8 时 0 分 0 秒），则中间继电器 M100 得电。在 M8000 触点的驱动下，PLC 执行[TCMP　K17　K0　K0　D3　M200] 指令，判断当前时钟值是否小于 17 时，如果 D3、D4 和 D5 单元中存放的时钟数据小于基准数据（17 时 0 分 0 秒），则中间继电器 M202 得电。在中间继电器 M100 和 M202 得电期间，其常开触点闭合，允许[SET　Y0]指令执行，即允许电动机在每天的 8:00—17:00 时间段内运行。

（2）使用时钟数据区间比较指令 TZCP 设计。使用时钟数据区间比较指令 TZCP 设计的程序梯形图如图 9-3-2 所示。

用 TZCP 指令设计

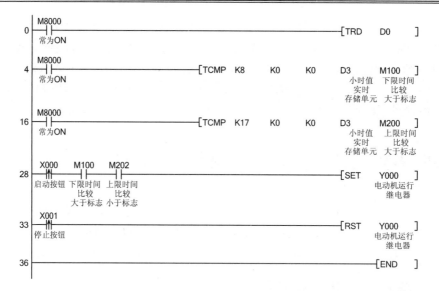

图 9-3-1 时钟数据比较指令设计程序梯形图

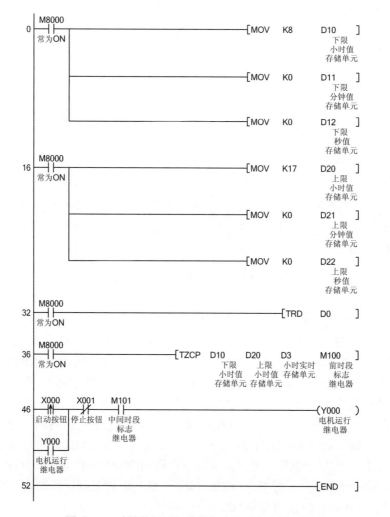

图 9-3-2 时钟数据区间比较指令设计程序梯形图

项目9 时钟控制程序设计

程序说明：当系统上电后，在 M8000 触点的驱动下，PLC 执行[TRD D0]指令，读取当前的时钟实时数据，并且将小时的时钟值储存在 D3 单元。在 M8000 触点的驱动下，PLC 连续执行[MOV K8 D10] 指令、[MOV K0 D11] 指令和[MOV K0 D12]指令，目的是设定电动机运行的下限时间（8时0分0秒）。在 M8000 触点的驱动下，PLC 连续执行[MOV K17 D20] 指令、[MOV K0 D21] 指令和[MOV K0 D22]指令，目的是设定电动机运行的下限时间（17时0分0秒）。在 M8000 触点的驱动下，PLC 执行 [TZCP D10 D20 D3 M100] 指令，判断时钟的当前值是否处在 8时0分0秒至 17时0分0秒的时间段内，如果时钟数据区间比较的结果是等于，则说明当前时钟值正处在该时间段内，中间继电器 M101 得电。在中间继电器 M101 得电期间，其常开触点闭合，允许输出继电器 Y0 得电，电动机可以在每天的 8:00—17:00 时间段内运行。

（3）使用触点比较指令设计。使用触点比较指令设计的程序梯形图如图 9-3-3 所示。

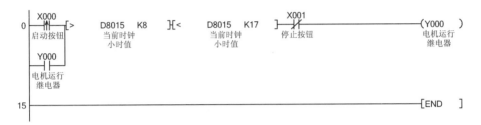

图 9-3-3 触点比较指令设计程序梯形图

程序说明：当系统上电后，PLC 执行[> D8015 K8]指令，用来判断当前时钟值是否大于 8 时，PLC 执行[< D8015 K17]指令，用来判断当前时钟值是否小于 17 时。如果时钟的当前值处在 8:00—17:00 时间段内，上述触点比较指令所对应的触点闭合，允许输出继电器 Y0 得电，电动机可以在每天的 8:00—17:00 时间段内运行。

用触点比较指令设计

实例9-4 打铃控制程序设计

设计要求：某工厂的上下班作息时间有 4 个响铃时刻，它们分别是：8:00 点、11:30、13:00 和 17:30，并且每次响铃持续时间为 20 秒，试编写打铃控制程序。

1. 输入/输出元件及其控制功能

实例 9-4 中用到的输入/输出元件及其控制功能如表 9-4-1 所示。

表 9-4-1 实例 9-4 输入/输出元件及其控制功能

说 明	PLC 软元件	元件文字符号	元件名称	控制功能
输出	Y0	HA	打铃器	响铃

2. 控制程序设计

【思路点拨】
本实例编程重点是判断当前时钟数据是否为设定值，如果判断的结果为真，则打铃。判断的方法可以使用时钟数据比较指令，也可以使用触点比较指令。

（1）使用时钟数据比较指令 TCMP 设计。使用时钟数据比较指令 TCMP 设计的程序如图 9-4-1 所示。

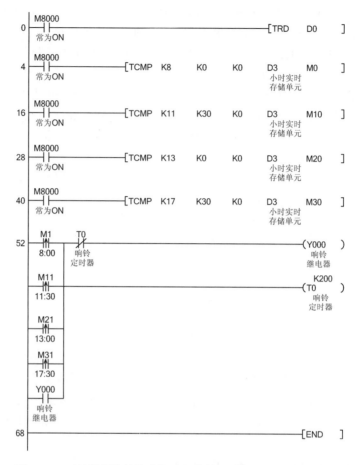

图 9-4-1 时钟数据比较指令设计程序梯形图

程序说明：在 M8000 触点的驱动下，PLC 执行[TRD D0]指令，PLC 读取当前的时钟实时数据，并且将时钟实时数据存入相应的数据寄存器，其中，小时的时钟值储存在 D3 单元、分钟的时钟值储存在 D4 单元。

用 TCMP 指令设计

在 M8000 触点的驱动下，PLC 执行[TCMP K8 K0 K0 D3 M0]指令，用来判断当前时钟值是否为 8 点整；PLC 执行[TCMP K11 K30 K0 D3 M10]指令，用来判断当前时钟值是否为 11 点 30 分；PLC 执行[TCMP K13 K0 K0 D3 M20]指令，用来判断当前时钟值是否为 13 点整，PLC 执行[TCMP K17 K0 K0 D3 M30]指令，用来判断当前时钟值是否为 17 点 30 分。如果时钟数据比较的结果是相等，则输出继电器 Y0 得电并自锁，打铃器持续响铃 20 秒；如果时钟数据比较的结果是不相等，则 PLC 进入下一个扫描周期。

（2）使用触点比较指令设计。使用触点比较指令设计的程序如图 9-4-2 所示。

程序说明：PLC 执行一组由[= D8015 K8]、[= D8014 K0]和[= D8013 K20]相互串联的指令，用来判断当前时钟值是否处在 8 时 0 分 0 秒至 8 时 0 分 20 秒的时间段内；PLC 执行一组由[= D8015 K11]、[= D8014 K30]和[= D8013 K20]相互串联的指令，用来判断当前时钟值是否处在 11 时 30 分 0 秒至 11 时 30

用触点比较指令设计

项目 9 时钟控制程序设计

分 20 秒的时间段内；PLC 执行一组由[= D8015 K13]、[= D8014 K0]和[= D8013 K20]相互串联的指令,用来判断当前时钟值是否处在 13 时 0 分 0 秒至 13 时 0 分 20 秒的时间段内,PLC 执行一组由[= D8015 K17]、[= D8014 K30]和[= D8013 K20]相互串联的指令,用来判断当前时钟值是否处在 17 时 30 分 0 秒至 17 时 30 分 20 秒的时间段内。对于上述 4 条并联支路,不管哪一个支路的判断条件得到满足,输出继电器 Y0 都将得电,打铃器持续响铃 20 秒。

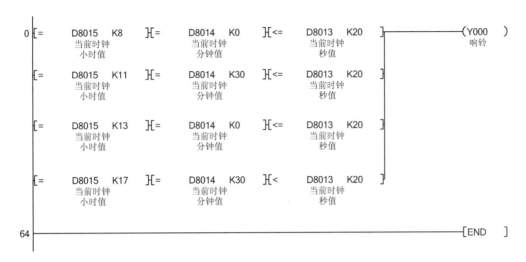

图 9-4-2 触点比较指令设计程序梯形图

✈ 实例 9-5 时间预设控制程序设计

设计要求：某工艺流程要求每年的 6 月 30 日 23 点 59 分关闭 PLC 的所有输出,试编写控制程序。

控制程序设计

【思路点拨】
使用时钟数据比较指令或触点比较指令判断当前时钟数据是否为设定值,如果判断的结果为真,则关闭 PLC 的所有输出。

（1）使用时钟数据比较指令 CMP 设计。使用时钟数据比较指令 CMP 设计的程序如图 9-5-1 所示。

用 CMP 指令设计

程序说明：当系统上电后,在 M8000 触点的驱动下,PLC 执行[MOV K6 D1]指令,将 6 月作为月份的设定值,该设定值储存在 D1 单元；PLC 执行[MOV K30 D2]指令,将 30 日作为日期的设定值,该设定值储存在 D2 单元；PLC 执行[MOV K23 D3]指令,将 23 时作为小时的设定值,该设定值储存在 D3 单元；PLC 执行[MOV K59 D4]指令,将 59 分作为分钟的设定值,该设定值储存在 D4 单元。

当系统上电后,在 M8000 触点的驱动下,PLC 执行[TRD D10]指令,读取当前的时钟实时数据，其中，月份的时钟值储存在 D11 单元、日期的时钟值储存在 D12 单元、小时的时钟值储存在 D13 单元、分钟的时钟值储存在 D14 单元。

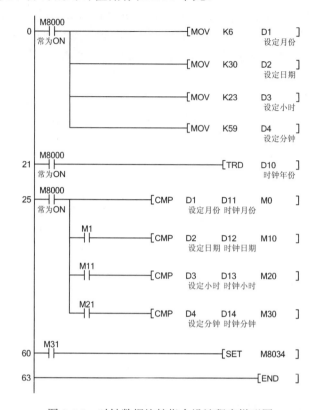

图 9-5-1　时钟数据比较指令设计程序梯形图

当系统上电后，在 M8000 触点的驱动下，PLC 执行[CMP　D1　D11　M0]指令，判断当前时钟的月份值是否为 6，如果（D1）=（D11），则继电器 M1 的常开触点闭合；PLC 执行[CMP　D2　D12　M10]指令，判断当前时钟的日期值是否为 31，如果（D2）=（D12），则继电器 M11 的常开触点闭合；PLC 执行[CMP　D3　D13　M20]指令，判断当前时钟的小时值是否为 23，如果（D3）=（D13），则继电器 M21 的常开触点闭合；PLC 执行[CMP　D4　D14　M30]指令，判断当前时钟的分钟值是否为 59，如果（D4）=（D14），则继电器 M31 的常开触点闭合，PLC 执行[SET　M8034]指令，M8034 为 ON 状态，PLC 停止一切输出。如果当前的时间不为 6 月 30 日 23 点 59 分，则 PLC 进入下一个扫描周期。

（2）使用触点比较指令设计。使用触点比较指令设计的程序如图 9-5-2 所示。

程序说明：当系统上电后，PLC 执行[=　D8017　K6] 指令，用来判断当前时钟的月份值是否为 6；PLC 执行[=　D8016　K30] 指令，用来判断当前时钟的日期值是否为 30；PLC 执行[=　D8015　K23] 指令，用来判断当前时钟的小时值是否为 23；PLC 执行[=　D8014　K59] 指令，用来判断当前时钟的分钟值是否为 59。如果当前的时间为 6 月 30 日 23 点 59 分，则上述触点比较指令所对应的触点均闭合，PLC 执行[SET　M8034]指令，M8034 为 ON 状态，PLC 停止一切输出。如果当前的时间不为 6 月 30 日 23 点 59 分，则 PLC 进入下一个扫描周期。

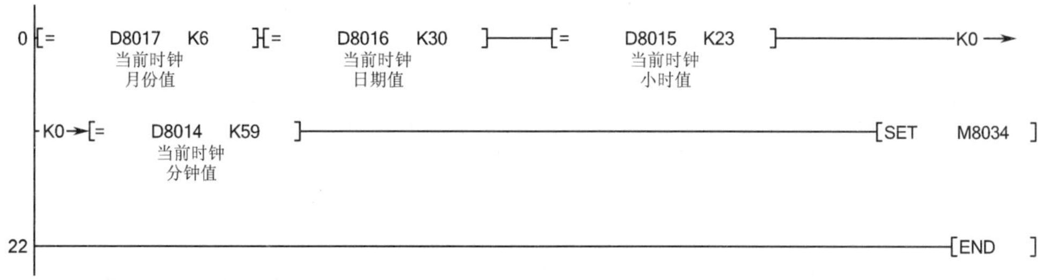

项目 9　时钟控制程序设计

```
 0 ─┤[= D8017  K6 ]├┤[= D8016  K30 ]├──┤[= D8015  K23 ]├────────────────K0→
        当前时钟           当前时钟              当前时钟
        月份值             日期值                小时值

  K0→[= D8014  K59 ]────────────────────────────────────[SET    M8034 ]
        当前时钟
        分钟值

 22 ───────────────────────────────────────────────────────────[END  ]
```

图 9-5-2　触点比较指令设计程序梯形图

项目 10

运算控制程序设计

在控制系统中，PLC 不仅可以处理逻辑关系，还可以处理数据，对数据进行各种数学运算。

实例 10-1　定时器控制电动机运行时间程序设计

定时器控制电动机运行时间

设计要求：控制一台电动机，当按下启动按钮时，电动机启动并运行；电动机运行一段时间后能自行停止运行；电动机运行时间的长短通过两个按钮来调整，时间调整间距为 10 秒，初始设定时间为 1000 秒，最小设定时间为 100 秒，最大设定时间为 3000 秒。当按下停止按钮时，电动机停止运行。

1. 输入/输出元件及其控制功能

实例 10-1 中用到的输入/输出元件及其控制功能如表 10-1-1 所示。

表 10-1-1　实例 10-1 输入/输出元件及其控制功能

说　明	PLC 软元件	元件文字符号	元 件 名 称	控 制 功 能
输入	X0	SB1	控制按钮	启动控制
	X1	SB2	控制按钮	停止控制
	X2	SB3	控制按钮	运行时间增加
	X3	SB4	控制按钮	运行时间减少
输出	Y0	KM1	接触器	接通或分断电源

2. 控制程序设计

【思路点拨】

电动机运行时间采用定时器计时控制，定时器的设定值由数据寄存器 D 确定。通过运算指令改变寄存器 D 的数值，从而改变了定时器的设定值，也就改变了电动机的运行时间。

用定时控制方式编写的电动机运行时间调整程序如图 10-1-1 所示。

项目 10 运算控制程序设计

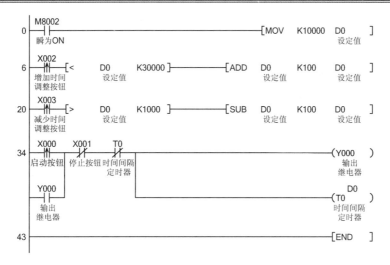

图 10-1-1 电动机运行时间控制梯形图

程序说明： 当系统上电后，继电器 M8002 常开触点瞬时闭合，PLC 执行[MOV K10000 D0]指令，将常数 K10000 传送到 D0，设定电动机运行的初始时间为 1000 秒。

定时器控制电动机运行时间程序分析

当按下启动按钮 SB1 时，输出继电器 Y0 线圈得电。在 Y0 得电期间，定时器 T0 处在计时状态；当 T0 计时达到设定值时，T0 常闭触点动作，Y0 线圈失电，电动机停止运行。

当 D0 中的存储值小于 30000 时，每按下一次按钮 SB3，PLC 执行[ADD D0 K100 D0]指令，D0 中的存储值增加 K100，电动机运行时间的设定值增加 10 秒。

当 D0 中的存储值大于 1000 时，每按下一次按钮 SB4，PLC 执行[SUB D0 K100 D0]指令，D0 中的存储值减少 K100，电动机运行时间的设定值减少 10 秒。

当按下停止按钮 SB2 时，Y0 线圈失电，电动机停止运行。

实例 10-2 转速测量程序设计

电动机转速测量

设计要求： 电动机转速测量装置如图 10-2-1 所示，旋转编码器与电动机同轴连接，当码盘边沿上的孔眼靠近接近开关时，接近开关会产生一个脉冲输出。测速时，只要将编码器的输出与 PLC 的输入端子连接，通过对脉冲采样值的计算处理，最终可得知电动机转速。

图 10-2-1 转速测量装置图

1. 输入/输出元件及其控制功能

实例 10-2 中用到的输入/输出元件及其控制功能如表 10-2-1 所示。

表 10-2-1 实例 10-2 输入/输出元件及其控制功能

说 明	PLC 软元件	元件文字符号	元件名称	控制功能
输入	X0	SQ	计数端子	脉冲输入
	X1	SB1	控制按钮	启动控制
	X2	SB2	控制按钮	停止控制

2. 控制程序设计

【思路点拨】

设旋转编码器旋转 1 周输出的脉冲数为 360，$N=360$；计时周期为 100ms，$T=100$ms；在 1 个周期内，编码器输出的脉冲数为 D。

则电动机转速表达式为

$$n = \left(\frac{60 \cdot D}{n \cdot D} \cdot 10^3\right) \text{r/min}$$

$$= \left(\frac{60 \cdot D}{360 \cdot 100} \cdot 10^3\right) \text{r/min}$$

$$= \left(\frac{5 \cdot D}{3}\right) \text{r/min}$$

根据 n 的表达式，使用运算指令计算出 n 的数值，就可以得知电动机的转速。

电动机转速测量梯形图如图 10-2-2 所示。

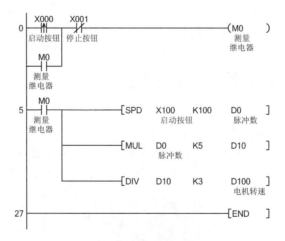

图 10-2-2 电动机转速测量梯形图

程序说明：按下启动按钮 SB1，中间继电器 M0 线圈得电并自锁保持。在 M0 得电期间，PLC 执行[SPD X100 K100 D0]指令，用于测量在 100ms 设定时间内输入到 X0 口的脉冲数，并将测量结果存放在寄存器 D0 单元中；PLC 执行[MUL D0 K5 D10]指令，用于将 D0 单元中的脉冲个数值与 5 相乘，并将计算结果存放在寄存器 D10 单元中；PLC 执行[DIV D10 K3 D100]指令，

电动机转速测量程序分析

项目 10 运算控制程序设计

用于将 D10 单元中的数值除以 3,并将计算结果存放在寄存器 D100 单元中,D100 单元中的数值即为电动机的转速。

实例 10-3 自动售货机控制程序设计

售货机工作

设计要求:饮料机自动售货控制要求如下。

(1) 币值可分为 1 元、5 元、10 元,汽水单价为 12 元,果汁单价为 15 元。投币时,要求系统能自动计算和显示当前投币的总额。消费时,要求系统能自动计算和显示当前余额。

(2) 在资费足额的情况下,如果按压购买果汁按钮,则果汁饮料窗口自动出水,出水状态延时 5 秒后停止;如果按压购买咖啡按钮,则咖啡饮料窗口自动出水,出水状态延时 5 秒后停止。

(3) 每次购买饮料完成之后可以继续投币进行购买。

(4) 如果按压退款按钮,则系统能自动退出当前余款,退款状态延时 3 秒后停止。

1. 输入/输出元件及其控制功能

实例 10-3 中用到的输入/输出元件及其控制功能如表 10-3-1 所示。

表 10-3-1 实例 10-3 输入/输出元件及其控制功能

说 明	PLC 软元件	元件文字符号	元件名称	控 制 功 能
输入	X1	SB1	控制按钮	购买果汁
	X2	SB2	控制按钮	购买咖啡
	X3	SB3	投币传感器	1 元面值投币
	X4	SB4	投币传感器	5 元面值投币
	X5	SB5	投币传感器	10 元面值投币
	X6	SB6	控制按钮	启动退钱
输出	Y0	KV1	电磁阀	果汁出水
	Y1	KV2	电磁阀	咖啡出水
	Y2	HL1	指示灯	购买果汁足额指示
	Y3	HL2	指示灯	购买咖啡足额指示
	Y4	HL3	指示灯	资费不足指示
	Y5	KV3	电磁阀	退钱

2. 控制程序设计

【思路点拨】

饮料机自动售货过程大致可分为三个步骤。第一步记录投币情况,统计总额;第二步判断消费水平,购买饮料;第三步统计余额,退款。

(1) 使用区间比较指令 ZCP 设计。使用区间比较指令 ZCP 设计的梯形图如图 10-3-1 所示。

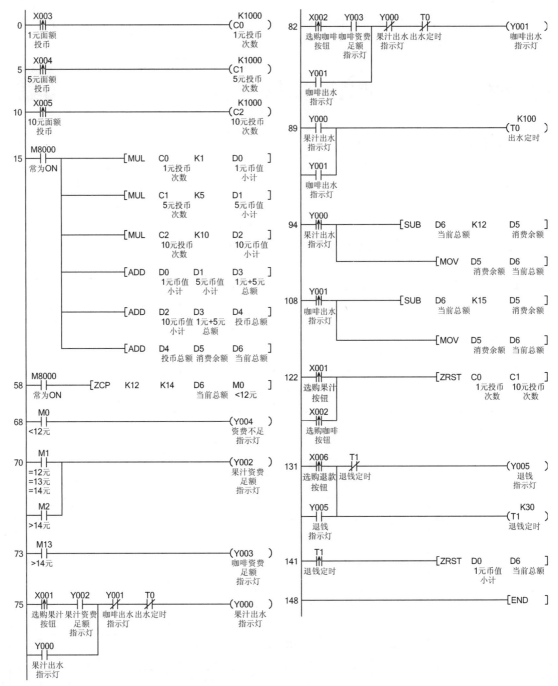

图 10-3-1 使用区间比较指令设计的梯形图

程序说明：在 M8000 触点的驱动下，PLC 执行[MUL C0 K1 D0]指令，计算 1 元面额的投币额，该投币额储存在 D0 单元；PLC 执行[MUL C1 K5 D1]指令，计算 5 元面额的投币额，该投币额储存在 D1 单元；PLC 执行[MUL C2 K10 D2]指令，计算 10 元面额的投币额，该投币额储存在 D2 单元。

用 ZCP 指令设计

在 M8000 触点的驱动下，PLC 执行[ADD D0 D1 D3]指令，该指令用来计算 1 元面额和 5 元面额的投币总额，并将投币总额储存在 D3 单元；PLC 执行[ADD D2 D3 D4]指

项目 10 运算控制程序设计

令,该指令用来计算投币总额,并将投币总额储存在 D4 单元;PLC 执行[ADD D4 D5 D6]指令,该指令用来计算当前总额,并将当前总额储存在 D6 单元。

在 M8000 触点的驱动下,PLC 执行[ZCP K12 K14 D6 M0]指令,该指令用来判断当前的资费情况。如果当前资费总额小于 12 元,则中间继电器 M0 得电,其常开触点闭合,驱动 Y4 线圈得电,资费不足指示灯点亮。如果当前资费总额等于或大于 12 元,则 M1 线圈得电,其常开触点闭合,驱动 Y2 线圈得电,果汁资费足额指示灯点亮,允许选购果汁。如果当前资费总额大于 14 元,则 M2 线圈得电,其常开触点闭合,驱动 Y3 线圈得电,咖啡资费足额指示灯点亮,允许选购咖啡。

以购买果汁为例,当按钮 X1 闭合时,Y0 线圈得电,售货机开始输出果汁,同时 PLC 执行[SUB D6 K12 D5]指令和[ZRST C0 C1]指令,SUB 指令用来扣除果汁的消费额,并将消费余额储存在 D5 单元,ZRST 指令用来清除当前的投币状态。在 Y0 得电期间,定时器 T0 计时,当计时时间满 10 秒,定时器 T0 触点动作,使 Y0 线圈失电,售货机停止输出果汁。

最后,当按钮 X6 闭合时,Y5 线圈得电,售货机开始退钱,在 Y5 线圈得电期间,定时器 T1 计时,当计时时间满 3 秒,定时器 T1 触点动作,使 Y5 线圈失电,售货机恢复到待机状态。

(2)使用触点比较指令设计。使用触点比较指令设计的梯形图如图 10-3-2 所示。

程序说明:按下按钮 SB3,PLC 执行[INC D6]指令;按下按钮 SB4,PLC 执行[ADD D6 K5 D6]指令;按下按钮 SB5,PLC 执行[ADD D6 K10 D6] 用触点比较指令,统计投币情况。 指令设计

PLC 执行[< D6 K12] 指令,该指令用来判断当前总额是否小于 12 元,如果判断条件满足,则 Y4 线圈得电,资费不足指示灯点亮。PLC 执行[>= D6 K12] 指令,该指令用来判断当前总额是否大于 12 元,如果判断条件满足,则 Y2 线圈得电,果汁资费足额指示灯点亮。PLC 执行[>= D6 K15] 指令,该指令用来判断当前总额是否大于 15 元,如果判断条件满足,则 Y3 线圈得电,咖啡资费足额指示灯点亮。

以购买果汁为例,按下按钮 SB1,Y0 线圈得电,售货机开始输出果汁,PLC 执行[SUB D6 K12 D6]指令,该指令用来扣除果汁的消费额。在 Y0 线圈得电期间,定时器 T0 计时,当计时时间满 10 秒,定时器 T0 触点动作,使 Y0 线圈失电,售货机停止输出果汁。

最后,当按钮 X6 闭合时,Y5 线圈得电,售货机开始退钱,在 Y5 线圈得电期间,定时器 T2 计时,当计时时间满 3 秒,定时器 T2 触点动作,使 Y5 线圈失电,售货机恢复到待机状态。

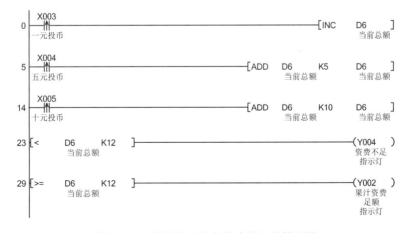

图 10-3-2 使用触点比较指令设计的梯形图

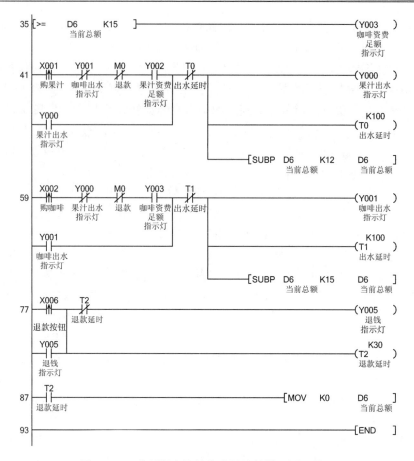

图 10-3-2　使用触点比较指令设计的梯形图（续）

项目 11 数码显示程序设计

在 PLC 控制系统中,被控对象的受控状态可能需要通过数字显示的方式反映出来,这就需要使用译码指令,并将译码指令和有关硬件结合起来运用。

实例 11-1 数字循环显示程序设计

数字循环显示

设计要求:控制一个数码管循环显示数字,先依次显示十进制数字 0~9,再依次显示 9~0,每个数字的显示时间为 1 秒。

1. 输入/输出元件及其控制功能

实例 11-1 中用到的输入/输出元件及其控制功能如表 11-1-1 所示。

表 11-1-1 实例 11-1 输入/输出元件及其控制功能

说 明	PLC 软元件	元件文字符号	元件名称	控 制 功 能
输出	Y000	数码管	a 段笔画	显示数字
	Y001		b 段笔画	
	Y002		c 段笔画	
	Y003		d 段笔画	
	Y004		e 段笔画	
	Y005		f 段笔画	
	Y006		g 段笔画	

2. 控制程序设计

【思路点拨】
数字的显示可以通过七段译码指令来完成,数字的循环可以通过可逆计数器来控制。

使用可逆计数器控制数码管循环显示数字 0~9 的程序如图 11-1-1 所示。

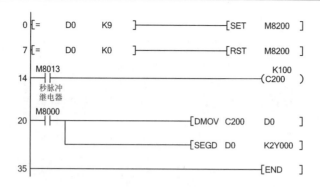

图 11-1-1 程序梯形图

程序说明：当 PLC 上电后，PLC 执行[= D0 K0]指令，用于判断 D0 中的数值是否等于 0；如果（D0）=K0，则继电器 M8200 线圈失电，计数器 C200 处于加计数状态，使 D0 中的数值由 0 一直增加到 9。PLC 执行[= D0 K9]指令，用于判断 D0 中的数值是否等于 9；如果（D0）=K9，则继电器 M8200 线圈得电，计数器 C200 处于减计数状态，使 D0 中的数值由 9 一直减少到 0。在 M8000 触点的驱动下，PLC 执行[SEGD D0 K2Y000]指令，将 D0 中的数值译成七段码，通过#0 输出单元显示当前数值。

数字循环显示程序分析

实例 11-2 电梯指层显示程序设计

电梯指层显示

设计要求：现有一台 4 个层站的电梯，要求显示电梯轿厢当前所在的位置。

1. 输入/输出元件及其控制功能

实例 11-2 中用到的输入/输出元件及其控制功能如表 11-2-1 所示。

表 11-2-1 实例 11-2 输入/输出元件及其控制功能

说 明	PLC 软元件	元件文字符号	元件名称	控 制 功 能
输入	X1	SQ1	行程开关	检测轿厢位置
	X2	SQ2	行程开关	
	X3	SQ3	行程开关	
	X4	SQ4	行程开关	
输出	Y000~Y007		数码管	当前层站显示

2. 控制程序设计

（1）使用数据传送指令 MOV 设计。

【思路点拨】

当检测到层站信号时，通过传送指令将特定的立即数传送到指定的输出单元，以"直接译码"方式显示轿厢当前所在的位置；也可以通过传送指令将层站所对应的立即数传送到指定的数据存储单元，以"间接译码"方式显示轿厢当前所在的位置。

① 使用传送指令 MOV 直接译码显示的程序如图 11-2-1 所示。

程序说明：当一楼层站的行程开关 X1 闭合时，PLC 执行[MOV K6 K2Y000]指令，将 K6 传送到#0 输出单元，使数码管显示数字"1"。当二楼层站的行程开关 X2 闭合时，PLC 执行[MOV K91 K2Y000]指令，将 K91 传送到#0 输出单元，使数码管显示数字"2"。当三楼层站的行程开关 X3 闭合时，PLC 执行[MOV K79 K2Y000]指令，将 K79 传送到#0 输出单元，使数码管显示数字"3"。当四楼层站的行程开关 X4 闭合时，PLC 执行[MOV K102 K2Y000]指令，将 K102 传送到#0 输出单元，使数码管显示数字"4"。

用 MOV 指令设计 1

② 使用传送指令 MOV 间接译码显示的程序如图 11-2-2 所示。

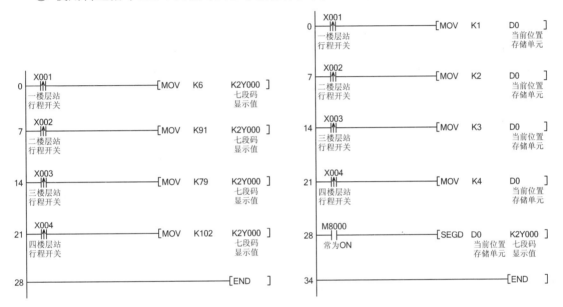

图 11-2-1　直接译码方式显示的梯形图　　图 11-2-2　间接译码方式显示的梯形图

程序说明：当一楼层站的行程开关 X1 闭合时，PLC 执行[MOV K1 D0]指令；当二楼层站的行程开关 X2 闭合时，PLC 执行[MOV K2 D0]指令；当三楼层站的行程开关 X3 闭合时，PLC 执行[MOV K3 D0]指令；当四楼层站的行程开关 X4 闭合时，PLC 执行[MOV K4 D0]指令。在 M8000 触点的驱动下，PLC 执行[SEGD D0 K2Y000]指令，将 D0 中的数值译成七段码，通过#0 输出单元显示当前层站数。

用 MOV 指令设计 2

（2）使用编码指令 ENCO 设计。

【思路点拨】

先使用编码指令检测轿厢当前所在的位置，然后使用七段译码指令显示轿厢当前所在的位置。

使用编码指令 ENCO 设计的程序如图 11-2-3 所示。

程序说明：在 M8000 触点的驱动下，PLC 执行[ENCO X000 D0 K3]指令，将 X0～X7 中置 ON 的位元件的位置编号转换成 BIN 码，并存放到 D0 中。例如，如果 X4 位为 ON，则该位编号 4 将被换成 BIN 码，D0 中存放数值为 4。在

用 ENCO 指令设计

M8000 触点的驱动下，PLC 执行[SEGD D0 K2Y000]指令，将 D0 中的数值译成七段码，通过#0 输出单元显示当前层站数。

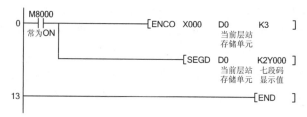

图 11-2-3 使用编码指令设计的梯形图

（3）使用组合位元件设计。

【思路点拨】
通过比较指令判断输入端口的当前值，该数值就是轿厢当前所在的位置值。

使用组合位元件设计的程序如图 11-2-4 所示。

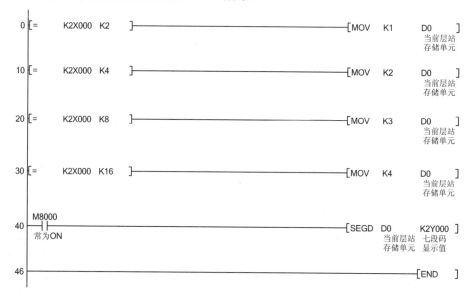

图 11-2-4 使用组合位元件设计的梯形图

程序说明：以一楼层站显示为例，PLC 执行[= K2X000 K2]指令，用于判断（K2X000）是否等于 K2；如果（K2X000）=K2，则说明行程开关 X1 受压，轿厢在一楼层站。PLC 执行[MOV K1 D0]指令，将立即数 K1 存入当前层站存储器 D0 中。PLC 执行[SEGD D0 K2Y000]指令，使数码管显示数字"1"。

用触点比较指令设计

（4）使用加/减 1 指令 INC/DEC 设计。

【思路点拨】
当轿厢在基站时，通过初始化方式给轿厢位置设定一个初始值。当轿厢上行时，通过加 1 指令记录轿厢位置的当前值；当轿厢下行时，通过减 1 指令记录轿厢位置的当前值。

使用加/减 1 指令 INC/DEC 设计的程序如图 11-2-5 所示。

项目 11 数码显示程序设计

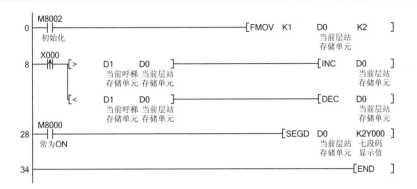

图 11-2-5 使用加/减 1 指令设计的梯形图

程序说明：当 PLC 上电后，在 M8002 触点的驱动下，PLC 执行[FMOV K1 D0 K2]指令，使（D0）=（D1）=K1。当（D1）>（D0）时，电梯上行，如果层站行程开关 X0 闭合，PLC 执行[INC D0]指令，电梯层站数加 1；当（D1）<（D0）时，电梯下行，如果层站行程开关 X0 闭合，PLC 执行[DEC D0]指令，电梯层站数减 1。在 M8000 触点的驱动下，PLC 执行[SEGD D0 K2Y000]指令，将 D0 中的数值译成七段码，通过#0 输出单元显示当前层站数。

用 INC/DEC 指令设计

（5）使用可逆计数器设计。

【思路点拨】

当轿厢在基站时，通过初始化方式给可逆计数器设定一个初始值。当轿厢上行时，控制可逆计数器进行加计数；当轿厢下行时，控制可逆计数器进行减计数。根据可逆计数器当前的经过值显示轿厢当前位置。

使用可逆计数器设计的程序如图 11-2-6 所示。

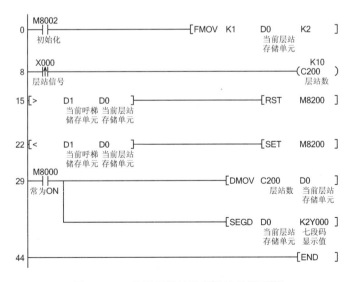

图 11-2-6 使用可逆计数器设计的梯形图

程序说明：当 PLC 上电后，M8002 常开触点瞬时闭合，PLC 执行[FMOV K1 D0 K2]指令，使（D0）=（D1）=K 1。当（D1）>（D0）

用可逆计数器设计

· 165 ·

时，电梯上行，如果层站行程开关 X0 闭合，计数器 C200 进行加 1 计数，电梯层站数加 1；当（D1）＜（D0）时，电梯下行，如果层站行程开关 X0 闭合，计数器 C200 进行减 1 计数，电梯层站数减 1。在 M8000 触点的驱动下，PLC 执行[SEGD D0 K2Y000]指令，将 D0 中的数值译成七段码，通过#0 输出单元显示当前层站数。

实例 11-3　拔河比赛程序设计

拔河比赛

设计要求：拔河比赛示意图如图 11-3-1 所示，拔河绳用 9 个指示灯排成一条直线来模拟，裁判员持比赛控制按钮，甲乙双方各持 1 个拔河按钮。当裁判员按下比赛控制按钮时，最中间的指示灯亮起，表示拔河比赛开始。甲乙双方都快速不断地按动各自所持的拔河按钮，每按动 1 次拔河按钮，亮点向本方移动 1 位。当亮点移动到本方的端点时，该方获胜得 1 分，同时拔河按钮操作失效，但指示灯一直亮。当裁判员再次按下比赛控制按钮时，指示灯熄灭，本次比赛结束。

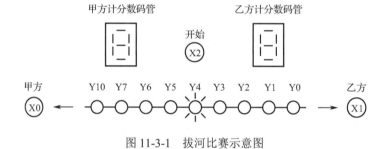

图 11-3-1　拔河比赛示意图

1. 输入/输出元件及其控制功能

实例 11-3 中用到的输入/输出元件及其控制功能如表 11-3-1 所示。

表 11-3-1　实例 11-3 输入/输出元件及其控制功能

说　明	PLC 软元件	元件文字符号	元 件 名 称	控 制 功 能
输入	X0	SB1	按钮	模拟甲方拔河
	X1	SB2	按钮	模拟乙方拔河
	X2	SB3	按钮	控制拔河过程
输出	Y0～Y10	HL1～HL9	指示灯	模拟绳子的运动
	Y20～Y27		数码管	显示甲方得分
	Y30～Y37		数码管	显示甲方得分

2. 控制程序设计

【思路点拨】

甲乙双方的拔河过程其实就是控制指示灯左右移动的过程。甲方可以使用左移指令控制指示灯向左点亮，当左侧端点指示灯点亮时，通过加 1 指令使甲方得 1 分。乙方可以使用右移指令控制指示灯向右点亮，当右侧端点指示灯点亮时，通过加 1 指令使乙方得 1 分。

拔河比赛的梯形图如图 11-3-2 所示。

项目 11 数码显示程序设计

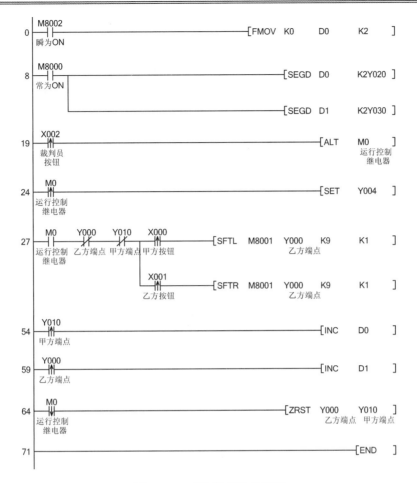

图 11-3-2 拔河比赛的梯形图

程序说明：当 PLC 上电后，在 M8002 继电器驱动下，PLC 执行[FMOV K0 D0 K2]指令，使（D0）=（D1）=K0，对 D0 和 D1 进行初始化处理。在 M8000 继电器驱动下，PLC 执行[SEGD D0 K2Y020]指令，用来显示甲方得分；PLC 执行[SEGD D1 K2Y030]指令，用来显示乙方得分。

拔河比赛程序分析

当裁判员首次按下按钮 X2 时，PLC 执行[ALT M0] 指令，继电器 M0 线圈得电。在 M0 常开触点变为常闭期间，PLC 执行[SEGD D0 K2Y020] 指令，显示甲方得分；PLC 执行[SEGD D0 K2Y030]指令，显示乙方得分；PLC 执行[SET Y004] 指令，Y4 指示灯点亮，拔河开始。

甲方每按下一次按钮 X0 时，PLC 就执行一次 [SFTL M8001 Y000 K9 K1]指令，使亮点左移一位。当亮点左移到 Y010 位时，Y010 线圈得电，由于 Y0 的常闭触点变为常开，PLC 不再执行移位指令，亮点移动停止；由于 Y010 的常开触点变为常闭，PLC 执行[INC D0]指令，D0 中的数据被加 1。

乙方每按下一次按钮 X1 时，PLC 就执行一次 [SFTR M8001 Y000 K9 K1]指令，使亮点右移一位。同理，当亮点右移到 Y0 位时，Y0 线圈得电，由于 Y0 的常闭触点变为常开，PLC 不再执行移位指令，亮点移动停止；由于 Y0 的常开触点变为常闭，PLC 执行[INC D1]指令，D1 中的数据被加 1。

当裁判员再次按下按钮 X2 时，PLC 再次执行[ALT M0] 指令，继电器 M0 线圈失电。

在 M0 触点下降沿脉冲的驱动下，PLC 执行[ZRST　Y000　Y010]指令，使指示灯熄灭。

实例 11-4　抢答器程序设计

抢答器抢答

> **设计要求**：抢答器有 7 个选手抢答台和 1 个主持人工作台，在每个选手抢答台上设有 1 个抢答按钮，在主持人工作台上设有 1 个开始按钮和 1 个复位按钮。如果有选手在主持人按下开始按钮后抢答，那么数码管显示最先抢答的台号，同时蜂鸣器产生声音提示。如果有选手在主持人按下开始按钮前抢答，那么该抢答台对应的指示灯亮起，同时蜂鸣器也产生声音提示。当主持人按下复位按钮时，数码管熄灭、指示灯熄灭、蜂鸣器熄鸣。

1. 输入/输出元件及其控制功能

实例 11-4 中用到的输入/输出元件及其控制功能如表 11-4-1 所示。

表 11-4-1　实例 11-4 输入/输出元件及其控制功能

说　明	PLC 软元件	元件文字符号	元件名称	控制功能
输入	X1～X6	SB1～SB6	按钮	控制 1～6 号台抢答
	X10	SB7	按钮	控制开始
	X11	SB8	按钮	控制复位
输出	Y001～Y007	HL1～HL7	指示灯	1～6 号台提前抢答指示
	Y010～Y016		数码管	显示抢答台号
	Y020	HA	蜂鸣器	抢答声音提示

2. 控制程序设计

（1）程序范例 1 分析。

> **【思路点拨】**
> 因为继电器的常开触点和常闭触点互为反逻辑关系，所以可以使用同一个继电器的常闭触点控制违规抢答过程，再使用同一个继电器的常开触点控制正常抢答过程。

抢答器程序设计范例 1 如图 11-4-1 所示。

范例 1

程序说明：以下从三个方面对程序进行分析，具体分析如下。

① 提前抢答控制。以 1 号台为例，在主持人没有按下开始按钮 X010 的情况下，继电器 M0 不得电。在 M0 不得电期间，如果 1 号台选手按下了抢答按钮 X001，PLC 执行[SET　Y001]指令，使 Y001 线圈得电，1 号台指示灯被点亮。由于（K2X000）>K0，PLC 执行[SET　Y020]指令，使 Y020 线圈得电，蜂鸣器发出声音提示。

② 正常抢答控制。以 1 号台为例，在主持人已经按下开始按钮 X010 的情况下，继电器 M0 得电。在 M0 得电期间，如果 1 号台选手按下了抢答按钮 X001，PLC 执行[MOV　K1　D0]指令，使（D0）=K1。在 M8000 继电器驱动下，PLC 执行[SEGD　D0　K2Y010]指令，数码管显示的台号为 1。在 1 号台选手抢答成功以后，因为（D0）>K0，所以即使再有其他选手进行抢答，PLC 都将不再执行传送指令，数码管显示的台号仍然为 1。

项目 11 数码显示程序设计

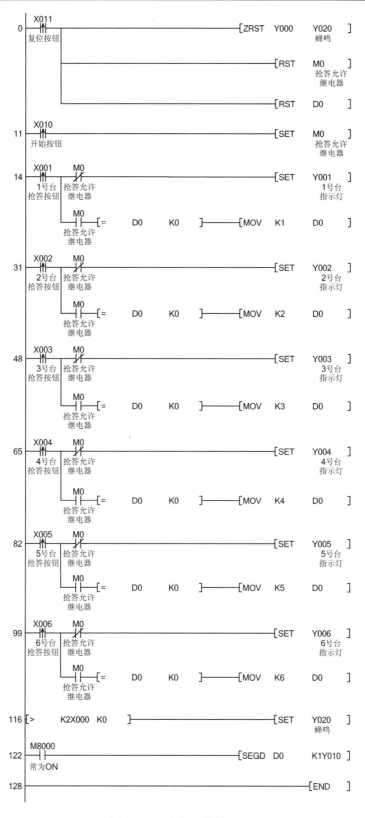

图 11-4-1 范例 1 的梯形图

③ 主持人控制。主持人按下开始按钮 X010，继电器 M0 线圈得电，允许选手抢答。主持人按下复位按钮 X011，PLC 执行[ZRST Y000 Y020]、[RST M0] 和[RST D0]指令，PLC 停止了对外输出，M0 和 D0 被复位。

（2）程序范例 2 分析。

【思路点拨】

抢答器程序设计的重点就是如何确定谁是最先抢答者，这里可以使用编码指令来进行确定，再通过七段译码指令显示最先抢答的台号。

抢答器程序设计范例 2 如图 11-4-2 所示。

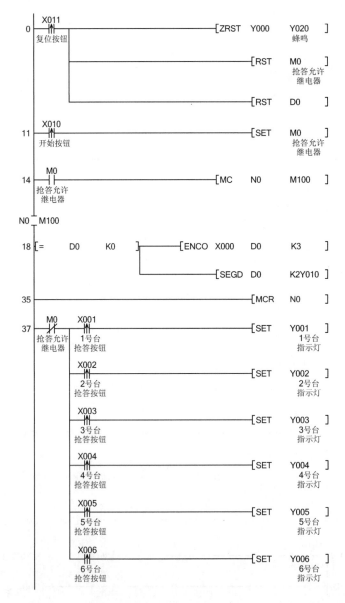

图 11-4-2　范例 2 的梯形图

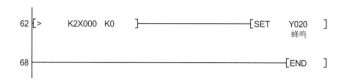

图 11-4-2 范例 2 的梯形图（续）

范例 2

程序说明：以下从三个方面对程序进行分析，具体分析如下。

① 蜂鸣器和指示灯控制。以 1 号台为例，如果 1 号台选手按下了抢答按钮 X001，则（K2X000）>K0，PLC 执行[SET　Y020]指令，蜂鸣器发出声音提示。如果 1 号台选手是提前抢答，则继电器 M0 不得电，PLC 执行[SET　Y001]指令，使 Y001 线圈得电，1 号台的指示灯被点亮。如果 1 号台选手是正常抢答，则继电器 M0 得电，PLC 不执行[SET　Y001]指令，使 Y001 线圈不得电，1 号台的指示灯不能点亮。

② 正常抢答控制。以 1 号台为例，主持人按下抢答开始按钮 X010，X010 的常开触点闭合，PLC 执行[SET　M0]指令，继电器 M0 得电，PLC 执行[MC　N0　M100]指令，主控触点 M100 闭合，允许 PLC 执行抢答程序块。在该程序块内，如果 1 号台选手按下按钮 X001，PLC 执行[ENCO　X000　D0　K3]指令，使（D0）=K1，PLC 执行[SEGD　D0　K2Y010]指令，数码管显示的台号为 1。

③ 主持人控制。主持人按下开始按钮 X010，继电器 M0 线圈得电，允许选手抢答。主持人按下复位按钮 X011，PLC 执行[ZRST　Y000　　Y020]、[RST　M0] 和[RST　D0]指令，PLC 停止了对外输出，M0 和 D0 被复位。

（3）程序范例 3 分析。

【思路点拨】

在抢答时，抢答器对每个抢答台同时进行抢答计时，用时最少的抢答台得到抢答权。那么如何确定是哪个抢答台用时最少呢？这里可以通过数据检索指令来进行确定。

抢答器程序设计范例 3 如图 11-4-3 所示。

程序说明：以下从三个方面对程序进行分析，具体分析如下。

范例 3

① 提前抢答控制。假如 1 号台选手在主持人没有按下开始按钮之前提前抢答了，则（K2X000）>K0，PLC 执行[SET　Y020]指令，蜂鸣器发出声音提示。由于继电器 M0 不得电，所以 M0 的常闭触点保持闭合状态，PLC 执行[SET　Y001]指令，1 号台指示灯被点亮。

② 正常抢答控制。假如 1 号台选手在主持人按下开始按钮之后抢答，则（K2X000）>K0，PLC 执行[SET　Y020]指令，蜂鸣器发出声音提示。由于继电器 M0 得电，定时器 T0 开始计时，PLC 执行[SET　M1]指令，M1 的常闭触点变为常开；PLC 停止执行[MOV　T0　D1]指令。在继电器 M0 得电期间，PLC 执行[SER　D1　K1000　D11　K6]指令，在 D1~D6 单元中选取数值最小的对应单元，该单元的位置存储在 D14 单元中，（D14）=K0；由于数据位置编号是从 0 开始编号的，所以 PLC 还需要执行[ADD　D14　K1　D20]指令，使（D20）=K1，D20 中所存放的数据就是最先抢答的台号；PLC 执行[SEGD　D20　K2Y010]指令，数码管显示的台号为 1。如果在 1 号台选手之后还继续有其他选手抢答了，由于 D1 单元中存储的数值始终最小，所以（D14）=K0 不变、（D20）=K1 不变，数码管显示的台号仍然为 1。

③ 主持人控制。主持人按下开始按钮 X010，继电器 M0 线圈得电，允许选手抢答。主

持人按下复位按钮 X011，PLC 执行[ZRST Y000 Y020]、[ZRST D0 D20] 和[ZRST M0 M6]指令，PLC 停止了对外输出，D0～D20 单元被清零，继电器 M0～M6 被复位。

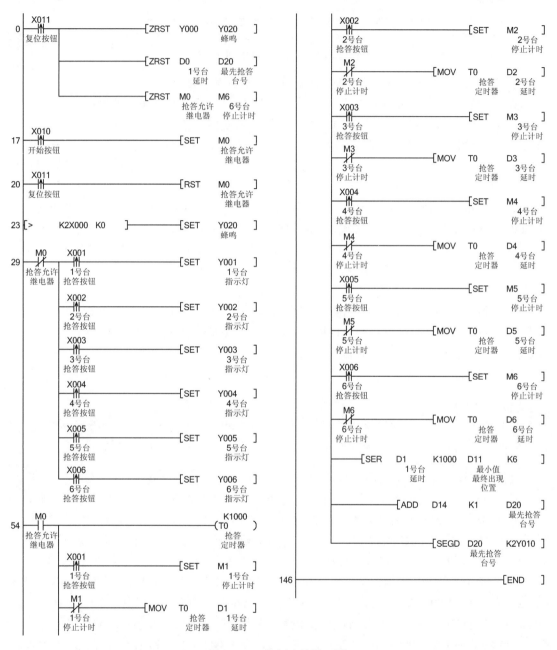

图 11-4-3　范例 3 的梯形图

实例 11-5　篮球比赛记分牌程序设计

记分牌

设计要求：用 PLC 控制一个篮球比赛记分牌，如图 11-5-1 所示。甲乙双方各设一个 1 分按钮、2 分按钮、3 分按钮和一个减分按钮，双方最大计分均为 999 分。

项目 11 数码显示程序设计

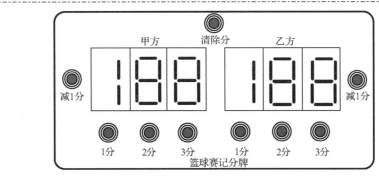

图 11-5-1 篮球比赛记分牌

1. 输入/输出元件及其控制功能

实例 11-5 中用到的输入/输出元件及其控制功能如表 11-5-1 所示。

表 11-5-1 实例 11-5 输入/输出元件及其控制功能

说 明	PLC 软元件	元件文字符号	元件名称	控制功能
输入	X0	SB1	按钮	清除计分
	X1	SB2	按钮	甲方加 1 分
	X2	SB3	按钮	甲方加 2 分
	X3	SB4	按钮	甲方加 3 分
	X4	SB5	按钮	甲方减 1 分
	X5	SB6	按钮	乙方加 1 分
	X6	SB7	按钮	乙方加 2 分
	X7	SB8	按钮	乙方加 3 分
	X10	SB9	按钮	乙方减 1 分
输出	Y000～Y003		数码管	甲方计分个位数
	Y004～Y007		数码管	甲方计分十位数
	Y010～Y013		数码管	甲方计分百位数
	Y020～Y023		数码管	乙方计分个位数
	Y024～Y027		数码管	乙方计分十位数
	Y030～Y033		数码管	乙方计分百位数

2. 控制程序设计

【思路点拨】

甲乙双方的计分可以使用两个数据存储器存储，通过对数据存储器的加/减操作，改变存储器的数值，最终达到计分的目的。

PLC 控制篮球比赛记分牌程序如图 11-5-2 所示。

程序说明：当记分员按下按钮 X0 时，PLC 执行[ZRST D0 D1]指令，使（D0）=K0、（D1）=K1，甲乙双方当前的计分被清除。

篮球比赛记分牌程序分析

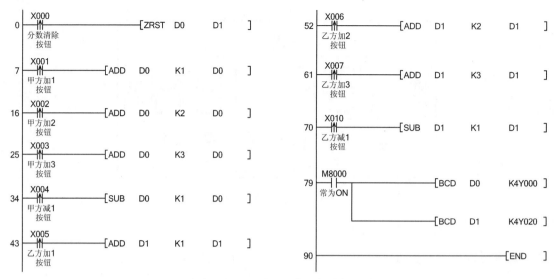

图 11-5-2　篮球比赛记分牌程序

以甲方计分为例，记分员每按下一次按钮 X1，PLC 就执行一次[ADD　D0　K1　D0]指令，使 D0 中的数据被加 1，即甲方加 1 分；记分员每按下一次按钮 X2 时，PLC 就执行一次 [ADD　D0　K2　D0]指令，使 D0 中的数据被加 2，即甲方加 2 分；记分员每按下一次按钮 X3 时，PLC 就执行一次[ADD　D0　K3　D0]指令，使 D0 中的数据被加 3，即甲方加 3 分；当记分员每按下一次按钮 X4 时，PLC 就执行一次 [SUB　D0　K1　D0]指令，使 D0 中的数据被减 1，即甲方减 1 分。

在 M8000 继电器驱动下，PLC 执行[BCD　D0　K4Y000]指令，把 D0 中的数据转变成 BCD 码，通过 Y0~Y3 的输出显示甲方记分牌个位的计分，通过 Y4~Y7 的输出显示甲方记分牌十位的计分，通过 Y010~Y013 的输出显示甲方记分牌百位的计分。PLC 执行[BCD　D1　K4Y020]指令，把 D1 中的数据转变成 BCD 码，通过 Y020~Y023 的输出显示乙方记分牌个位的计分，通过 Y024~Y027 的输出显示乙方记分牌十位的计分，通过 Y030~Y033 的输出显示乙方记分牌百位的计分。

项目 12 电梯程序设计

电梯属于大型机电一体化设备,通常采用随机控制方式。由于电梯的输入信号需要自锁保持、优先级排队和判断比较,电梯的输出信号需要互锁保护、实时显示和定时控制等,因此 PLC 的编程工作主要是针对各种信号进行实时采样、实时显示、实时逻辑判断和响应处理。

实例 12-1 杂物梯程序设计

杂物梯运行

设计要求: 杂物梯是一种运送小型货物的电梯,它的特点是轿厢面积小、不能载人,而且只能通过手动方式打开或关闭电梯门。杂物梯主要应用在图书馆、办公楼及饭店等场合,用于运送图书、文件及食品等杂物。下面以 4 个层站杂物梯为例,编写杂物梯运行控制程序,具体要求如下:

(1)电梯初始在一楼层站,指层器显示数字"1"。
(2)当按下呼梯按钮时,目标层站指示灯和占用指示灯被点亮,电梯向目标层站方向运行。当杂物梯到达目标层站后电梯停止运行,目标层站指示灯被熄灭。
(3)在电梯停留的最初 10 秒钟内,占用指示灯仍然在亮。在此期间,如果按下当前层站所对应的呼梯按钮,那么占用指示灯将再延长亮 10 秒。
(4)在占用指示灯亮时,任何选层操作均无效。
(5)当按下急停按钮时,电梯立即停止运行。
(6)电梯具有指层显示和运行指示功能。

1. 输入/输出元件及其控制功能

实例 12-1 中用到的输入/输出元件及其控制功能如表 12-1-1 所示。

表 12-1-1 实例 12-1 输入/输出元件及其控制功能

说 明	PLC 软元件	元件文字符号	元件名称	控 制 功 能
输入	X001	SQ1	行程开关	1 楼层站检测
	X002	SQ2	行程开关	2 楼层站检测

续表

说 明	PLC 软元件	元件文字符号	元件名称	控制功能
输入	X003	SQ3	行程开关	3 楼层站检测
	X004	SQ4	行程开关	4 楼层站检测
	X005	SB1	按钮	一楼层站 1 号呼梯
	X006	SB2	按钮	一楼层站 2 号呼梯
	X007	SB3	按钮	一楼层站 3 号呼梯
	X010	SB4	按钮	一楼层站 4 号呼梯
	X011	SB5	按钮	二楼层站 1 号呼梯
	X012	SB6	按钮	二楼层站 2 号呼梯
	X013	SB7	按钮	二楼层站 3 号呼梯
	X014	SB8	按钮	二楼层站 4 号呼梯
	X015	SB9	按钮	三楼层站 1 号呼梯
	X016	SB10	按钮	三楼层站 2 号呼梯
	X017	SB11	按钮	三楼层站 3 号呼梯
	X020	SB12	按钮	三楼层站 4 号呼梯
	X021	SB13	按钮	四楼层站 1 号呼梯
	X022	SB14	按钮	四楼层站 2 号呼梯
	X023	SB15	按钮	四楼层站 3 号呼梯
	X024	SB16	按钮	四楼层站 4 号呼梯
输出	Y001	HL1	指示灯	电梯去一楼层站指示
	Y002	HL2	指示灯	电梯去二楼层站指示
	Y003	HL3	指示灯	电梯去三楼层站指示
	Y004	HL4	指示灯	电梯去四楼层站指示
	Y010	KM1	接触器	电梯上行控制
	Y011	KM2	接触器	电梯下行控制
	Y012	HL5	指示灯	占用指示
	Y020～Y027		数码管	当前层站显示

2. 控制程序设计

（1）程序范例 1 分析。杂物梯程序设计范例 1 如图 12-1-1 所示。

程序说明：以下从 4 个方面进行程序分析，具体分析如下。

第一种方法

① 电梯初始化。在 M8000 继电器驱动下，PLC 执行[FMOV K1 D0 K2]指令，使（D0）=（D1）=K1，将一楼层站设置为基站。

② 层站检测。在 M8000 继电器驱动下，PLC 执行[ENCO X000 D0 K3]指令。如果行程开关 SQ1 受压，则 X001 常开触点闭合，（D0）= K1，说明轿厢在一楼层站；如果行程开关 SQ2 受压，则 X002 常开触点闭合，使（D0）= K2，说明轿厢在二楼层站；如果行程开关 SQ3 受压，则 X003 常开触点闭合，使（D0）= K3，说明轿厢在三楼层站；如果行程开关 SQ4 受压，则 X004 常开触点闭合，使（D0）= K4，说明轿厢在四楼层站。

③ 指层显示。在 M8000 继电器驱动下，PLC 执行[SEGD D0 K2Y020]指令，通过#2 输出单元显示轿厢的当前位置。

④ 呼梯信号处理。以呼叫电梯去四楼层站为例，在电梯没被占用且轿厢不在四楼层站的情况下，按下呼梯按钮 SB16，PLC 执行[MOV K4 D1]指令，使（D1）=K4，同时 Y4 线圈得电，4 号指示灯被点亮，四楼层站被指定为目标层站。当轿厢到达四楼层站时，四楼层站的行程开关 SQ4 受压，X004 常闭触点断开，使 Y4 线圈失电，4 号指示灯被熄灭。

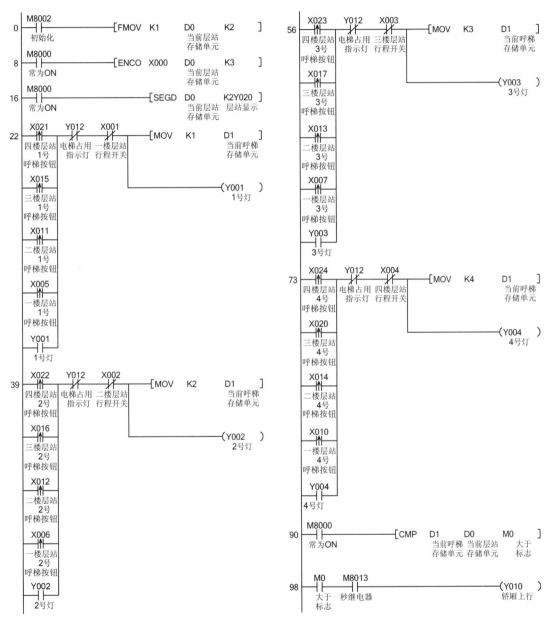

图 12-1-1 范例 1 梯形图

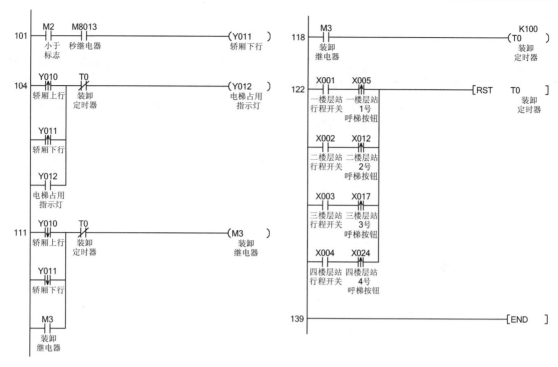

图 12-1-1 范例 1 梯形图（续）

⑤ 运行控制。在 M8000 继电器驱动下，PLC 执行[CMP D1 D0 M0]指令，当（D1）>（D0）时，M0 为 ON 状态，Y010 线圈得电，轿厢上行；当（D1）=（D0）时，M1 为 ON 状态，Y010 和 Y011 线圈不得电，轿厢停止运行；当（D1）<（D0）时，M2 为 ON 状态，Y011 线圈得电，轿厢下行。

⑥ 占用灯控制。以呼叫电梯去四楼层站为例，当按下呼梯按钮 SB16 时，由于 Y010 线圈得电，Y010 的常开触点变为常闭，所以 Y012 线圈得电，占用灯被点亮。当 Y010 线圈失电时，M3 线圈得电，定时器 T0 开始装卸计时。如果在 10 秒钟内没能完成装卸工作，可再次按下呼梯按钮 SB16，PLC 执行[RST T0]指令，使定时器 T0 被强制复位，定时器 T0 又重新开始装卸计时。当定时器 T0 计时满 10 秒时，Y012 和 M3 线圈失电，占用灯被熄灭。当然，在电梯占用期间，由于 Y012 的常闭触点变为常开，所以任何呼梯操作均无效。

（2）程序范例 2 分析。杂物梯程序设计范例 2 如图 12-1-2 所示。

程序说明：以下从 4 个方面进行程序分析，具体分析如下。

① 电梯初始化。在 M8002 触点的驱动下，PLC 执行[FMOV K1 D0 K2]指令，使（D0）=（D1）=K1，将一楼层站设置为基站。

第二种方法

② 层站检测。在轿厢上行期间，M0 为 ON 状态，行程开关每受压一次，PLC 就执行一次 [INC D0]指令，使 D0 中的数据加 1。例如，如果轿厢初始位置在一楼层站，一旦行程开关 SQ2 受压，X002 常开触点闭合，PLC 执行[INC D0]指令，使（D0）=K2，说明轿厢在二楼层站。

项目 12 电梯程序设计

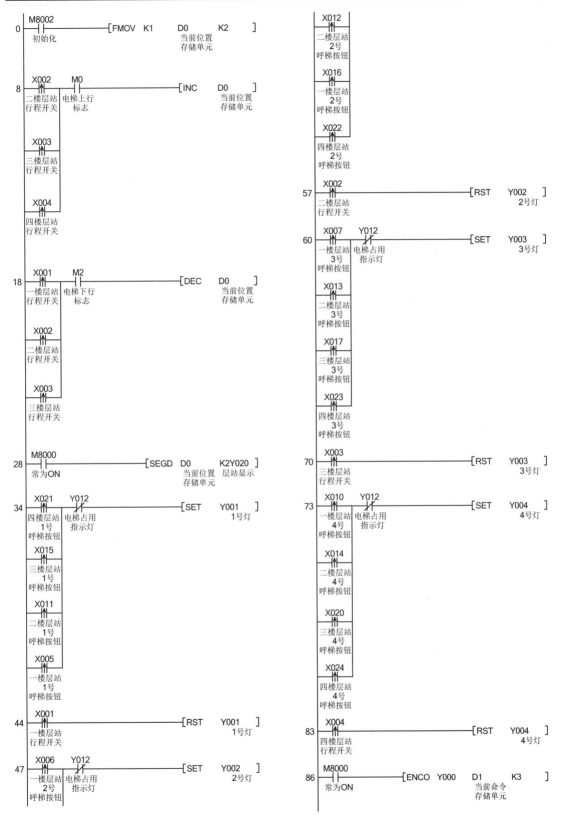

图 12-1-2 范例 2 梯形图

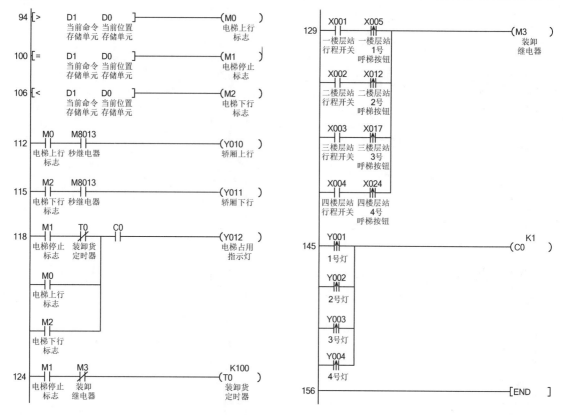

图 12-1-2 范例 2 梯形图（续）

在轿厢下行期间，M2 为 ON 状态，行程开关每受压一次，PLC 就执行一次[DEC D0]指令，使 D0 中的数据减 1。例如，如果轿厢初始位置在四楼层站，如果行程开关 SQ3 受压，X003 常开触点闭合，PLC 执行[DEC D0]指令，使（D0）= K3，说明轿厢在三楼层站。

③ 指层显示。在 M8000 继电器驱动下，PLC 执行[SEGD D0 K2Y020]指令，通过#2 输出单元显示轿厢的当前位置。

④ 呼梯信号处理。下面以呼叫电梯去四楼层站为例，在电梯没被占用且轿厢不在四楼层站的情况下，按下呼梯按钮 SB16，PLC 执行[SET Y004]指令，Y4 线圈得电，4 号指示灯被点亮。PLC 执行[ENCO Y000 D1 K3]指令，使（D1）=K4，四楼层站被指定为目标层站。当轿厢到达四楼层站时，四楼层站的行程开关 X4 受压，X004 常开触点闭合，PLC 执行[RST Y004]指令，使 Y4 线圈失电，4 号指示灯被熄灭。

⑤ 运行控制。PLC 执行[> D1 D0]指令，如果（D1）>（D0），则 M0 为 ON 状态，Y010 线圈得电，电梯运行方向为上行。PLC 执行[= D1 D0]指令，如果（D1）=（D0），则 M1 为 ON 状态，Y010 和 Y011 线圈不得电，轿厢停止运行。PLC 执行[< D1 D0]指令，如果（D1）<（D0），则 M2 为 ON 状态，Y011 线圈得电，电梯运行方向为下行。

⑥ 占用灯控制。下面以呼叫电梯去四楼层站为例分析占用灯的控制过程。在 PLC 上电初始，由于没有任何呼梯信号出现，所以计数器 C0 的常开触点保持常开状态，Y012 线圈不得电，占用灯没有被点亮。当按下呼梯按钮 SB16 时，M0 为 ON 状态，Y4 线圈得电，使计数器 C0 动作，C0 的常开触点变为常闭，Y012 线圈得电，占用灯被点亮。当轿厢到达四楼层

站时,M1 为 ON 状态,使 Y012 线圈继续得电,占用灯长亮。在 M1 为 ON 状态期间,定时器 T0 开始装卸计时。如果在 10 秒钟内没能完成装卸工作,可再次按下呼梯按钮 SB16,PLC 执行[OUT　M3]指令,M3 的常闭触点变为常开,使定时器 T0 被强制复位,定时器 T0 又重新开始装卸计时。当定时器 T0 计时满 10 秒时,Y012 线圈失电,占用灯被熄灭。当然,在电梯占用期间,由于 Y012 的常闭触点变为常开,所以任何呼梯操作均无效。

实例 12-2　客梯程序设计

客梯运行

设计要求:客梯是专门为运送乘客而设计的,它的特点是具有十分可靠的安全装置,轿厢宽敞,自动化程度高。客梯主要应用在宾馆、饭店、办公楼及大型商场等客流量大的场合。下面以 4 个层站乘用梯运行为例,编写客梯控制程序,具体要求如下:

(1)电梯初始在一楼层站,指层器显示数字"1",此时允许选层操作。

(2)当电梯在一楼处于待机状态时,如果有呼梯信号,则轿厢上行。

(3)轿厢在上行过程中,如果有呼梯信号,且该信号对应的层站高于当前层站,则电梯继续上行,直至运行到"最高"目标层站。

(4)轿厢在下行过程中,如果有呼梯信号,且该信号对应的层站低于当前层站,则电梯继续下行,直至运行到一楼层站。

(5)在运行过程中,电梯只能响应同方向的呼梯信号,对于反方向的呼梯信号不响应,只作"记忆"。

(6)当电梯运行到"最高"目标层站后,若没有高于当前层站的呼梯信号出现,则轿厢自动下降,目标层站是一楼。

(7)电梯具有手动和自动开关电梯门功能。当电梯平层后,电梯门能自动或手动开启;在开门等待 5 秒钟后,电梯门能自动关闭。在关门过程中,按下与运行同方向的外呼梯按钮,电梯门能再次自动开启。

(8)首次按下呼梯按钮,该呼梯信号被登记;再次按下呼梯按钮,该呼梯信号被解除。

(9)电梯具有指层显示和运行指示功能。

1. 输入/输出元件及其控制功能

实例 12-2 中用到的输入/输出元件及其控制功能如表 12-2-1 所示。

表 12-2-1　实例 12-2 输入/输出元件及其控制功能

说　明	PLC 软元件	元件文字符号	元件名称	控制功能
输入	X001	SQ1	行程开关	1 楼层站检测
	X002	SQ2	行程开关	2 楼层站检测
	X003	SQ3	行程开关	3 楼层站检测
	X004	SQ4	行程开关	4 楼层站检测
	X005	SB1	按钮	一楼层站上行呼梯
	X006	SB2	按钮	二楼层站下行呼梯

续表

说 明	PLC 软元件	元件文字符号	元件名称	控制功能
输入	X007	SB3	按钮	二楼层站上行呼梯
	X010	SB4	按钮	三楼层站下行呼梯
	X011	SB5	按钮	三楼层站上行呼梯
	X012	SB6	按钮	四楼层站下行呼梯
	X013	SB7	按钮	一楼层站内呼梯
	X014	SB8	按钮	二楼层站内呼梯
	X015	SB9	按钮	三楼层站内呼梯
	X016	SB10	按钮	四楼层站内呼梯
	X017	SB11	按钮	手动开门控制
	X020	SB12	按钮	手动关门控制
	X021	SQ5	行程开关	开门到位检测
	X022	SQ6	行程开关	关门到位检测
输出	Y000	KM1	接触器	电梯上行控制
	Y001	KM2	接触器	电梯下行控制
	Y002	KM3	接触器	电梯开门控制
	Y003	KM4	接触器	电梯关门控制
	Y004	HL1	指示灯	电梯开门指示
	Y005	HL2	指示灯	电梯关门指示
	Y006	HL3	指示灯	一楼层站上行呼梯登记指示
	Y007	HL4	指示灯	二楼层站下行呼梯登记指示
	Y010	HL5	指示灯	二楼层站上行呼梯登记指示
	Y011	HL6	指示灯	三楼层站下行呼梯登记指示
	Y012	HL7	指示灯	三楼层站上行呼梯登记指示
	Y013	HL8	指示灯	四楼层站下行呼梯登记指示
	Y014	HL9	指示灯	轿厢内去一楼层站呼梯登记指示
	Y015	HL10	指示灯	轿厢内去二楼层站呼梯登记指示
	Y016	HL11	指示灯	轿厢内去三楼层站呼梯登记指示
	Y017	HL12	指示灯	轿厢内去四楼层站呼梯登记指示
	Y020	HL12	指示灯	电梯上行指示
	Y021	HL13	指示灯	电梯下行指示
	Y030~Y037		指层显示器	当前层站显示

2．控制程序设计

（1）程序范例 1 分析。乘用梯程序设计范例 1 如图 12-2-1 所示。

项目 12 电梯程序设计

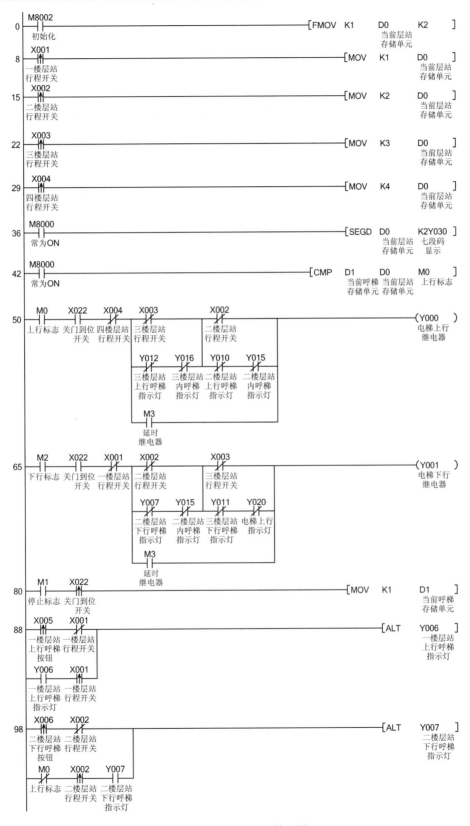

图 12-2-1 范例 1 的梯形图

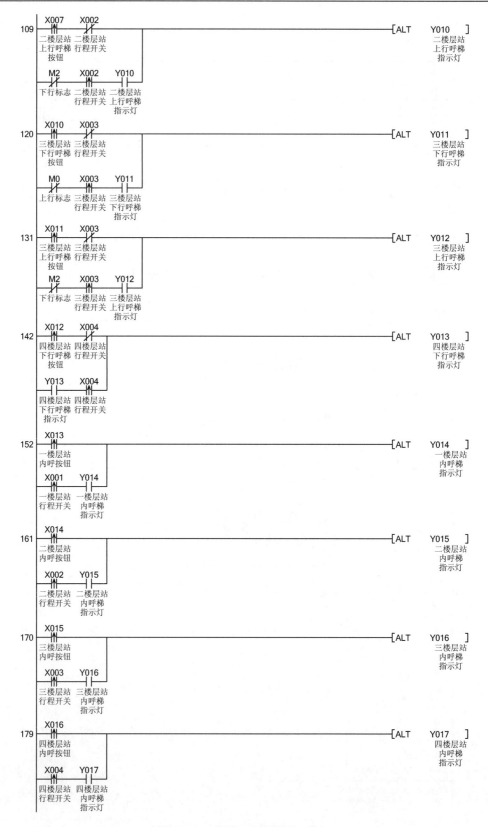

图 12-2-1 范例 1 的梯形图（续）

项目 12 电梯程序设计

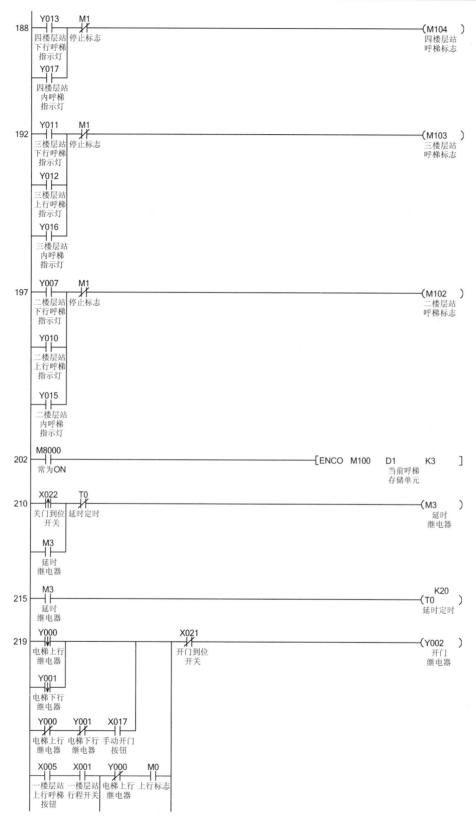

图 12-2-1 范例 1 的梯形图（续）

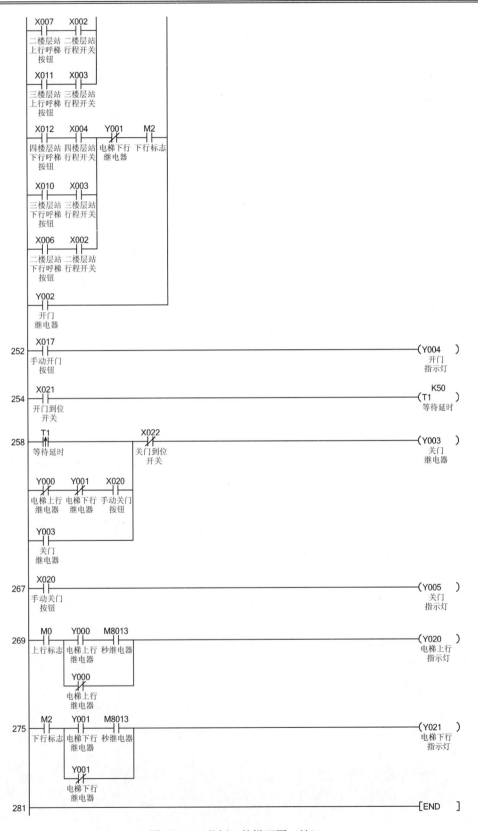

图 12-2-1 范例 1 的梯形图（续）

项目 12 电梯程序设计

程序说明：以下从 13 个方面对程序进行分析，具体分析如下。

① 电梯初始化。在 M8002 继电器的驱动下，PLC 执行[FMOV K1 D0 K2]指令，使（D0）=（D1）=K1，将一楼层站设置为基站。

第一种方法

② 层站检测。当轿厢在一楼层站时，行程开关 SQ1 受压，X001 常开触点闭合，PLC 执行[MOV K1 D0]指令，将立即数 K1 存入 D0 存储单元。当轿厢在二楼层站时，行程开关 SQ2 受压，X002 常开触点闭合，PLC 执行[MOV K2 D0]指令，将立即数 K2 存入 D0 存储单元。当轿厢在三楼层站时，行程开关 SQ3 受压，X003 常开触点闭合，PLC 执行[MOV K3 D0]指令，将立即数 K3 存入 D0 存储单元。当轿厢在四楼层站时，行程开关 SQ4 受压，X004 常开触点闭合，PLC 执行[MOV K4 D0]指令，将立即数 K4 存入 D0 存储单元。

③ 指层显示。在 M8000 继电器驱动下，PLC 执行[SEGD D0 K2Y030]指令，通过#3 输出单元显示轿厢的当前位置。

④ 电梯运行方向的判断。在 M8000 继电器驱动下，PLC 执行[CMP D1 D0 M0]指令，如果（D1）>（D0），则继电器 M0 得电，电梯运行方向为上行；如果（D1）<（D0），则继电器 M2 得电，电梯运行方向为下行；如果（D1）=（D0），则继电器 M1 得电，电梯停止运行。

⑤ 上行控制。设轿厢当前在一楼层站，如果按下四楼层站的内呼梯按钮 SB10，则继电器 M0 得电，确定轿厢将要上行；同时 Y017 线圈得电，四楼层站的内呼梯指示灯被点亮。当关门到位后，Y0 线圈得电，轿厢开始上行。

在轿厢上行过程中，按下二楼层站的外上呼梯按钮 SB3，Y010 线圈得电，二楼层站的外上呼梯指示灯被点亮，Y010 的常闭触点变为常开；按下三楼层站内呼梯按钮 SB9，Y016 线圈得电，三楼层站内呼梯指示灯被点亮，Y016 的常闭触点变为常开。

当轿厢到达二楼层站时，行程开关 SQ2 受压，Y0 线圈失电，轿厢上行暂停；Y010 线圈失电，二楼层站的外上呼梯指示灯被熄灭。当电梯门在二楼层站关闭后，由于 M3 的常开触点短暂闭合，使 Y0 线圈得电，轿厢又开始上行。一旦轿厢上行，行程开关 SQ2 不再受压，即使 M3 的常开触点恢复常开，电梯也能继续上行。

当轿厢到达三楼层站时，行程开关 SQ3 受压，Y0 线圈失电，轿厢上行暂停；Y016 线圈失电，三楼层站内呼梯指示灯被熄灭。当轿厢门在三楼层站关闭后，Y000 线圈再次得电，电梯再次上行。

当轿厢到达四楼层站时，行程开关 SQ4 受压，M0、Y0 和 Y017 线圈均失电，轿厢停止运行，四楼层站的内呼梯指示灯被熄灭。

当电梯在四楼层站关门到位后，由于（D1）=（D0）=K4，所以继电器 M1 得电，PLC 执行[MOV K1 D1]指令，使（D1）=K1。

⑥ 下行控制。设轿厢当前在四楼层站，由于（D1）<（D0），所以继电器 M2 得电，Y1 线圈得电，轿厢开始下行。

在轿厢下行过程中，按下二楼层站的外上呼梯按钮 SB3，Y010 线圈得电，二楼层站的外上呼梯指示灯被点亮，Y010 的常闭触点变为常开；按下三楼层站内呼梯按钮 SB9，Y016 线圈得电，三楼层站内呼梯指示灯被点亮，Y016 的常闭触点变为常开。

当轿厢到达三楼层站时，行程开关 SQ3 受压，Y001 线圈失电，轿厢下行暂停；Y016 线圈失电，三楼层站内呼梯指示灯被熄灭。当电梯门在三楼层站关闭后，由于 M3 的常开触点短暂闭合，使 Y001 线圈得电，轿厢又开始下行。

当轿厢到达二楼层站时，由于该站没有相应的呼梯信号，尽管行程开关 SQ2 受压，但

Y001 线圈仍然得电，轿厢继续下行。

当轿厢到达一楼层站时，行程开关 SQ1 受压，M2 和 Y1 线圈均失电，轿厢停止运行。

当电梯在一楼层站关门到位后，由于（D1）=K2、（D0）=K1，所以继电器 M0 得电，Y000 线圈得电，轿厢转为上行。

⑦ 呼梯信号的登记。以二楼层站的外上呼梯信号登记为例，在轿厢不在二楼层站的情况下，按下二楼层站的外上呼梯按钮 SB3，PLC 执行[ALT　Y010]指令，使 Y010 线圈得电，二楼层站上行呼梯指示灯被点亮，该呼梯信号被登记。

⑧ 呼梯信号的解除。以二楼层站的外上呼梯信号解除为例，通常有三种情况可以解除呼梯信号登记。第一种情况：在轿厢上行期间，二楼层站是必经且需要停留的目标层站；第二种情况：在轿厢上行期间，二楼层站是当前"最高"目标层站；第三种情况：想放弃本次呼梯，再次按下按钮 SB3。对于前两种情况，当轿厢到达二楼层站时，行程开关 SQ2 受压，PLC 再次执行[ALT　Y010]指令，使 Y010 线圈失电，指示灯被熄灭，该呼梯信号被解除。对于第三种情况，PLC 的执行过程与前两种情况一样，呼梯信号也能被解除。

⑨ "最高"目标层站的确定。设轿厢当前在一楼层站，那么能够召唤轿厢去四楼层站的呼梯信号有四楼层站内呼梯和四楼层站下行呼梯，因此使用继电器 M104 对以上两个呼梯信号进行归纳综合；能够召唤轿厢去三楼层站的呼梯信号有三楼层站内呼梯、三楼层站上行呼梯和三楼层站下行呼梯，使用继电器 M103 对以上三个呼梯信号进行归纳综合；能够召唤轿厢去二楼层站的呼梯信号有二楼层站内呼梯、二楼层站上行呼梯和二楼层站下行呼梯，使用继电器 M102 对以上三个呼梯信号进行归纳综合。在 M8000 继电器驱动下，PLC 执行[ENCO　X000　D1　K3]指令，保证 D1 中的数据在轿厢上行期间始终对应"最高"目标层站。

⑩ 电梯再启动控制。轿厢在二楼层站经停期间，一旦轿厢门关门到位，继电器 M3 线圈得电，M3 的常开触点变为常闭，Y0 线圈得电，电梯又开始上行，定时器 T0 开始计时。当定时器 T0 计时满 2 秒时，继电器 M3 线圈失电，定时器 T0 被复位，电梯继续上行。

⑪ 电梯开门控制。以轿厢在二楼层站开门为例，通常有三种情况要求电梯在二楼层站开门。第一种情况，当需要轿厢在二楼层站停留时，一旦轿厢运行到二楼层站，电梯自动开门；第二种情况，轿厢在二楼层站停留期间，轿厢内按下开门按钮 SB11，电梯手动开门；第三种情况，轿厢在二楼层站停留期间，厅门外按下二楼层站的外上呼梯按钮 SB3，电梯手动开门。对于第一种情况，一旦轿厢运行到二楼层站，Y0 或 Y1 的触点会产生一个下降沿信号，使 Y2 线圈得电，实现自动开门。对于第二种情况，由于 Y0 和 Y1 线圈已经失电，所以按下开门按钮 SB11，Y2 线圈得电，实现手动开门。对于第三种情况，由于 M0 已经为 ON，Y0 线圈已经失电，所以按下二楼层站的外上呼梯按钮 SB3，Y2 线圈得电，实现手动开门。

⑫ 电梯关门控制。以轿厢在二楼层站关门为例，通常有两种情况要求电梯在二楼层站关门。第一种情况，当轿厢在二楼层站停留时间满 5 秒时，电梯自动关门；第二种情况，轿厢内按下关门按钮 SB12，电梯手动关门。对于第一种情况，当定时器 T1 计时满 5 秒时，T1 的常开触点变为常闭，使 Y3 线圈得电，实现自动关门。对于第二种情况，由于 Y0 和 Y1 线圈已经失电，所以按下关门按钮 SB12，Y003 线圈得电，实现手动关门。

⑬ 电梯运行指示。在 M0 为 ON 期间，如果 Y000 线圈得电，在继电器 M8013 的作用下，Y020 线圈周期性得电和失电，电梯上行指示灯闪亮；如果 Y000 线圈失电，Y020 线圈长时间得电，电梯上行指示灯长亮。在 M2 为 ON 期间，如果 Y001 线圈得电，在继电器 M8013 作

用下，Y021 线圈间歇得电，电梯下行指示灯间歇闪亮；如果 Y001 线圈失电，Y021 线圈长时间得电，电梯下行指示灯长亮。

（2）程序范例 2 分析。乘用梯程序设计范例 2 如图 12-2-2 所示。

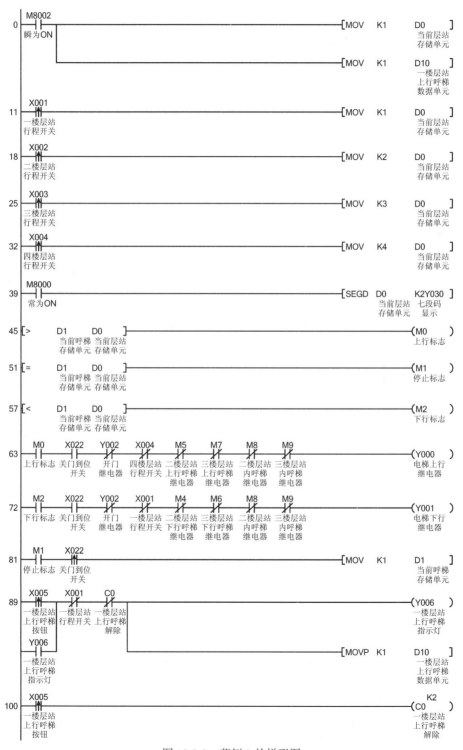

图 12-2-2　范例 2 的梯形图

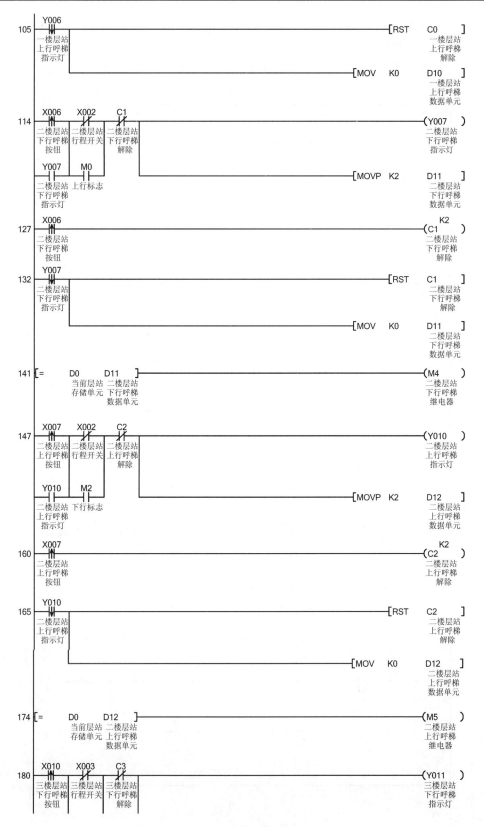

图 12-2-2 范例 2 的梯形图（续）

项目12 电梯程序设计

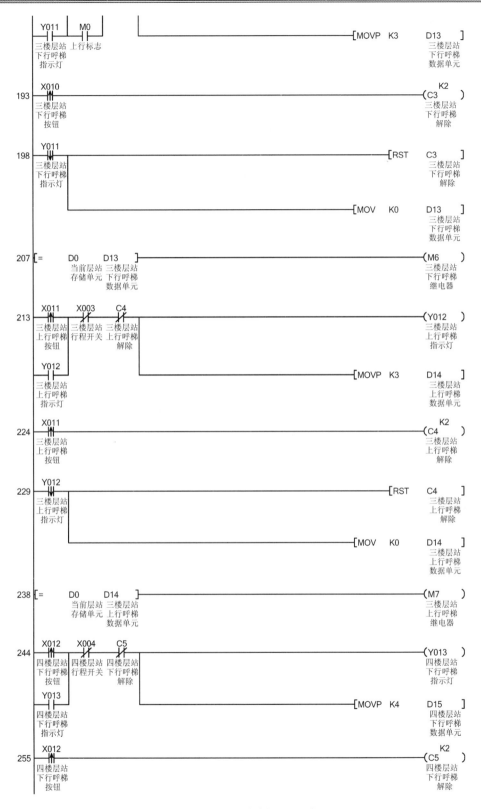

图 12-2-2 范例 2 的梯形图（续）

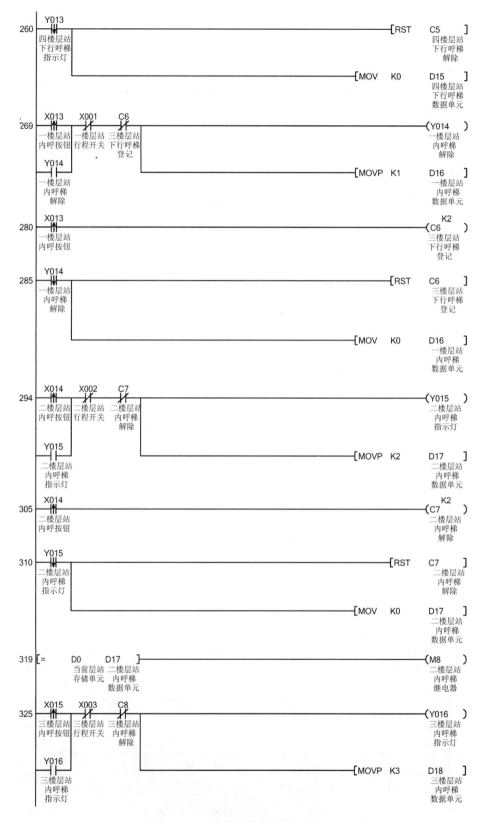

图 12-2-2　范例 2 的梯形图（续）

项目12 电梯程序设计

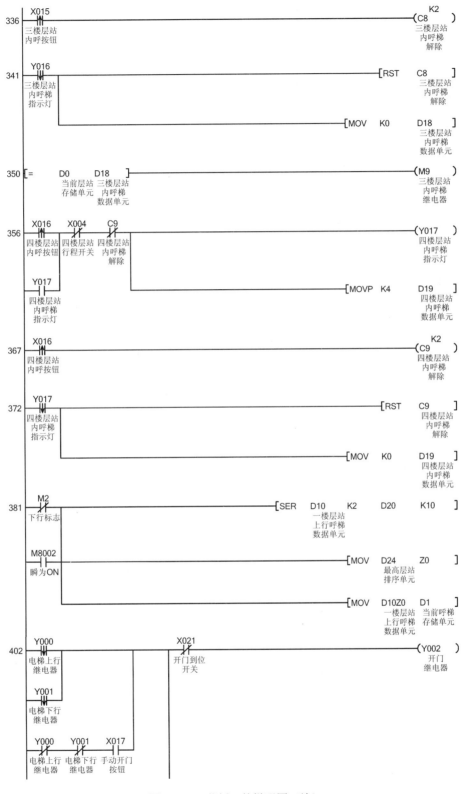

图 12-2-2 范例 2 的梯形图（续）

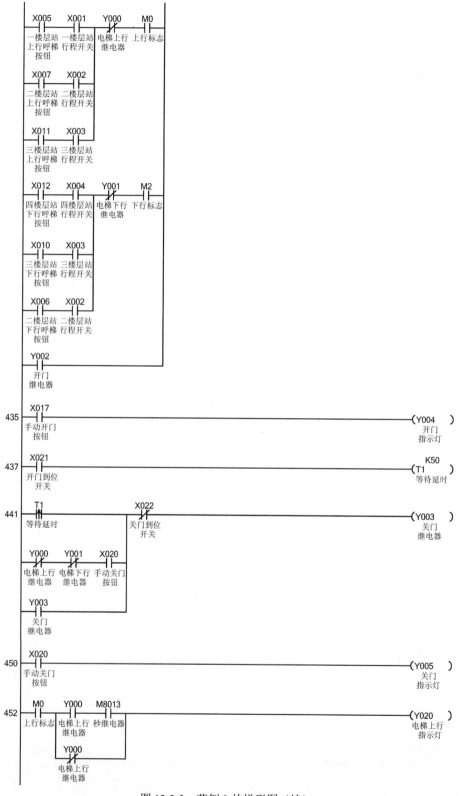

图 12-2-2 范例 2 的梯形图（续）

项目 12 电梯程序设计

图 12-2-2 范例 2 的梯形图（续）

程序说明：以下从 7 个方面对程序进行分析，具体分析如下。

① 电梯初始化。在 M8002 继电器的驱动下，PLC 分别执行[MOV K1 D0] 和[MOV K1 D10]指令，使（D0）=（D1）=K1，将一楼层站设置为基站。

② 电梯运行方向的判断。PLC 执行[> D1 D0]指令，如果（D1）>（D0），则继电器 M0 得电，电梯运行方向为上行。PLC 执行[< D1 D0]指令，如果（D1）<（D0），则继电器 M2 得电，电梯运行方向为下行。PLC 执行[= D1 D0]指令，如果（D1）=（D0），则继电器 M1 得电，电梯停止运行。

③ 上行控制。设轿厢当前在一楼层站，如果按下四楼层站的内呼梯按钮 SB10，则继电器 M0 得电，确定轿厢将要上行；同时 Y017 线圈得电，四楼层站的内呼梯指示灯被点亮。当关门到位后，Y0 线圈得电，轿厢开始上行。

在轿厢上行过程中，按下二楼层站的外上呼梯按钮 SB3，Y010 线圈得电，二楼层站的外上呼梯指示灯被点亮；按下三楼层站内呼梯按钮 SB9，Y016 线圈得电，三楼层站内呼梯指示灯被点亮。

当轿厢到达二楼层站时，PLC 执行[= D0 D12]指令，使继电器 M5 得电，Y000 线圈失电，轿厢上行暂停；Y010 线圈失电，二楼层站的外上呼梯指示灯被熄灭，D12 单元被复位。当电梯门在二楼层站关闭后，关门到位开关 X22 闭合，Y000 线圈得电，电梯开始上行。

当轿厢到达三楼层站时，PLC 执行[= D0 D18]指令，使继电器 M9 得电，Y0 线圈失电，轿厢上行暂停；Y016 线圈失电，三楼层站内呼梯指示灯被熄灭，D18 单元被复位。当轿厢门在三楼层站关闭后，关门到位开关 X22 闭合，Y000 线圈得电，轿厢开始上行。

当轿厢到达四楼层站时，行程开关 X4 受压，M0、Y000 和 Y017 线圈均失电，轿厢停止运行，四楼层站的内呼梯指示灯被熄灭，D19 单元被复位。

当电梯在四楼层站关门到位后，关门到位开关 X22 闭合，由于（D1）=（D0）=K4，所以继电器 M1 得电，PLC 执行[MOV K1 D1]指令，使（D1）=K1。

④ 下行控制。设轿厢当前在四楼层站，由于（D1）<（D0），所以继电器 M2 得电，Y001 线圈得电，轿厢开始下行。在轿厢下行期间，由于 M2 的常闭触点变为常开，所以 PLC 不执行[SER D10 K2 D20 K10]指令，只有轿厢到达一楼层站后，下行过程才能结束，期间轿厢不会转为上行。

在轿厢下行过程中，按下二楼层站的外上呼梯按钮 SB3，Y010 线圈得电，二楼层站的外上呼梯指示灯被点亮；按下三楼层站内呼梯按钮 SB9，Y016 线圈得电，三楼层站内呼梯指示灯被点亮。

当轿厢到达三楼层站时，PLC 执行[= D0 D18]指令，使继电器 M9 得电，Y001 线圈失电，轿厢下行暂停；Y016 线圈失电，三楼层站内呼梯指示灯被熄灭，D18 单元被复位。当轿厢门在三楼层站关闭后，关门到位开关 X22 闭合，Y001 线圈得电，轿厢开始下行。

当轿厢到达二楼层站时，由于该站没有相应的呼梯信号，所以不是目标层站，轿厢继续下行。

当轿厢到达一楼层站时，行程开关 X1 受压，M2 和 Y001 线圈均失电，轿厢停止运行。由于 M2 的常闭触点恢复常闭，所以 PLC 不执行[SER　D10　K2　D20　K10]指令，使（D1）=K2，继电器 M0 得电。

当电梯在一楼层站关门到位后，关门到位开关 X22 闭合，Y000 线圈得电，轿厢转为上行。

⑤ 呼梯信号的登记。以二楼层站的外上呼梯信号登记为例，在轿厢不在二楼层站的情况下，按下二楼层站的外上呼梯按钮 SB3，使 Y010 线圈得电，二楼层站上行呼梯指示灯被点亮，该呼梯信号被登记。

⑥ 呼梯信号的解除。以二楼层站的外上呼梯信号解除为例，通常有三种情况可以解除呼梯信号登记。第一种情况：在轿厢上行期间，二楼层站是必经且需要停留的目标层站；第二种情况：在轿厢上行期间，二楼层站是当前"最高"目标层站；第三种情况：想放弃本次呼梯，再次按下按钮 SB3。对于前两种情况，当轿厢到达二楼层站时，行程开关 X2 受压，X2 的常闭触点变为常开，使 Y010 线圈失电，指示灯被熄灭，该呼梯信号被解除。对于第三种情况，由于计数器 C2 计满两次，C2 的常闭触点变为常开，使 Y010 线圈失电，指示灯被熄灭，该呼梯信号被解除。

⑦ "最高"目标层站的确定。在轿厢上行或平层停站期间，PLC 执行[SER　D10　K2　D20　K10]指令，在 D10～D19 中寻找存放最大值的单元，并将该单元的位置编号保存在 D24 单元中。PLC 再执行[MOV　D24　Z0]和[MOV　D10 Z0　D1]指令，将最大值保持在 D1 中，这样就保证了 D1 中的数据始终对应当前"最高"目标层站。

关于层站检测程序段、指层显示程序段、开关门控制程序段和运行指示程序段的分析与范例 1 相同，这里从略。

项目 13

程序流程控制程序设计

程序流程转移是指程序在顺序执行过程中发生了转移现象,即跳过一段程序去执行指定程序。程序流程转移的形式有跳转、子程序调用、中断服务和循环程序。

实例 13-1 电动机运行时间累计程序设计

设计要求:按下启动按钮时,电动机启动并连续运行;按下停止按钮时,电动机停止运行。在设定的累计时间范围内,电动机可以频繁启停;当运行累计时间达到 10 分钟时,电动机立即停止运行。

1. 输入/输出元件及其控制功能

实例 13-1 中用到的输入/输出元件及其控制功能如表 13-1-1 所示。

表 13-1-1 实例 13-1 输入/输出元件及其控制功能

说 明	PLC 软元件	元件文字符号	元 件 名 称	控 制 功 能
输入	X0	SB1	按钮	启动控制
	X1	SB2	按钮	停止控制
输出	Y0	KM1	接触器	接通或分断主电路

2. 控制程序设计

【思路点拨】
PLC 在扫描通用型定时器时,如果定时器的使能条件没有满足,那么定时器将会自行复位,也就是说定时器的当前值不能得到保持。为了使定时器的当前值能够得到保持,使定时器能够进行连续累计计时,使用程序流程转移指令,在不需要定时器累计计时时将程序流程转移到别处,使 PLC 不扫描定时器。

(1)程序范例 1 分析。电动机运行时间累计程序设计范例 1 如图 13-1-1 所示。

三菱 FX₃ᵤ PLC 应用实例教程

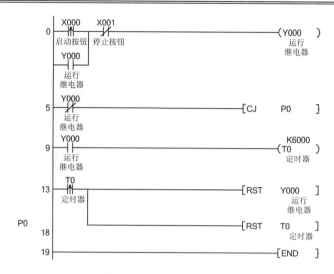

图 13-1-1 范例 1 梯形图

第一种方法

程序说明：按下启动按钮 SB1，Y0 线圈得电，电动机运行。在 Y0 线圈得电期间，PLC 不执行[CJ P0]指令，只扫描运行时间累计程序段，定时器 T0 处于计时状态。按下停止按钮 SB2，Y0 线圈失电，电动机停止运行。在 Y0 线圈失电期间，PLC 执行[CJ P0]指令，程序流程发生跳转，跳转的入口地址在 P0，PLC 不再扫描运行时间累计程序段，定时器 T0 停止计时，但 T0 的当前值一直在保持。

总之，在设定的累计时间范围内，只要电动机处于运行状态，PLC 就能扫描运行时间累计程序段，定时器 T0 就能累计计时。相反，只要电动机处于停止状态，程序流程发生转移，PLC 就不能扫描运行时间累计程序段，定时器 T0 就不能累计计时。如果定时器 T0 的累计计时达到 K6000，PLC 执行[RST Y000]和[RST T0]指令，电动机停止运行，定时器 T0 被复位。

（2）程序范例 2 分析。电动机运行时间累计程序设计范例 2 如图 13-1-2 所示。

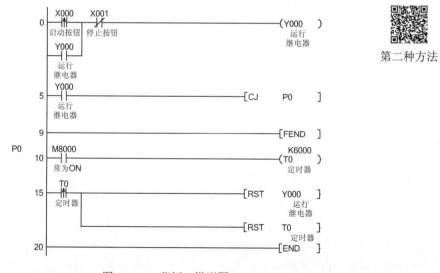

图 13-1-2 范例 2 梯形图

第二种方法

程序说明：按下启动按钮 SB1，Y0 线圈得电，电动机运行。在 Y0 线圈得电期间，PLC 执行[CJ P0]指令，程序流程发生跳转，跳转的入口地址在 P0，PLC 扫描运行时间累计程序段,定时器 T0 处于计时状态。按下停止按钮 SB2,Y0 线圈失电,电动机停止运行。在 Y0 线圈失电期间,PLC 不执行[CJ P0]指令,程序流程不跳转,PLC 不扫描运行时间累计程序段,定时器 T0 停止计时,但 T0 的当前值一直在保持。

总之,在设定的累计时间范围内,只要电动机处于运行状态,程序流程发生转移,PLC 就能扫描运行时间累计程序段,定时器 T0 就能累计计时。相反,只要电动机处于停止状态,程序流程不发生转移,PLC 就不能扫描运行时间累计程序段,定时器 T0 就不能进行累计计时。如果定时器 T0 的累计计时达到 K6000,PLC 执行[RST Y000]和[RST T0]指令,Y0 线圈失电,定时器 T0 被复位,电动机停止运行。

(3)程序范例 3 分析。电动机运行时间累计程序设计范例 3 如图 13-1-3 所示。

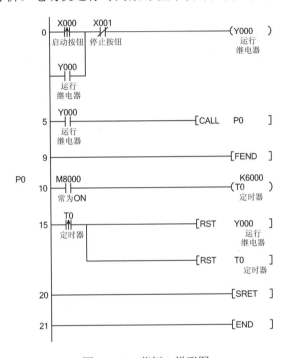

图 13-1-3 范例 3 梯形图

程序说明:按下启动按钮 SB1,Y0 线圈得电,电动机运行。在 Y0 线圈得电期间,PLC 执行[CALL P0]指令,PLC 调用子程序,子程序的入口地址为 P0。在 PLC 执行子程序期间,定时器 T0 工作在计时状态。按下停止按钮 SB2,Y0 线圈失电,电动机停止运行。在 Y0 线圈失电期间,PLC 不执行[CALL P0]指令,程序流程不转移,PLC 不执行子程序,定时器 T0 停止计时,但 T0 的当前值一直在保持。

第三种方法

总之,在设定的累计时间范围内,只要电动机处于运行状态,程序流程发生转移,PLC 就能扫描运行时间累计程序段,定时器 T0 就能累计计时。相反,只要电动机处于停止状态,程序流程不发生转移,PLC 就不扫描运行时间累计程序段,定时器 T0 就不能累计计时。如果定时器 T0 的累计计时达到 K6000,PLC 执行[RST Y000]和[RST T0]指令,Y0 线圈失电,定时器 T0 被复位,电动机停止运行。

实例 13-2 电动机正反转运行程序设计

电动机正反转及暂停控制

> **设计要求**：按正转按钮，电动机正转运行；按反转按钮，电动机反转运行；按暂停按钮，电动机暂时停止运行；按停止按钮，电动机停止运行。电动机不能由正转直接切换到反转，也不能由反转直接切换到正转，中间需要按停止按钮，即"正-停-反"控制。

1. 输入/输出元件及其控制功能

实例 13-2 中用到的输入/输出元件及其控制功能如表 13-2-1 所示。

表 13-2-1 实例 13-2 输入/输出元件及其控制功能

说 明	PLC 软元件	元件文字符号	元 件 名 称	控 制 功 能
输入	X0	SB1	按钮	正转启动控制
	X1	SB2	按钮	反转启动控制
	X2	SB3	按钮	停止控制
	X3	SB4	按钮	暂停控制
输出	Y0	KM1	接触器	正转接通或分断电源
	Y1	KM2	接触器	反转接通或分断电源

2. 控制程序设计

> **【思路点拨】**
> 当系统规模很大、控制要求复杂时，如果将全部控制任务放在主程序中，主程序将会非常复杂，使主程序既难以调试，也难以阅读。为解决这一问题，通常会把一些程序编成程序块放到副程序区，通过程序流程转移的方式来执行这些程序。

（1）程序范例 1 分析。电动机正反转控制程序设计范例 1 如图 13-2-1 所示。

用跳转指令设计

程序说明：按下正转按钮 SB1，PLC 执行[SET M0]指令，M0 线圈得电。在 M0 线圈得电期间，PLC 执行[CJ P1]指令，程序流程发生跳转，PLC 开始执行跳转程序，跳转的入口地址在 P1。在 M8000 继电器驱动下，Y0 线圈得电，电动机正转运行。

按下反转按钮 SB2，PLC 执行[SET M1]指令，M1 线圈得电。在 M1 线圈得电期间，PLC 执行[CJ P2]指令，程序流程发生跳转，PLC 开始执行跳转程序，跳转的入口地址在 P2。在 M8000 继电器驱动下，Y1 线圈得电，电动机反转运行。

按下停止按钮 SB3，PLC 执行[ZRST Y000 Y001]和[ZRST M0 M1]指令，Y0 和 Y1 线圈不得电，电动机停止运行；M0 和 M1 线圈不得电，程序流程跳转结束。

按下暂停按钮 SB4，PLC 执行[ALT M8034]指令，继电器 M8034 为 ON 状态，禁止 PLC 对外输出，电动机停止运行。在继电器 M8034 为 ON 期间，PLC 执行[CJ P0]指令，程序流程发生跳转，PLC 开始执行跳转程序，跳转的入口地址在 P0，从跳转步至尾步之间的所有指令因被 PLC 忽略而不执行，但该段程序中软元件的状态还将得以保持，PLC 只能在暂停控制程序段内反复扫描，电动机处于暂停状态。再次按下暂停按钮 SB4，PLC 又执行[ALT M8034]

指令，使继电器 M8034 为 OFF 状态，允许 PLC 对外输出。PLC 不执行[CJ P3]指令，程序流程不再发生跳转，PLC 恢复扫描整个程序步，电动机状态又恢复到暂停前的状态。

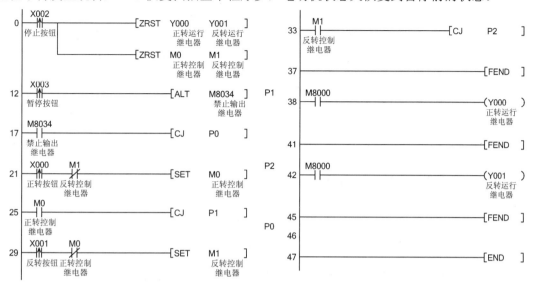

图 13-2-1　范例 1 梯形图

（2）程序范例 2 分析。电动机正反转控制程序设计范例 2 如图 13-2-2 所示。

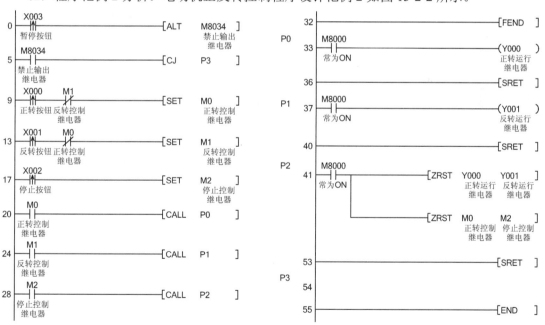

图 13-2-2　范例 2 梯形图

程序说明：按下正转按钮 SB1，PLC 执行[SET M0]指令，M0 线圈得电。在 M0 线圈得电期间，PLC 执行[CALL P0]指令，PLC 调用正转子程序，正转子程序的入口地址为 P0。在 PLC 执行正转子程序期间，在 M8000 继电器驱动下，Y0 线圈得电，电动机正转运行。

按下反转按钮 SB2，PLC 执行[SET M1]指令，M1 线圈得电。在 M1 线圈得电期间，PLC

执行[CALL P1]指令，PLC 调用反转子程序，反转子程序的入口地址为 P1。在 PLC 执行反转子程序期间，在 M8000 继电器驱动下，Y1 线圈得电，电动机反转运行。

按下停止按钮 SB3，PLC 执行[SET M2]指令，M2 线圈得电。在 M2 线圈得电期间，PLC 执行[CALL P2]指令，PLC 调用停止子程序，停止子程序的入口地址为 P2。在 PLC 执行停止子程序期间，PLC 执行[ZRST Y000 Y001]指令，Y0 和 Y1 线圈不得电，电动机停止运行；PLC 执行 [ZRST M0 M1]指令，M0 和 M1 线圈不得电，子程序调用结束。

按下暂停按钮 SB4，PLC 执行[ALT M8034]指令，继电器 M8034 为 ON 状态，禁止 PLC 对外输出，电动机停止运行。在继电器 M8034 为 ON 期间，PLC 执行[CJ P3]指令，程序流程发生跳转，跳转的入口地址在 P3，从跳转步至尾步之间的所有指令因被 PLC 忽略而不执行，但该段程序中软元件的状态还将得以保持，PLC 只能在暂停控制程序段内反复扫描，电动机处于暂停状态。再次按下暂停按钮 SB4，PLC 又执行[ALT M8034]指令，使继电器 M8034 为 OFF 状态，允许 PLC 对外输出。PLC 不执行[CJ P0]指令，程序流程不再发生跳转，PLC 恢复扫描整个程序步，电动机状态又恢复到暂停前的状态。

实例 13-3　电动机星角启动和正反转控制程序设计

电动机星角启动和正反转控制

设计要求：按正转按钮，电动机先正转星启动，启动 10 秒钟后，电动机改为正转角运行；按反转按钮，电动机先反转星启动，启动 10 秒钟后，电动机改为反转角运行；按停止按钮，电动机停止运行。

1. 输入/输出元件及其控制功能

实例 13-3 中用到的输入/输出元件及其控制功能如表 13-3-1 所示。

表 13-3-1　实例 13-3 输入/输出元件及其控制功能

说　明	PLC 软元件	元件文字符号	元件名称	控制功能
输入	X0	SB1	按钮	正转控制
	X1	SB2	按钮	反转控制
	X2	SB3	按钮	停止控制
输出	Y0	KM1	接触器	正转运行
	Y1	KM2	接触器	反转运行
	Y2	KM3	接触器	星启动
	Y3	KM4	接触器	角运行

2. 控制程序设计

【思路点拨】
在一些用户程序中，有一些程序功能会在程序中反复执行，如本例中的星角启动，这时可将这些程序段编成子程序，不用在主程序中反复重写这些程序段。在需要子程序功能时，对其进行调用即可。这样可使主程序简单清晰，程序容量减少，扫描时间也相应缩短。

（1）程序范例 1 分析。电动机星角启动和正反转运行控制程序设计范例 1 如图 13-3-1 所示。

项目 13　程序流程控制程序设计

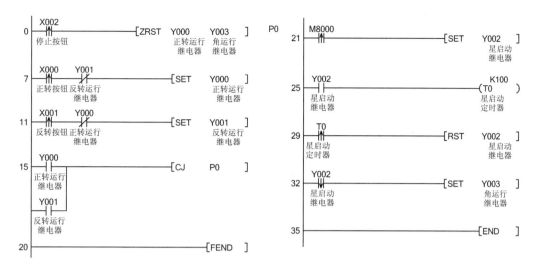

图 13-3-1　范例 1 梯形图

程序说明：按下正转按钮 SB1，PLC 执行[SET　Y000]指令，Y0 线圈得电。在 Y0 线圈得电期间，PLC 执行[CJ　P0]指令，程序流程发生跳转，跳转的入口地址在 P0。在 M8000 继电器驱动下，PLC 执行[SET　Y002]指令，Y2 线圈得电，电动机处于正转星启动状态。在 Y2 线圈得电期间，定时器 T0 计时；当定时器 T0 计满 K100 时，PLC 执行[RST　Y002]指令，Y2 线圈失电，定时器 T0 复位，电动机正转星启动过程结束。由于 Y2 线圈失电，所以 PLC 执行[SET　Y003]指令，Y3 线圈得电，电动机处于正转角运行状态。

用跳转指令设计

按下反转按钮 SB2，PLC 执行[SET　Y001]指令，Y1 线圈得电。在 Y1 线圈得电期间，PLC 执行[CJ　P0]指令，程序流程发生跳转，跳转的入口地址在 P0。在 M8000 继电器驱动下，PLC 执行[SET　Y002]指令，Y2 线圈得电，电动机处于反转星启动状态。在 Y2 线圈得电期间，定时器 T0 计时；当定时器 T0 计满 K100 时，PLC 执行[RST　Y002]指令，Y2 线圈失电，定时器 T0 复位，电动机反转星启动过程结束。由于 Y2 线圈失电，所以 PLC 执行[SET　Y003]指令，Y3 线圈得电，电动机处于反转角运行状态。

按下停止按钮 SB3，PLC 执行[ZRST　Y000　Y001]指令，Y0 和 Y1 线圈不得电，程序跳转结束，电动机停止运行。

（2）程序范例 2 分析。电动机星角启动和正反转运行控制程序设计范例 2 如图 13-3-2 所示。

程序说明：按下正转按钮 SB1，PLC 执行[SET　Y0]指令，Y0 线圈得电。在 Y0 线圈得电期间，PLC 执行[CALL　P0]指令，PLC 调用星角启动子程序，子程序的入口地址为 P0。在 M8000 继电器驱动下，PLC 执行[SET　Y002]指令，Y2 线圈得电，电动机处于正转星启动状态。在 Y2 线圈得电期间，定时器 T0 计时；当定时器 T0 计满 K100 时，PLC 执行[RST　Y002]指令，Y2 线圈失电，定时器 T0 复位，电动机正转星启动过程结束。由于 Y2 线圈失电，所以 PLC 执行[SET　Y003]指令，Y3 线圈得电，电动机处于正转角运行状态。

用子程序设计

按下反转按钮 SB2，PLC 执行[SET　Y1]指令，Y1 线圈得电。在 Y1 线圈得电期间，PLC 执行[CALL　P0]指令，PLC 调用星角启动子程序，子程序的入口地址为 P0。在 M8000 继电器驱动下，PLC 执行[SET　Y002]指令，Y2 线圈得电，电动机处于反转星启动状态。在 Y2

线圈得电期间，定时器 T0 计时；当定时器 T0 计满 K100 时，PLC 执行[RST　Y002]指令，Y2 线圈失电，定时器 T0 复位，电动机反转星启动过程结束。由于 Y2 线圈失电，所以 PLC 执行[SET　Y003]指令，Y3 线圈得电，电动机处于反转角运行状态。

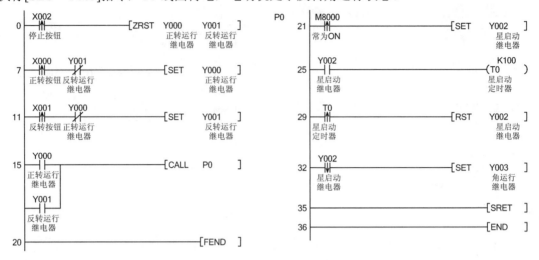

图 13-3-2　范例 2 梯形图

按下停止按钮 SB3，PLC 执行[ZRST　Y000　Y001]指令，Y0 和 Y1 线圈不得电，子程序调用结束，电动机停止运行。

实例 13-4　急停控制程序设计

电动机急停控制

> **设计要求**：按下启动按钮，电动机运行；按下停止按钮，电动机必须经过 5 秒延时后才能停止运行；按下急停按钮，电动机立即停止运行，并发出急停指示；按下停止按钮，解除急停指示。

1. 输入/输出元件及其控制功能

实例 13-4 中用到的输入/输出元件及其控制功能如表 13-4-1 所示。

表 13-4-1　实例 13-4 输入/输出元件及其控制功能

说　明	PLC 软元件	元件文字符号	元 件 名 称	控 制 功 能
输入	X000	SB1	按钮	急停控制
	X001	SB2	按钮	启动控制
	X002	SB3	按钮	停止控制
输出	Y0	KM1	接触器	正转运行
	Y1	HL1	指示灯	急停指示

2. 控制程序设计

【思路点拨】

中断也是一种程序流程转移，但这种转移大都是随机发生的，如故障报警、急停、外部

项目 13　程序流程控制程序设计

设备动作等，事先并不知道这些事件能在何时发生，可这些事件一旦发生了就必须尽快对其进行相应处理。

电动机急停控制程序设计范例如图 13-4-1 所示。

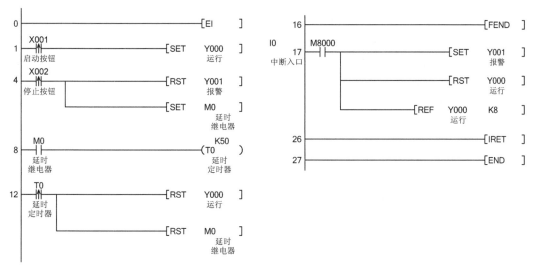

图 13-4-1　范例梯形图

程序说明：当系统上电后，PLC 执行[EI]指令，允许中断。按下启动按钮 SB2，PLC 执行[SET　Y000]指令，Y0 线圈得电，电动机运行；PLC 执行[RST　Y001]指令，Y1 线圈失电，报警指示灯熄灭。按下停止按钮 SB3，PLC 执行[SET　M0]指令，M0 线圈得电，启动延时。在 M0 线圈得电期间，定时器 T0 计时。当定时器 T0 计时满 K50 时，PLC 执行[RST　Y000]指令，Y0 线圈失电，电动机停止运行；PLC 执行[RST　M0]指令，M0 线圈失电，解除延时。

急停控制程序分析

按下急停按钮 SB1，PLC 立即响应外部中断请求，转入执行中断程序，中断程序的入口地址为 I0。在 M8000 继电器驱动下，PLC 执行[SET　Y001]指令，报警指示灯点亮；PLC 执行[RST　Y000]指令，电动机停止运行；PLC 执行[REF　Y000　K8]指令，PLC 立即刷新对外输出。

➤ 实例 13-5　小车 5 位自动循环往返控制程序设计

小车 5 位自动循环

设计要求：用三相异步电动机拖动一辆小车在 A、B、C、D、E 5 个点位之间自动循环往返运行。小车运行过程如图 13-5-1 所示，小车初始在 A 点。

按下启动按钮，小车依次前行到 B、C、D、E 点，并分别停止 2 秒返回到 A 点停止。

按下停止按钮，不管小车处于何种运行状态，小车都要立即返回到 A 点停止。

按下暂停按钮，小车暂时停止运行，待暂停结束后，小车继续按暂停前的原状态运行。

按下急停按钮，小车在当前位置上立即停止。

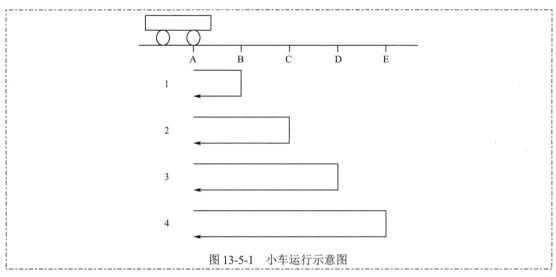

图 13-5-1 小车运行示意图

1. 输入/输出元件及其控制功能

实例 13-5 中用到的输入/输出元件及其控制功能如表 13-5-1 所示。

表 13-5-1 实例 13-5 输入/输出元件及其控制功能

说 明	PLC 软元件	元件文字符号	元件名称	控制功能
输入	X00	SB1	按钮	急停控制
	X10	SB2	按钮	暂停控制
	X11	SB3	按钮	启动控制
	X12	SB4	按钮	停止控制
	X13	SQ1	行程开关	A 点位置检测
	X14	SQ2	行程开关	B 点位置检测
	X15	SQ3	行程开关	C 点位置检测
	X16	SQ4	行程开关	D 点位置检测
	X17	SQ5	行程开关	E 点位置检测
输出	Y0	KM1	接触器	正转运行
	Y1	KM2	接触器	反转运行

2. 控制程序设计

【思路点拨】

当系统规模很大、控制要求复杂时，如果将全部控制任务放在主程序中，主程序将会非常复杂，程序既难以调试，也难以阅读。通过程序流程转移，将程序分成容易管理的小块，使程序结构变得简单，易于阅读、调试、查错和修改。

小车在 A、B、C、D、E 5 个点位之间自动循环往返运行控制程序设计范例如图 13-5-2 所示。

项目 13 程序流程控制程序设计

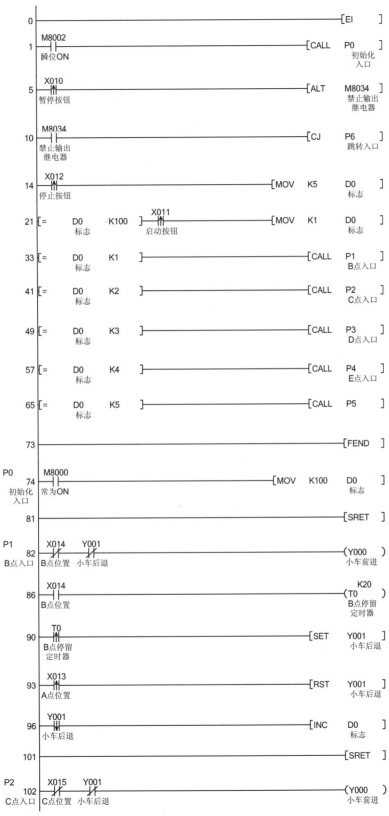

图 13-5-2 范例梯形图

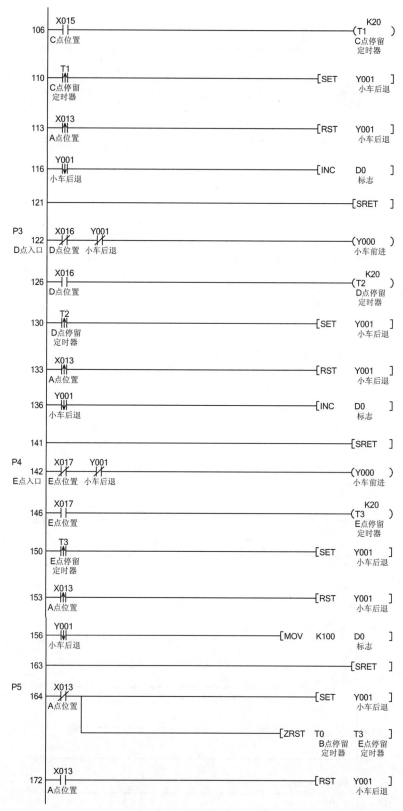

图 13-5-2 范例梯形图（续）

项目 13　程序流程控制程序设计

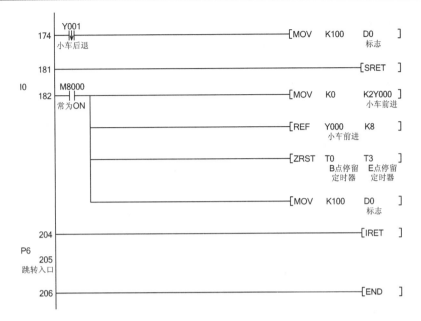

图 13-5-2　范例梯形图（续）

程序说明：当系统上电后，PLC 执行[EI]指令，允许中断。在 M8002 继电器驱动下，PLC 执行[CALL　P0]指令，调用初始化子程序，子程序的入口地址为 P0。在 P0 子程序中，PLC 执行[MOV　K100　D0]指令，将（D0）=K100 设立为停止标志。

小车 5 位自动循环
往返运行程序分析

在（D0）=100 情况下，按下启动按钮 SB3，PLC 执行[MOV　K1　D0]指令，使（D0）=K1。在（D0）=K1 期间，PLC 执行[CALL　P1]指令，调用小车去 B 点往返子程序，子程序的入口地址为 P1。在 P1 子程序中，由于小车最初停在 A 点，行程开关 SQ2 不受压，PLC 执行[MOV　K1　K1Y000]指令，Y0 线圈得电，小车向 B 点方向前进。当小车前进到 B 点时，行程开关 SQ2 受压，Y0 线圈失电，小车停留在 B 点。在行程开关 SQ2 受压期间，定时器 T0 对小车在 B 点的停留进行计时；当 T0 计时满 K20 时，PLC 执行[MOV　K2　K1Y000]指令，Y1 线圈得电，小车向 A 点方向后退。当小车后退到 A 点时，行程开关 SQ1 受压，PLC 执行[MOV　K0　K1Y000]指令，Y1 线圈失电。由于 Y1 线圈失电，PLC 执行[INC　D0]指令，使（D0）= K2。

在（D0）=K2 期间，PLC 执行[CALL　P2]指令，调用小车去 C 点往返子程序，子程序的入口地址为 P2。在 P2 子程序中，由于小车停在 A 点，行程开关 SQ3 不受压，PLC 执行[MOV　K1　K1Y000]指令，Y0 线圈得电，小车向 C 点方向前进。当小车前进到 C 点，行程开关 SQ3 受压，Y0 线圈失电，小车停留在 C 点。在行程开关 SQ3 受压期间，定时器 T1 对小车在 C 点的停留进行计时；当 T1 计时满 K20 时，PLC 执行[MOV　K2　K1Y000]指令，Y1 线圈得电，小车向 A 点方向后退。当小车后退到 A 点时，行程开关 SQ1 受压，PLC 执行[MOV　K0　K1Y000]指令，Y1 线圈失电。由于 Y1 线圈失电，PLC 执行[INC　D0]指令，使（D0）=K3。

在（D0）=K3 期间，PLC 执行[CALL　P3]指令，调用小车去 D 点往返子程序，子程序的入口地址为 P3。在 P3 子程序中，由于小车停在 A 点，行程开关 SQ4 不受压，PLC 执行[MOV　K1　K1Y000]指令，Y0 线圈得电，小车向 D 点方向前进。当小车前进到 D 点时，行程开关

SQ4 受压，Y0 线圈失电，小车停留在 D 点。在行程开关 SQ4 受压期间，定时器 T2 对小车在 D 点的停留进行计时；当 T2 计时满 K20 时，PLC 执行[MOV　K2　K1Y000]指令，Y1 线圈得电，小车向 A 点方向后退。当小车后退到 A 点时，行程开关 SQ1 受压，PLC 执行[MOV　K0　K1Y000]指令，Y1 线圈失电。由于 Y1 线圈失电，PLC 执行[INC　D0]指令，使（D0）=K4。

在（D0）=K4 期间，PLC 执行[CALL　P4]指令，调用小车去 E 点往返子程序，子程序的入口地址为 P4。在 P4 子程序中，由于小车停在 A 点，行程开关 SQ5 不受压，PLC 执行[MOV　K1　K1Y000]指令，Y0 线圈得电，小车向 E 点方向前进。当小车前进到 E 点时，行程开关 SQ5 受压，Y0 线圈失电，小车停留在 E 点。在行程开关 SQ5 受压期间，定时器 T3 对小车在 E 点的停留进行计时；当 T3 计时满 K20 时，PLC 执行[MOV　K2　K1Y000]指令，Y1 线圈得电，小车向 A 点方向后退。当小车后退到 A 点时，行程开关 SQ1 受压，PLC 执行[MOV　K0　K1Y000]指令，Y1 线圈失电。由于 Y1 线圈失电，PLC 执行[MOV　K100　D0]指令，使（D0）=K100，小车停止运行，驻留在 A 点。

按下停止按钮 SB4，PLC 执行[MOV　K5　D0]指令，使（D0）=K5。在（D0）=K5 期间，PLC 执行[CALL　P5]指令，调用小车停止子程序，子程序的入口地址为 P5。在 P5 子程序中，如果小车不在 A 点，则行程开关 SQ1 不受压，PLC 执行[MOV　K2　K1Y000]指令，Y1 线圈得电，小车向 A 点方向后退。当小车后退到 A 点时，行程开关 SQ1 受压，PLC 执行[MOV　K0　K1Y000]指令，Y1 线圈失电，小车停止运行，驻留在 A 点。同时，PLC 执行[ZTST　T0　T3]指令，将定时器 T0～T3 复位；PLC 执行[MOV　K100　D0]指令，使（D0）=100，设立停止标志。

按下急停按钮 SB1，PLC 立即响应外部中断请求，转入执行中断程序，中断程序的入口地址为 I0。在 I0 中断程序中，在 M8000 的驱动下，PLC 执行[MOV　K0　K1Y000]指令，小车立即停止运行；PLC 执行[REF　Y000　K8]指令，PLC 立即刷新对外输出；PLC 执行[ZRST　T0　T3]指令，将定时器 T0～T3 复位；PLC 执行[MOV　K100　D0]指令，使（D0）=K100，设立停止标志。

✈ 实例 13-6　寻找最大数程序设计

寻找最大数

> **设计要求：** 在寄存器 D0～D9 中存放一组数据，要求找出其中的最大数，并将最大数存放在寄存器 D100 中。

控制程序设计

> **【思路点拨】**
> 在一些控制系统中，有时需要编写寻找最大数程序。例如，在电梯上行控制过程中，为了使轿厢能够上行到最远端，就需要确定最高目标层站，即寻找电梯上行的最大数。在本实例中，作者提供了 3 种寻找最大数的方法，其中第 3 种方法不仅保留了寄存器中的原数据，而且功能更强，程序的编写也更简洁易懂，这里推荐采用第 3 种方法。

（1）程序范例 1 分析。寻找最大数程序设计范例 1 如图 13-6-1 所示。

项目 13 程序流程控制程序设计

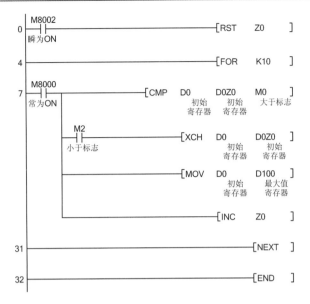

图 13-6-1 范例 1 梯形图

程序说明：PLC 上电后，在 M8002 继电器驱动下，PLC 执行[RST　Z0]指令，使（Z0）=K0。当 PLC 完成初始化后，PLC 扫描循环体，执行循环体内的程序。在每执行一次循环体内的程序期间，PLC 执行[CMP　D0　D0Z0　M0]指令，比较（D0）与（D0Z0）的大小。如果（D0）>（D0Z0），则 M2 的常开触点不闭合，PLC 不执行[XCH　D0　D0Z0]指令；如果（D0）<（D0Z0），则 M2 的常开触点闭合，PLC 执行[XCH　D0　D0Z0]指令，将 D0 中的数据和 D0Z0 中的数据进行交换，使 D0 中存放的数据是本次比较中的大值。最后，PLC 执行[MOV　D0　D100]指令，将 D0 中的数据传送到 D100 中存储；PLC 执行[INC　Z0]指令，使 Z0 中的数据加 1。当程序执行 10 次循环后，寻找最大数过程结束。

第一种方法

例如，在第 1 次扫描循环体内的程序期间，PLC 执行[CMP　D0　D0Z0　M0]指令，比较（D0）与（D0）的大小。由于（D0）=（D0），M2 的常开触点不闭合，PLC 不执行[XCH　D0　D0Z0]指令，PLC 执行[MOV　D0　D100]指令，将 D0 中的数据传送到 D100 中存储；PLC 执行[INC　Z0]指令，使（Z0）=K1。

例如，在第 10 次扫描循环体内程序期间，PLC 执行[CMP　D0　D0Z0　M0]指令，比较（D0）与（D9）的大小。如果（D0）>（D9），则 M2 的常开触点不闭合，PLC 不执行[XCH　D0　D0Z0]指令；如果（D0）<（D9），则 M2 的常开触点闭合，PLC 执行[XCH　D0　D0Z0]指令，将 D0 中的数据和 D9 中的数据进行交换，使 D0 中存放的数据是本次比较中的大值。最后，PLC 执行[MOV　D0　D100]指令，将 D0 中的数据传送到 D100 中存储；PLC 执行[INC　Z0]指令，使（Z0）=K9。

（2）程序范例 2 分析。寻找最大数程序设计范例 2 如图 13-6-2 所示。

程序说明：PLC 上电后，在 M8002 继电器驱动下，PLC 执行[RST　Z0]指令，使（Z0）=0。在（Z0）< K10 期间，PLC 执行[CMP　D0　D0Z0　M0]指令，比较（D0）与（D0Z0）的大小。如果（D0）>（D0Z0），则 M2 的常开触点不闭合，PLC 不执行[XCH　D0　D0Z0]指令；如果（D0）<（D0Z0），则 M2 的常开触点闭合，PLC 执行[XCH

第二种方法

D0　D0Z0]指令，将 D0 中的数据和 D0Z0 中的数据进行交换，使 D0 中存放的数据是本次比较中的大值。最后，PLC 执行[MOV　D0　D100]指令，将 D0 中的数据传送到 D100 中存储；PLC 执行[INC　Z0]指令，使 Z0 中的数据加 1。当（Z0）= K10 时，寻找最大数过程结束。

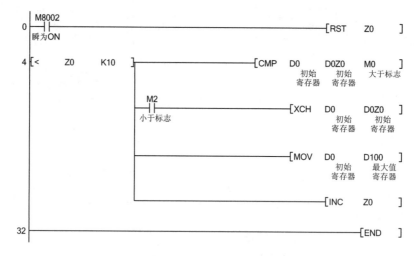

图 13-6-2　范例 2 梯形图

（3）程序范例 3 分析。寻找最大数程序设计范例 3 如图 13-6-3 所示。

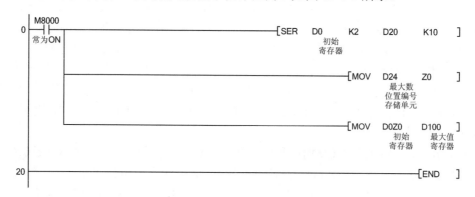

图 13-6-3　范例 3 梯形图

程序说明：在 M8000 继电器驱动下，PLC 执行[SER　D0　K2　D20　K10]指令，将数据检索的结果依次存放在 D20～D24 中，其中最大数最终出现位置编号存放在 D24 中；PLC 执行[MOV　D24　Z0]指令，将最大数最终出现位置编号送到 Z0 中；PLC 执行[MOV　D0Z0　D100]指令，将 D0Z0 中存放的最大数送到 D100 中。

第三种方法

项目 14

PLC 控制变频器程序设计

在电气传动控制系统中，PLC 和变频器的组合应用最为普遍。PLC 对变频器的控制通常有三种方式：开关量控制、模拟量控制和通信控制。对于以上任何一种方式，PLC 都必须有相应的程序，变频器也要按照控制方式设置相应的参数，缺一不可。

实例 14-1　PLC 开关量方式控制变频器运行程序设计

PLC 以开关量方式
控制变频器运行

设计要求：PLC 以开关量方式控制变频器 3 段速运行，硬件接线如图 14-1-1 所示。按下启动按钮，PLC 控制变频器先以 10Hz 频率正转运行；低速运行 10 秒后，变频器改为 30Hz 频率运行；中速运行 10 秒后，变频器改为 50Hz 频率运行；高速运行 10 秒后，变频器改为 10Hz 频率运行。按下停止按钮，变频器停止运行。

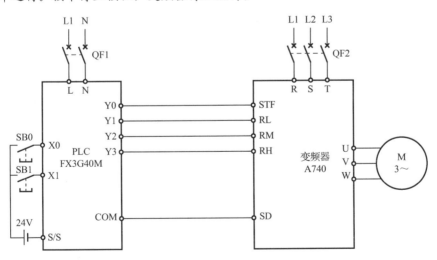

图 14-1-1　PLC 控制变频器 3 段速运行接线图

1. 输入/输出元件及其控制功能

实例 14-1 中用到的输入/输出元件及其控制功能如表 14-1-1 所示。

表 14-1-1　实例 14-1 输入/输出元件及其控制功能

说　明	PLC 软元件	元件文字符号	元　件　名　称	控　制　功　能
输入	X0	SB1	按钮	启动控制
	X1	SB2	按钮	停止控制
输出	Y0	FWD	端子	正转控制
	Y1	RL	端子	低速控制
	Y2	RM	端子	中速控制
	Y3	RH	端子	高速控制

2. 控制程序设计

PLC 以开关量方式控制变频器 3 段速运行的程序如图 14-1-2 所示。

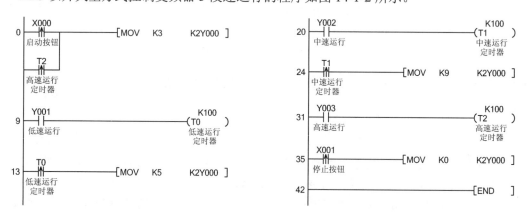

图 14-1-2　PLC 控制变频器 3 段速运行的梯形图

程序说明：按下启动按钮 X0，PLC 执行[MOV　K3　K2Y000]指令，使 Y0 和 Y1 线圈得电，PLC 的 Y0 端子与变频器 FWD 端子接通，PLC 的 Y1 端子与变频器的 RL 端子接通，变频器以 10Hz 频率低速正转运行。在 Y1 线圈得电期间，定时器 T0 开始计时，PLC 控制变频器低速运行。

PLC 以开关量方式控制变频器运行程序分析

当 T0 计时满 10 秒时，T0 的常开触点变为常闭，PLC 执行[MOV　K5　K2Y000]指令，使 Y0 和 Y2 线圈得电，PLC 的 Y0 端子与变频器 FWD 端子接通，PLC 的 Y2 端子与变频器的 RM 端子接通，变频器以 30Hz 频率中速正转运行。在 Y2 线圈得电期间，定时器 T1 开始计时，PLC 控制变频器中速运行。

当 T1 计时满 10 秒时，T1 的常开触点变为常闭，PLC 执行[MOV　K9　K2Y000]指令，使 Y0 和 Y3 线圈得电，PLC 的 Y0 端子与变频器 FWD 端子接通，PLC 的 Y3 端子与变频器的 RH 端子接通，变频器以 50Hz 频率高速正转运行。在 Y3 线圈得电期间，定时器 T2 开始计时，PLC 控制变频器高速运行。

当 T2 计时满 10 秒时，T2 的常开触点变为常闭，PLC 执行[MOV　K3　K2Y000]指令，变频器以 10Hz 频率低速正转运行。

项目 14　PLC 控制变频器程序设计

按下启动按钮 X1，PLC 执行[MOV　K0　K2Y000]指令，使 Y0～Y7 线圈失电，PLC 的 Y0 端子与变频器的 FWD 端子断开，PLC 的 Y1 端子、Y2 端子、Y3 端子分别与变频器的 RL 端子、RM 端子、RH 端子断开，PLC 控制变频器停止运行。

  知识准备

由于工艺上的要求，很多生产机械需要在不同的阶段以不同的转速运行。为了方便这类负载，变频器提供了多段速度运行功能。在 PLC 开关量控制变频器的系统中，PLC 的输出端子直接与变频器的多段速端子连接，通过程序使多段速端子的逻辑组态发生改变，从而实现变频器运行频率的改变。变频器的多段速端子一般是 3 个或 4 个端口，3 个端口可以组成 8 种不同的频率给定，4 个端口可以组成 16 种不同的频率给定。但全部断开时为 0 Hz 不算在内，所以通常可以组合出 3 段速、7 段速或 15 段速。

变频器 3 段速控制

（1）多段速逻辑组态。三菱 FR-A740 系列变频器多段速功能的频率参数设置比较特殊，分为 3 段速、7 段速和 15 段速三种情况，如表 14-1-2～表 14-1-4 所示。

表 14-1-2　3 段速组态表

段号	1	2	3
RL、RM、RH 组态	001	010	100
频率参数	Pr.4	Pr.5	Pr.6

表 14-1-3　7 段速组态表

段号	4	5	6	7
RL、RM、RH 组态	110	101	011	111
频率参数	Pr.24	Pr.25	Pr.26	Pr.27

表 14-1-4　15 段速组态表

段号	8	9	10	11	12	13	14	15
MRS、RL、RM、RH 组态	1000	1100	1010	1110	1001	1101	1011	1111
频率参数	Pr.232	Pr.233	Pr.234	Pr.235	Pr.236	Pr.237	Pr.238	Pr.239

（2）应用说明。

① 各段的输入端逻辑关系是 1 表示接通，0 表示断开。例如，1 段的 001 表示 RL 端子断开、RM 端子断开、RH 端子接通。其余类推。

② 3 段速运用时规定了 RH 是高速端子、RM 是中速端子、RL 是低速端子。如果同时有两个以上端子接通，则低速优先。7 段速和 15 段速不存在上述问题，每段都单独设置。

③ 频率参数设置范围都为 0～400Hz，但如果是 3 段速，则其他段参数均要设置为 9999；如果是 7 段速，则 8～15 段速参数要设置为 9999。

④ 实际使用中，不一定非要 3 段、7 段、15 段，也可以是 5 段、6 段、8 段等，这时只要将其他速参数设置为 9999 即可。

实例 14-2 PLC 模拟量方式控制变频器运行程序设计

PLC 以模拟量方式控制变频器增速/减速运行，电路接线如图 14-2-1 所示。按下启动按钮，变频器从 25Hz 开始启动，然后运行频率逐渐增大。当运行频率增大到 50Hz 时，运行频率再重新变为 25Hz，以此循环往复工作。按下停止按钮，变频器停止运行。

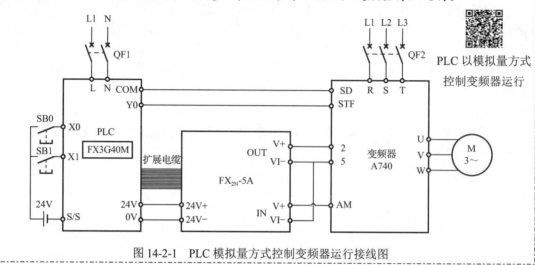

图 14-2-1 PLC 模拟量方式控制变频器运行接线图

1. 输入/输出元件及其控制功能

实例 14-2 中用到的输入/输出元件及其控制功能如表 14-2-1 所示。

表 14-2-1 实例 14-2 输入/输出元件及其控制功能

说 明	PLC 软元件	元件文字符号	元件名称	控制功能
输入	X0	SB1	按钮	正转启动
	X1	SB2	按钮	停止控制
输出	Y0	STF	端子	正转控制

2. 控制程序设计

PLC 模拟量方式控制变频器增/减速运行的程序如图 14-2-2 所示。

程序说明：PLC 上电后，在 M8002 继电器驱动下，PLC 执行[TO K0 K0 HFF0F K1]指令，将输入通道字 HFFF0 写入模块的#0 单元，使输入通道 2 被开放，转换标准为#0；PLC 执行[TO K0 K1 HFFF0 K1]指令，将输出通道字 HFFF0 写入模块的#1 单元，使输出通道 1 被开放，转换标准为#0。PLC 执行[MOV K16000 D0]指令，设定变频器的初始运行频率为 25Hz。

按下启动按钮 X0，PLC 执行[SET Y000]指令，使 Y0 线圈得电，PLC 的 Y0 端子与变频器 FWD 端子接通，控制变频器正转输出。

项目 14　PLC 控制变频器程序设计

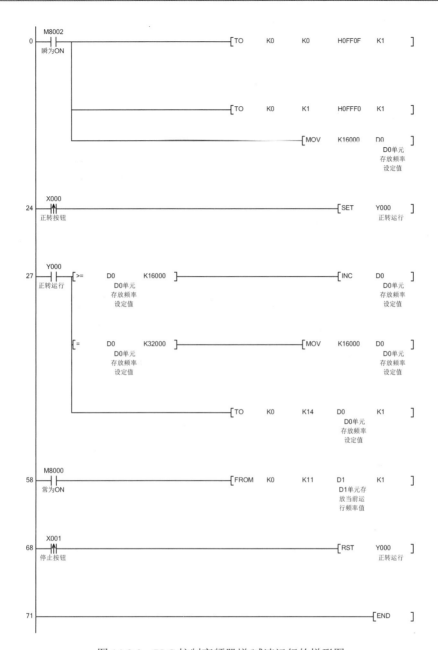

图 14-2-2　PLC 控制变频器增/减速运行的梯形图

在 Y0 线圈得电期间，PLC 执行[TO　K0　K14　D0　K1]指令，将 D0 单元中的数据写入模块的#14 单元中，目的是设定变频器的运行频率，使变频器按照设定频率正转。

在 Y0 线圈得电期间，PLC 执行[>=　D0　K16000]指令，判断 D0 中的数据是否大于或等于 K16000，如果（D0）>= K16000，则 PLC 执行[INC　D0]指令，使 D0 中的数据不断地被加 1。

在 Y0 线圈得电期间，PLC 执行[=　D0　K32000]指令，判断 D0 中的数据是否等于 K32000，如果（D0）= K32000，则 PLC 执行[MOV　K16000　D0]指令，系统重新设定变频器运行频率 25Hz。

· 217 ·

在 M8000 继电器驱动下，PLC 执行[FROM　K0　K11　D1　K1]指令，将模块的#11 单元中的数据读到 D1 单元中，监视变频器的运行频率。

按下停止按钮 X1，PLC 执行[RST　Y000]指令，使 Y000 线圈失电，变频器输出方向控制解除，变频器停止运行。

知识准备

在需要对速度进行精细调节的场合，利用 PLC 模拟量模块的输出来 变频器的模拟量控制 控制变频器是一种既有效又简便的方法，其控制过程如图 14-2-3 所示。该方法的优点是编程简单，调速过程平滑连续、工作稳定、实时性强；缺点是成本较高。

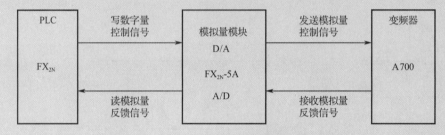

图 14-2-3　PLC 以模拟量方式控制变频器框图

图 14-2-4　模拟量模块位置编号

（1）模块编号。为使 PLC 能够准确地对每个模块进行读/写操作，就必须对这些模块进行编号，编号的原则是从最靠近 PLC 基本单元的模块算起，按由近到远的原则，将 0 号到 7 号依次分配给各个模块，如图 14-2-4 所示。

（2）FX$_{2N}$-5A 模块简介。三菱 FX2N-5A 具有 4 个输入通道和 1 个输出通道，外部结构如图 14-2-5 所示。输入通道用于接收模拟量信号并将其转换成相应的数字值，默认转换关系如图 14-2-6 所示；输出通道用于获取一个数字值并且输出一个相应的模拟量信号，默认转换关系如图 14-2-7 所示。

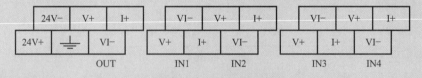

图 14-2-5　模块外部结构图

在变频器的模拟量控制中，PLC 通过对缓冲存储器 BFM 的读/写操作实现对变频器的实时控制。下面针对 FX$_{2N}$-5A 模块，介绍几个常用的缓冲存储器。

① BFM#0——输入通道字。BFM#0 用来对 CH1～CH4 的输入方式进行指定，出厂值为 H000。BFM#0 由一组 4 位的十六进制代码组成，每位代码分别分配给 4 个输入通道，最高位对应输入通道 4，最低位对应输入通道 1，如图 14-2-8 所示。

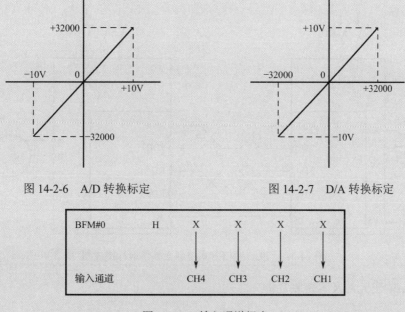

图 14-2-6 A/D 转换标定　　　　　图 14-2-7 D/A 转换标定

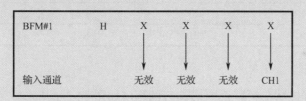

图 14-2-8 输入通道组态

② BFM#1——输出通道字。BFM#1 用来对 CH1 的输出方式进行指定，出厂值为 H000。BFM#1 由一个 4 位数的十六进制代码组成，其中最高的 3 位数被模块忽略，只有最低的 1 位数对应输出通道 1，如图 14-2-9 所示。

图 14-2-9 输出通道组态

③ BFM#10～BFM#13——采样数据（当前值）存放单元。输入通道的 A/D 转换数据（数字量）以当前值的方式存放在 BFM#10～BFM#13。BFM#10～BFM#13 分别对应通道 CH1～CH4，具有只读性。

④ BFM#14——模拟量输出值存放单元。BFM#14 接收用于 D/A 转换的模拟量输出数据。在模拟量控制系统中，变频器的给定频率就存放在 BFM#14 中。

实例 14-3　PLC 通信方式控制变频器运行程序设计

PLC 通信方式控制变频器运行

设计要求：PLC 通信方式控制变频器正转/反转运行，电路接线如图 14-3-1 所示。按下正转启动按钮，变频器以 20Hz 频率正转运行；按下反转启动按钮，变频器以 30Hz 频率反转运行；按下停止按钮，变频器停止运行。

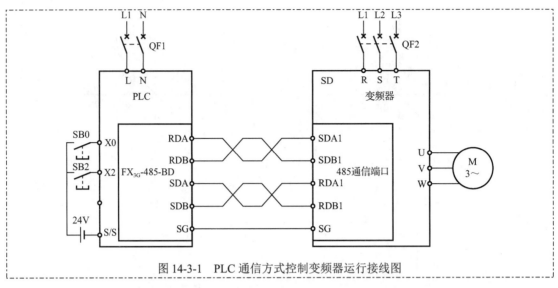

图 14-3-1 PLC 通信方式控制变频器运行接线图

1. 输入/输出元件及其控制功能

实例 14-3 中用到的输入/输出元件及其控制功能如表 14-3-1 所示。

表 14-3-1 实例 14-3 输入/输出元件及其控制功能

说　明	PLC 软元件	元件文字符号	元 件 名 称	控 制 功 能
输入	X0	SB1	按钮	正转启动
	X1	SB2	按钮	反转启动
	X2	SB3	按钮	停止运行

2. 控制程序设计

PLC 以通信方式控制变频器正/反转运行的程序如图 14-3-2 所示。

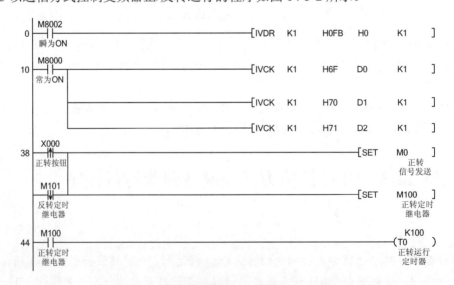

图 14-3-2 PLC 控制变频器正/反转运行的梯形图

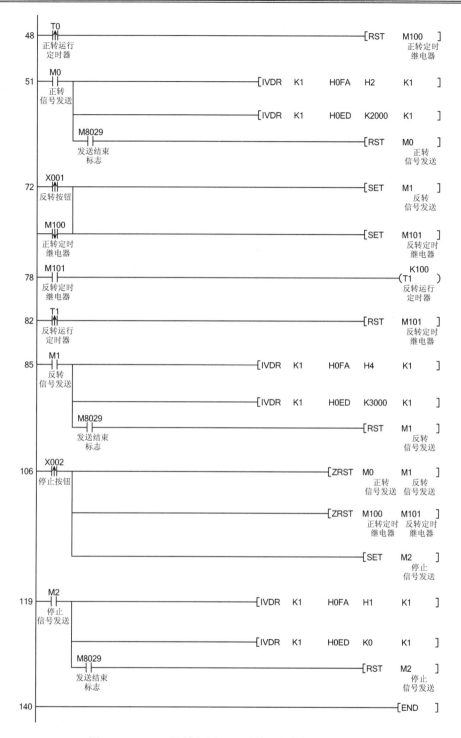

图 14-3-2　PLC 控制变频器正/反转运行的梯形图（续）

程序说明：PLC 上电后，在 M8002 继电器驱动下，PLC 执行[IVDR　K1　HFB　H0　K1]指令，设置 1 号变频器运行模式为通信控制。

在 M8000 继电器驱动下，PLC 执行[IVCK　K1　H6F　D0　K1]指令，监视 1 号变频器的运行频率，该参数值存储在 D0 单元中；PLC 执行[IVCK

变频器以通信方式控制程序分析

K1 H70 D1 K1]指令，监视 1 号变频器的运行电流，该参数值存储在 D1 单元中；PLC 执行[IVCK K1 H71 D2 K1]指令，监视 1 号变频器的运行电压，该参数值存储在 D2 单元中。

按下正转启动按钮 X0，PLC 执行[SET M0]指令，使 M0 线圈得电，正转控制信号开始发送。在 M0 线圈得电期间，PLC 执行[IVDR K1 HFA H2 K1]指令，设定 1 号变频器运行方向为正转；PLC 执行[IVDR K1 HED K2000 K1]指令，设定 1 号变频器运行频率为 20Hz。当 M8029 常开触点瞬间闭合时，PLC 执行[RST M0]指令，使 M0 线圈失电，正转控制信号发送过程结束。

按下反转启动按钮 X1，PLC 执行[SET M1]指令，使 M1 线圈得电，反转控制信号开始发送。在 M1 线圈得电期间，PLC 执行[IVDR K1 HFA H4 K1]指令，设定 1 号变频器运行方向为反转；PLC 执行[IVDR K1 HED K3000 K1]指令，设定 1 号变频器运行频率为 30Hz。当 M8029 常开触点瞬间闭合时，PLC 执行[RST M1]指令，使 M1 线圈失电，反转控制信号发送过程结束。

按下停止按钮 X2，PLC 执行[SET M2]指令，使 M2 线圈得电，停止控制信号开始发送。在 M2 线圈得电期间，PLC 执行[IVDR K1 HFA H1 K1]指令，设定 1 号变频器停止运行；PLC 执行[IVDR K1 HED K0 K1]指令，设定 1 号变频器运行频率为 0Hz。当 M8029 常开触点瞬间闭合时，PLC 执行[RST M2]指令，使 M2 线圈失电，停止控制信号发送过程结束。

 知识准备

变频器的 RS-485 通信连接

小型工业自动化系统一般由 1 台 PLC 和不多于 8 台变频器组成，变频器采用 485 总线控制。如图 14-3-3 所示，PLC 是主站，变频器是从站，主站 PLC 通过站号区分不同从站的变频器，主站与任意从站之间均可进行单向或双向数据传送。通信程序在主站上编写，从站只需设定相关的通信协议参数即可。

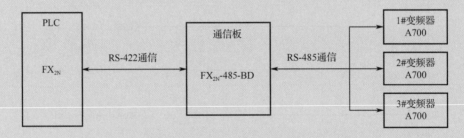

图 14-3-3　变频器 RS-485 总线控制系统

（1）FX$_{3G}$-485-BD 通信板简介。三菱 FX 系列 PLC 通信接口标准是 RS-422，而三菱 A700 系列变频器通信接口标准是 RS-485。由于接口标准的不同，它们之间要想实现数据通信，就必须对其中一个设备的通信接口进行转换。通常的做法是对 PLC 的通信接口进行转换，即把 PLC 的 RS-422 接口转换成 RS-485 接口，这种转换所使用的硬件就是三菱 FX 系列 485-BD 通信板。

三菱 FX$_{3G}$-485-BD 通信板如图 14-3-4 所示，板上有 5 个接线端子，它们分别是数据发送端子（SDA、SDB）、数据接收端子（RDA、RDB）和公共端子 SG。另外，板上还设有两个 LED 通信指示灯，用于显示当前的通信状态。当发送数据时，SD 指示灯处于频闪状态；当接收数据时，RD 指示灯处于频闪状态。

通信板与单台变频器的连接如图 14-3-5 所示。

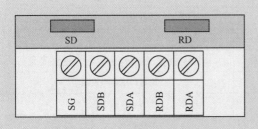

图 14-3-4　通信板接线端子

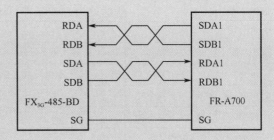

图 14-3-5　通信板与单台变频器的连接

（2）通信设置。为实现 PLC 和变频器之间的通信，通信双方需要有一个"约定"，使得通信双方在字符的数据长度、校验方式、停止位长和波特率等方面能够保持一致，而进行"约定"的过程就是通信设置。

三菱 FX PLC 通信参数的设置如图 14-3-6 所示，在"H/W 类型"选项中，选"RS-485"；在"传送控制步骤"选项中，选"格式 4（有 CR、LF）"；其他选项不变。

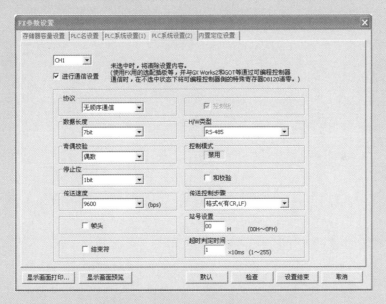

图 14-3-6　三菱 FX PLC 通信参数的设置

三菱变频器通信参数的设置如表 14-3-2 所示，在功能参数 Pr.331 中，根据实际站号修改参数值；在功能参数 Pr.333 中，将参数值修改为 10；在功能参数 Pr.336 中，将参数值修改为 9999；其他功能参数不需要修改。

表 14-3-2　变频器通信参数设置表

参数编号	设定内容	单位	初始值	设定值	数据内容描述
Pr.331	站号选择	1	0	0～31	两台以上需要设站号
Pr.332	波特率	1	96	96	选择通信速率，波特率 =9600bps
Pr.333	停止位长	1	1	10	数据位长 =7 位、停止位长 =1 位
Pr.334	校验选择	1	2	2	选择偶校验方式

续表

参数编号	设定内容	单位	初始值	设定值	数据内容描述
Pr.335	再试次数	1	1	1	设定发生接收数据错误时的再试次数容许值
Pr.336	校验时间	0.1	0	9999	选择校验时间
Pr.337	通信等待	1	9999	9999	设定向变频器发送数据后信息返回的等待时间
Pr.338	通信运行指令权	1	0	0	选择启动指令权通信
Pr.339	通信速度指令权	1	0	0	选择频率指令权通信
Pr.341	CR/LF 选择	1	1	1	选择有 CR、LF

附录 A

FX 系列 PLC 常用指令详解

为方便读者理解本书内容,我们把在实例中使用到的一些指令进行归纳总结,以供查询参考。

1. 逻辑取、取反、输出及结束指令

逻辑取、取反、输出及结束指令的助记符与梯形图如表 A-1 所示。

表 A-1 逻辑取、取反、输出及结束指令的助记符与梯形图

助记符	名称	梯形图表示
LD	逻辑取	─┤├─
LDI	取反	─┤/├─
OUT	输出	─( )─
END	结束	─┤END├─

逻辑取和取反指令可用软元件说明如表 A-2 所示。

表 A-2 逻辑取和取反指令可用软元件说明

操作数	位元件				字元件								常数	
	X	Y	M	S	KnX	KnY	KnM	KnS	T	C	D	V	Z	K	H
S	·	·	·	·					·	·					

输出指令可用软元件说明如表 A-3 所示。

表 A-3 输出指令可用软元件说明

操作数	位元件				字元件								常数	
	X	Y	M	S	KnX	KnY	KnM	KnS	T	C	D	V	Z	K	H
S		·	·	·					·	·					

LD 功能:取常开触点与左母线相连。
LDI 功能:取常闭触点与左母线相连。

OUT 功能：使指定的继电器线圈得电，继电器触点产生相应的动作。
END 功能：表示程序结束，返回起始地址。

编程规定：在梯形图中，每一梯级的第一个触点必须用取指令 LD（常开）或取反指令 LDI（常闭），并与左母线相连。

2. 触点串/并联指令

触点串/并联指令的助记符与梯形图如表 A-4 所示。

表 A-4　触点串/并联指令的助记符与与梯形图

助记符	名称	梯形图表示
AND	与	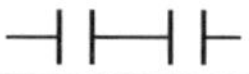 ―┤├―
OR	或	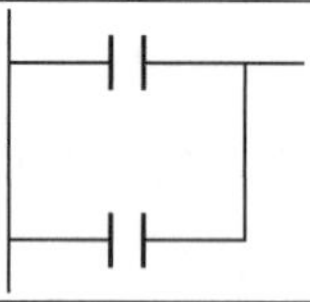 ┤├ 并联 ┤├

触点串/并联指令可用软元件说明如表 A-5 所示。

表 A-5　触点串/并联指令可用软元件说明

操作数	位元件				字元件								常数	
	X	Y	M	S	KnX	KnY	KnM	KnS	T	C	D	V	Z	K	H
S	•	•	•	•					•	•	•				

AND 功能：将触点串接，进行逻辑与运算。
OR 功能：将触点并接，进行逻辑或运算。

编程规定：触点串/并联指令仅用来描述单个触点与其他触点的电路连接关系，串、并联的次数不受限制，可以反复使用。

3. 置位/复位指令

置位/复位指令的助记符与梯形图如表 A-6 所示。

表 A-6　置位/复位指令的助记符与梯形图

助记符	名称	梯形图表示
SET	置位	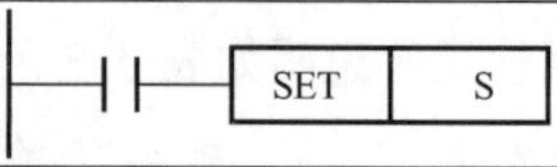 ―┤├―[SET　S]
RST	复位	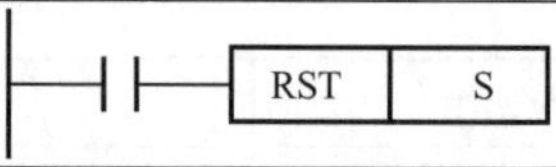 ―┤├―[RST　S]

置位指令可用软元件说明如表 A-7 所示。

附录 A　FX 系列 PLC 常用指令详解

表 A-7　置位指令可用软元件说明

操作数	位元件				字元件								常数	
	X	Y	M	S	KnX	KnY	KnM	KnS	T	C	D	V	Z	K	H
S		·	·	·											

复位指令可用软元件说明如表 A-8 所示。

表 A-8　复位指令可用软元件说明

操作数	位元件				字元件								常数	
	X	Y	M	S	KnX	KnY	KnM	KnS	T	C	D	V	Z	K	H
S		·	·	·					·	·	·	·	·		

SET 功能：强制操作元件置"1"，并具有自保持功能，即驱动条件断开后，操作元件仍维持接通状态。

RST 功能：强制操作元件置"0"，并具有自保持功能。RST 指令除了可以对位元件进行置"0"操作外，还可以对字元件进行清零操作，即把字元件数值变为"0"。

使用要点：
① 对于同一操作元件可以多次使用 SET、RST 指令，顺序也可以任意，但以最后执行的一条指令为有效。
② 在实际使用时，尽量不要对同一位元件进行 SET 和 OUT 操作。因为这样应用，虽然不是双线圈输出，但如果 OUT 的驱动条件断开，SET 的操作不具有自保持功能。

4．交替输出指令

交替输出指令的助记符与梯形图如表 A-9 所示。

表 A-9　交替输出指令的助记符与梯形图

助 记 符	名　称	梯形图表示
ALT	交替输出	─┤├──[ALT　S]─

交替输出指令可用软元件说明如表 A-10 所示。

表 A-10　交替输出指令可用软元件说明

操作数	位元件				字元件								常数	
	X	Y	M	S	KnX	KnY	KnM	KnS	T	C	D	V	Z	K	H
S		·	·	·											

ALT 功能：用于对指定的位元件执行 ON/OFF 反转一次，也就是对指定的位元件执行逻辑取反一次。

5．传送指令

传送指令的助记符与梯形图如表 A-11 所示。

表 A-11 传送指令的助记符与梯形图

助记符	名称	梯形图表示
MOV	传送	─┤├─[MOV │ S. │ D.]

传送指令可用软元件说明如表 A-12 所示。

表 A-12 传送指令可用软元件说明

操作数	位元件				字元件								常数	
	X	Y	M	S	KnX	KnY	KnM	KnS	T	C	D	V	Z	K	H
S					•	•	•	•	•	•	•	•	•	•	•
D						•	•	•	•	•	•	•	•		

传送指令的操作数内容说明如表 A-13 所示。

表 A-13 操作数内容说明

操作数	内容说明
S	进行传送的数据或数据存储字软元件地址
D	数据传送目标的字软元件地址

MOV 功能：当驱动条件成立时，将源址 S 中的二进制数据传送至终址 D。传送后，S 内容保持不变。

使用要点：

传送指令 MOV 是应用最多的功能指令。其实质是一个对位元件进行置位和对字元件进行读/写操作的指令。应用组合位元件也可以对位元件进行复位和置位操作。

6. 多点传送指令

多点传送指令的助记符与梯形图如表 A-14 所示。

表 A-14 多点传送指令的助记符与梯形图

助记符	名称	梯形图表示
FMOV	多点传送	─┤├─[FMOV │ S. │ D. │ n]

多点传送指令可用软元件说明如表 A-15 所示。

表 A-15 多点传送指令可用软元件说明

操作数	位元件				字元件								常数	
	X	Y	M	S	KnX	KnY	KnM	KnS	T	C	D	V	Z	K	H
S					•	•	•	•	•	•	•	•	•	•	•
D						•	•	•	•	•	•	•	•		
n														•	•

多点传送指令的操作数内容说明见表 A-16。

表 A-16　操作数内容说明

操 作 数	内 容 说 明
S	进行传送的数据或数据存储字软元件地址
D	数据传送目标的字软元件地址
n	传送的字软元件的点数

FMOV 功能：当驱动条件成立时，将源址 S 中的二进制数据传送至以 D 为首址的 n 个寄存器中。

使用要点：

多点传送指令的作用就是一点多传，它的操作数把同一个数传送到多个连续的寄存器中，传送的结果是在所有寄存器中都存有相同数据。

7. 区间复位指令

区间复位指令的助记符与梯形图如表 A-17 所示。

表 A-17　区间复位指令的助记符与梯形图

助 记 符	名 称	梯形图表示
ZRST	区间复位	⊢⊣ ─[ZRST │ D1 │ D2]

区间复位指令可用软元件说明如表 A-18 所示。

表 A-18　区间指令可用软元件说明

操作数	位元件				字元件								常数	
	X	Y	M	S	KnX	KnY	KnM	KnS	T	C	D	V	Z	K	H
D1		•	•	•					•	•	•				
D2		•	•	•					•	•	•				

ZRST 指令操作数内容说明如表 A-19 所示。

表 A-19　操作数内容说明

操 作 数	内 容 说 明
D1	进行区间复位的软元件首址
D2	进行区间复位的软元件终址

ZRST 功能：当驱动条件成立时，将首址 D1 和终址 D2 之间的所有软元件进行复位处理。

使用要点：

D1 和 D2 必须是同一类型软元件，且软元件编号必须为 D1≤D2。区间复位指令是 16 位处理指令，不能对 32 位软元件进行区间复位处理。区间复位指令在对定时器、计数器进行区间复位时，不但将 T 和 C 的当前值写入 K0，还将其相应的触点全部复位。

能够完成对位元件置 OFF 和对字元件写入 K0 的复位处理的指令有 RST、MOV、FMOV 和 ZRST，它们之间的功能还是有差别的，现列表 A-20 比较供读者学习参考。

表 A-20　RST、MOV、FMOV 和 ZRST 指令使用比较

指令符	名　称	功　能　特　点
RST	复位	①只能对单个位软元件复位；②在对 T 和 C 复位时，其触点也能同时复位
ZRST	区间复位	①可对位和字软元件进行区间复位；②在对 T 和 C 复位时，其触点也能同时复位
MOV	传送	①只能对单个字软元件复位；②在对 T 和 C 复位时，其触点不能同时复位
FMOV	多点传送	①能对多字软元件复位；②在对 T 和 C 复位时，其触点不能同时复位

8. 位左/右移指令

位左/右移指令的助记符与梯形图如表 A-21 所示。

表 A-21　位左/右移指令的助记符与梯形图

助　记　符	名　称	梯形图表示
STFR	位右移	─┤├─ SFTR　S.　D.　n1　n2
STFL	位左移	─┤├─ SFTL　S.　D.　n1　n2

位左/右移指令的可用软元件说明如表 A-22 所示。

表 A-22　位左/右移指令的可用软元件说明

操作数	位元件				字元件								常数	
	X	Y	M	S	KnX	KnY	KnM	KnS	T	C	D	V	Z	K	H
S	•	•	•	•											
D		•	•	•											
n1														•	•
n2														•	•

位左/右移指令的操作数内容说明如表 A-23 所示。

表 A-23　操作数内容说明

操　作　数	内　容　说　明
S	移入移位元件组成的位元件组合首址，占用 n2 个位
D	移位元件组合首址，占用 n1 个位
n1	移位元件组合长度，n1 =< 1024
n2	移位的位数，n2 =< n1

SFTR 功能：当驱动条件成立时，将以 D 为首址的位元件组合向右移动 n2 位，其高位由 n2 位的位元件组合 S 移入，移出的 n2 个低位被舍弃，而位元件组合 S 保持原值不变。

SFTR 指令的应用举例如图 A-1 所示。

附录 A　FX 系列 PLC 常用指令详解

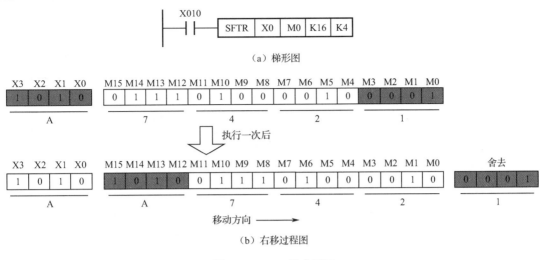

图 A-1　SFTR 指令图示

SFTL 功能：当驱动条件成立时，将以 D 为首址的位元件组合向左移动 n2 位，其高位由 n2 位的位元件组合 S 移入，移出的 n2 个低位被舍弃，而位元件组合 S 保持原值不变。

SFTL 指令的使用如图 A-2 所示。

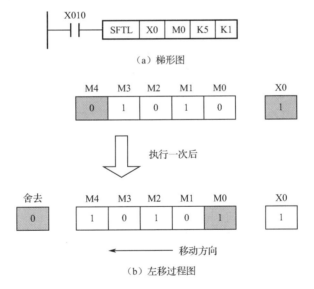

（b）左移过程图

图 A-2　SFTL 指令应用举例

9．比较指令

比较指令的助记符与梯形图如表 A-24 所示。

表 A-24　比较指令的助记符与梯形图

助记符	名　称	梯形图表示
CMP	比较	─┤├── CMP S1 S2 D

比较指令可用软元件说明如表 A-25 所示。

· 231 ·

表 A-25 比较指令可用软元件说明

操作数	位元件				字元件								常数	
	X	Y	M	S	KnX	KnY	KnM	KnS	T	C	D	V	Z	K	H
S1					•	•	•	•	•	•	•	•	•	•	•
S2					•	•	•	•	•	•	•	•	•	•	•
D		•	•	•											

比较指令的操作数内容说明如表 A-26 所示。

表 A-26 操作数内容说明

操 作 数	内 容 说 明
S1	比较值一或数据存储字软元件地址
S2	比较值二或数据存储字软元件地址
D	比较结果的位元件首址，占用 3 个点

CMP 功能：当驱动条件成立时，将源址 S1 和 S2 按代数形式进行大小的比较，如果 S1>S2，则位元件 D 为 ON；如果 S1=S2，则位元件 D+1 为 ON；如果 S1<S2，则位元件 D+2 为 ON。

使用要点：

当 CMP 指令执行以后，即使驱动条件断开，D、D+1、D+2 仍会保持当前的状态，不会随驱动条件断开而改变，如果需要清除比较结果，可使用 RST 或 ZRST 指令进行复位处理。在实际应用中，可能只需要其中一个判别结果，另外两个判别结果可以不在程序中体现，D、D+1、D+2 一旦被指定，它们就不能再用作其他控制。

10. 触点比较指令

触点比较指令的助记符与梯形图如表 A-27 所示。

表 A-27 触点比较指令的助记符与梯形图

助 记 符	名 称	梯形图表示
LD =	判断 S1 是否等于 S2	—[= S1 S2]—
LD >	判断 S1 是否大于 S2	—[> S1 S2]—
LD <	判断 S1 是否小于 S2	—[< S1 S2]—
LD <>	判断 S1 是否不等于 S2	—[<> S1 S2]—
LD <=	判断 S1 是否大于或等于 S2	—[<= S1 S2]—
LD >=	判断 S1 是否小于或等于 S2	—[>= S1 S2]—

触点比较指令可用软元件说明如表 A-28 所示。

表 A-28　触点比较指令可用软元件说明

操作数	位元件				字元件									常数	
	X	Y	M	S	KnX	KnY	KnM	KnS	T	C	D	V	Z	K	H
S1					•	•	•	•	•	•	•	•	•	•	•
S2					•	•	•	•	•	•	•	•	•	•	•

触点比较指令的操作数内容说明如表 A-29 所示。

表 A-29　操作数内容说明

操作数	内容说明
S1	比较值一或数据存储字软元件地址
S2	比较值二或数据存储字软元件地址

使用要点：
触点比较指令等同于一个常开触点，但这个常开触点的 ON/OFF 是由指令的两个字元件 S1 和 S2 的比较结果所决定的。当参与比较的源址同为计数器时，这两个计数器的位数必须一致。

11．区间比较指令

区间比较指令的助记符与梯形图如表 A-30 所示。

表 A-30　区间比较指令的助记符与梯形图

助记符	名称	梯形图表示
ZCP	区间比较	─┤├── ZCP S1. S2. S. D

区间比较指令可用软元件说明如表 A-31 所示。

表 A-31　区间比较指令可用软元件说明

操作数	位元件				字元件									常数	
	X	Y	M	S	KnX	KnY	KnM	KnS	T	C	D	V	Z	K	H
S1					•	•	•	•	•	•	•	•	•	•	•
S2					•	•	•	•	•	•	•	•	•	•	•
S					•	•	•	•	•	•	•	•	•	•	•
D	•	•	•	•											

区间比较指令的操作数内容说明如表 A-32 所示。

表 A-32　操作数内容说明

操作数	内容说明
S1	比较区域下限值数据或数据存储字软元件地址
S2	比较区域上限值数据或数据存储字软元件地址

续表

操作数	内容说明
S	比较值数据或数据存储字软元件地址
D	比较结果的位元件首址,占用 3 个点

ZCP 功能:当驱动条件成立时,将源址 S 与源址 S1 和源址 S2 分别进行比较,如果 S<S1,则位元件 D 为 ON;如果 S1≤S≤S2,则位元件 D+1 为 ON;如果 S>S2,则位元件 D+2 为 ON。

使用要点:

当 ZCP 指令执行以后,即使驱动条件断开,D、D+1、D+2 仍会保持当前的状态,不会随驱动条件断开而改变。D、D+1、D+2 一旦被指定,它们就不能再用作其他控制。

12. 步进/步进结束指令

步进/步进结束指令的助记符与梯形图如表 A-33 所示。

表 A-33　步进/步进结束指令的助记符与梯形图

助记符	名称	梯形图表示
STL	步进	[STL S]
RET	步进结束	[RET]

步进指令可用软元件说明如表 A-34 所示。

表 A-34　步进指令可用软元件说明

操作数	位元件				字元件								常数	
	X	Y	M	S	KnX	KnY	KnM	KnS	T	C	D	V	Z	K	H
S				·											

STL 功能:将步进接点接到左母线位置。
RET 功能:将子母线返回到左母线位置。

编写问题:

在三菱 FXGP-WIN-C 和 GX Developer 编程软件中都可以使用步进指令编写顺序控制程序,但两者的编程方式有所不同。图 A-3 为 FXGP-WIN-C 和 GX Developer 编程软件编写的功能完全相同的梯形图,虽然两者的指令语句表程序完全相同,但梯形图却有所区别,FXGP-WIN-C 软件编写的步进程序段开始有一个 STL 触点(编程时输入[STL　S0]即能生成 STL 触点),而 GX Developer 编程软件编写的步进程序段无 STL 触点,取而代之的程序段开始是一个独占一行的[STL　S0]指令。

附录 A　FX 系列 PLC 常用指令详解

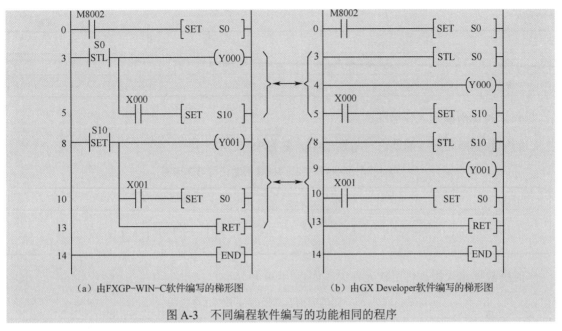

（a）由FXGP-WIN-C软件编写的梯形图　　　（b）由GX Developer软件编写的梯形图

图 A-3　不同编程软件编写的功能相同的程序

13. 时钟数据读出指令

时钟数据读出指令的助记符与梯形图如表 A-35 所示。

表 A-35　时钟数据读出指令的助记符与梯形图

助记符	名称	梯形图表示
TRD	读时钟数据	─┤├──[TRD　D]

时钟数据读出指令可用软元件说明如表 A-36 所示。

表 A-36　时钟数据读出指令可用软元件说明

操作数	位元件				字元件								常数	
	X	Y	M	S	KnX	KnY	KnM	KnS	T	C	D	V	Z	K	H
S									·	·	·				

TRD 功能：将 PLC 中的特殊寄存器 D8013～D8019 的实时时钟数据传送到指定的数据寄存器中。

实时时钟数据与传送终址的对应关系如表 A-37 所示。

表 A-37　实时时钟数据与传送终址的对应关系

内容	设定范围	特殊寄存器	传送终址
年	0～99	D8018	D
月	1～12	D8017	D+1
日	1～31	D8016	D+2
时	0～23	D8015	D+3
分	0～59	D8014	D+4

续表

内容	设定范围	特殊寄存器	传送终址
秒	0～59	D8013	D+5
星期	0～6	D8019	D+6

14. 时钟数据写入指令

时钟数据写入指令的助记符与梯形图如表 A-38 所示。

表 A-38 时钟数据写入指令的助记符与梯形图

助记符	名称	梯形图表示
TWR	写时钟数据	─┤├─ TWR S

时钟数据写入指令可用软元件说明如表 A-39 所示。

表 A-39 时钟数据写入指令可用软元件说明

操作数	位元件				字元件								常数	
	X	Y	M	S	KnX	KnY	KnM	KnS	T	C	D	V	Z	K	H
S									·	·	·				

TWR 功能：将设定的时钟数据写入 PLC 的特殊寄存器 D8013～D8019 中，当该指令执行后，PLC 的实时时钟数据立刻被更改，其对应关系也如表 A-37 所示。

15. 时钟数据比较指令

时钟数据比较指令的助记符与梯形图如表 A-40 所示。

表 A-40 时钟数据比较指令的助记符与梯形图

助记符	名称	梯形图表示
TCMP	时钟数据比较	─┤├─ TCMP S1 S2 S3 S D

时钟数据比较指令可用软元件说明如表 A-41 所示。

表 A-41 时钟数据比较指令可用软元件说明

操作数	位元件				字元件								常数	
	X	Y	M	S	KnX	KnY	KnM	KnS	T	C	D	V	Z	K	H
S1					·	·	·	·	·	·	·	·	·	·	·
S2					·	·	·	·	·	·	·	·	·	·	·
S3					·	·	·	·	·	·	·	·	·	·	·
S									·	·	·				
D	·	·	·												

时钟数据比较指令的操作数内容说明如表 A-42 所示。

表 A-42 操作数内容说明

操 作 数	内 容 说 明
S1	指定比较基准时间的"时"或其存储字元件地址，取值范围为 0~23
S2	指定比较基准时间的"分"或其存储字元件地址，取值范围为 0~59
S3	指定比较基准时间的"秒"或其存储字元件地址，取值范围为 0~59
S	指定时间数据（时、分、秒）的字元件首地址，占用 3 个点
D	根据比较结果 ON/OFF 位元件首址，占用 3 个点

TCMP 功能：当驱动条件成立时，将指定的时间数据 S（时）、S+1（分）、S+2（秒）与基准时间 S1（时）、S2（分）、S3（秒）进行比较，如果指定的时间>基准时间，则位元件 D 为 ON；如果指定的时间=基准时间，则位元件 D+1 为 ON；如果指定的时间<基准时间，则位元件 D+2 为 ON。

使用要点：
当 TCMP 指令执行以后，即使驱动条件断开，D、D+1、D+2 仍会保持当前的状态，不会随驱动条件断开而改变，如果需要清除比较结果，可使用 RST 或 ZRST 指令进行复位处理。在实际应用中，可能只需要其中一个判别结果，另外两个判别结果可以不在程序中体现，D、D+1、D+2 一旦被指定，它们就不能再用作其他控制。

16．时钟数据区间比较指令

时钟数据区间比较指令的助记符与梯形图如表 A-43 所示。

表 A-43 时钟数据区间比较指令的助记符与梯形图

助 记 符	名 称	梯形图表示
TZCP	时钟数据区间比较	─┤ ├─── TZCP S1 S2 S D

时钟数据区间比较指令可用软元件说明如表 A-44 所示。

表 A-44 时钟数据区间比较指令可用软元件说明

操作数	位元件				字元件								常数	
	X	Y	M	S	KnX	KnY	KnM	KnS	T	C	D	V	Z	K	H
S1									•	•	•				
S2									•	•	•				
S									•	•	•				
D		•	•	•											

时钟数据区间比较指令的操作数内容说明如表 A-45 所示。

表 A-45 操作数内容说明

操作数	内容说明
S1	指定时间比较的下限时间的"时"的字元件地址，占用 3 个点
S2	指定时间比较的上限时间的"时"的字元件地址，占用 3 个点
S	指定时间数据"时"的字元件地址，占用 3 个点
D	根据比较结果 ON/OFF 位元件首址，占用 3 个点

TZCP 功能：当驱动条件成立时，将指定的时间数据 S（时）、S+1（分）、S+2（秒）与上、下限比较基准时间 S1（时）、S1+1（分）、S1+2（秒）及 S2（时）、S2+1（分）、S2+2（秒）进行比较，如果指定的时间>上限时间，则位元件 D 为 ON；如果下限时间≤指定的时间≤上限时间，则位元件 D+1 为 ON；如果指定的时间<下限时间，则位元件 D+2 为 ON。

使用要点：

当 TZCP 指令执行以后，即使驱动条件断开，D、D+1、D+2 仍会保持当前的状态，不会随驱动条件断开而改变，如果需要清除比较结果，可使用 RST 或 ZRST 指令进行复位处理。在实际应用中，可能只需要其中一个判别结果，另外两个判别结果可以不在程序中体现，D、D+1、D+2 一旦被指定，它们就不能再用作其他控制。

17．四则运算指令

四则运算指令的助记符与梯形图如表 A-46 所示。

表 A-46 四则运算指令的助记符与梯形图

助记符	名称	梯形图表示
ADD	加法运算	─┤├─[ADD | S1 | S2 | D]
SUB	减法运算	─┤├─[SUB | S1 | S2 | D]
MUL	乘法运算	─┤├─[MUL | S1 | S2 | D]
DIV	除法运算	─┤├─[DIV | S1 | S2 | D]

四则运算指令可用软元件说明如表 A-47 所示。

表 A-47 四则运算指令可用软元件说明

操作数	位元件				字元件								常数	
	X	Y	M	S	KnX	KnY	KnM	KnS	T	C	D	V	Z	K	H
S1					•	•	•	•	•	•	•	•	•	•	•
S2					•	•	•	•	•	•	•	•	•	•	•
D						•	•	•	•	•	•	•	•		

ADD 功能：当驱动条件成立时，源址 S1 和 S2 内容相加，并将运算结果存放在终址 D。

SUB 功能：当驱动条件成立时，源址 S1 和 S2 内容相减，并将运算结果存放在终址 D。

附录 A　FX 系列 PLC 常用指令详解

MUL 功能：当驱动条件成立时，源址 S1 和 S2 内容相乘，并将运算结果存放在终址 D。
DIV 功能：当驱动条件成立时，源址 S1 和 S2 内容相除，并将运算结果存放在终址 D。

使用要点：
在驱动条件得到满足的情况下，在 PLC 每个扫描周期，四则运算指令都将执行一次。如果源址内容都没有改变，则对运算结果就没有改变；如果源址内容发生了改变，则对运算结果就会改变。

18. 加 1 与减 1 指令

加 1 与减 1 指令的助记符与梯形图如表 A-48 所示。

表 A-48　加 1 与减 1 指令的助记符与梯形图

助记符	名称	梯形图表示
INC	加 1 运算	─┤├─[INC　D]
DEC	减 1 运算	─┤├─[DEC　D]

加 1 与减 1 指令可用软元件说明如表 A-49 所示。

表 A-49　加 1 与减 1 指令可用软元件说明

操作数	位元件				字元件								常数	
	X	Y	M	S	KnX	KnY	KnM	KnS	T	C	D	V	Z	K	H
D						●	●	●	●	●	●	●	●		

INC 功能：当驱动条件成立时，将终址 D 内容进行 BIN 加 1 运算，并将运算结果存放在终址 D。

DEC 功能：当驱动条件成立时，将终址 D 内容进行 BIN 减 1 运算，并将运算结果存放在终址 D。

使用要点：
当驱动条件成立时间较长且大过扫描周期时，就很难预料指令的执行结果，因此，建议这时采用脉冲执行型。

19. 位 "1" 总和指令

位 "1" 总和指令的助记符与梯形图如表 A-50 所示。

表 A-50　位 "1" 总和指令的助记符与梯形图

助记符	名称	梯形图表示
SUM	位 "1" 总和	─┤├─[SUM　S.　D.]

位 "1" 总和指令可用软元件说明如表 A-51 所示。

表 A-51　位 "1" 总和指令可用软元件说明

操作数	位元件				字元件								常数	
	X	Y	M	S	KnX	KnY	KnM	KnS	T	C	D	V	Z	K	H
S					•	•	•	•	•	•	•	•	•	•	•
D						•	•	•	•	•	•	•	•		

位 "1" 总和指令的操作数内容说明如表 A-52 所示。

表 A-52　操作数内容说明

源址和终址	内 容 说 明
S	被统计的二进制数或其存储字元件地址
D	统计结果存储字元件地址

SUM 功能：当驱动条件成立时，对源址 S 表示的二进制中为 "1" 的个数进行统计，并将结果送到终址 D。当驱动条件不成立时，虽然指令不能执行，但已经执行的程序结果输出会保持。

使用要点：
当源址为组合位元件时，对位元件为 "ON" 的个数进行统计；当源址为字元件或常数（K、H）时，对其二进制数表示的位值为 "1" 的个数进行统计，计算结果以二进制数传送到终址。

20．译码指令

译码指令的助记符与梯形图如表 A-53 所示。

表 A-53　译码指令的助记符与梯形图

助 记 符	名 称	梯形图表示
DECO	译码	─┤├─[DECO | S | D | n]

译码指令可用软元件说明如表 A-54 所示。

表 A-54　译码指令可用软元件说明

操作数	位元件				字元件								常数	
	X	Y	M	S	KnX	KnY	KnM	KnS	T	C	D	V	Z	K	H
S	•	•	•	•										•	•
D		•	•	•					•	•	•				
n														•	•

译码指令的操作数内容说明如表 A-55 所示。

表 A-55　操作数内容说明

源址和终址	内 容 说 明
S	译码输入数据，或其存储字元件地址，或其位元件组合首址
D	译码输出数据存储字元件地址，或其位元件组合首址
n	S 中数据的位点数，n=1～8

DECO 功能：源址 S 所表示的二进制数值为 m，当驱动条件成立时，使终址 D 中编号为 m 元件或字元件中 b_m 位置为 ON。D 的位数由 2^m 确定。

使用要点：
当 DECO 指令执行以后，即使驱动条件断开，已经在运行的译码输出仍会保持当前的状态，不会随驱动条件断开而改变，如果需要清除比较结果，可使用 RST 或 ZRST 指令进行复位处理。

21. 编码指令

编码指令的助记符与梯形图如表 A-56 所示。

表 A-56　编码指令的助记符与梯形图

助　记　符	名　　称	梯形图表示
ENCO	编码	─┤├─ ENCO S D n

编码指令可用软元件说明如表 A-57 所示。

表 A-57　编码指令可用软元件说明

操作数	位元件				字元件								常数	
	X	Y	M	S	KnX	KnY	KnM	KnS	T	C	D	V	Z	K	H
S	•	•	•	•					•	•	•	•	•		
D									•	•	•	•	•		
n														•	•

编码指令的操作数内容说明如表 A-58 所示。

表 A-58　操作数内容说明

源址和终址	内 容 说 明
S	编码输入数据存储字元件地址，或其位元件组合首址
D	编码输出数据存储字元件地址
n	S 中数据的位点数，n=1～8

ENCO 功能：当驱动条件成立时，把源址 S 中置 ON 的位元件或字元件中置 ON 的 bit 的位置值转换成二进制整数传送到终址 D。S 的位数由 2^m 确定。

使用要点：

如果源址中有多个"1"时，只对最高位的"1"位进行编码，其余的"1"位被忽略。当 ENCO 指令执行以后，即使驱动条件断开，已经在运行的编码输出仍会保持当前的状态，不会随驱动条件断开而改变，如果需要清除比较结果，可使用 RST 或 ZRST 指令进行复位处理。

22．数据检索指令

数据检索指令的助记符与梯形图如表 A-59 所示。

表 A-59　数据检索指令的助记符与梯形图

助记符	名称	梯形图表示
SER	数据检索	─┤├─ SER | S1 | S2 | D | n

数据检索指令可用软元件说明如表 A-60 所示。

表 A-60　数据检索指令可用软元件说明

操作数	位元件				字元件							常数	
	X	Y	M	S	KnX	KnY	KnM	KnS	T	C	D	V	Z	K	H
S1					•	•	•	•	•	•	•				
S2					•	•	•	•	•	•	•			•	•
D						•	•	•	•	•	•				
n														•	•

数据检索指令的操作数内容说明如表 A-61 所示。

表 A-61　操作数内容说明

源址和终址	内容说明
S1	要检索的 n 个数据存储字元件首址，占用 S1～S1+n 个寄存器
S2	检索目标数据或其存储字元件地址
D	检索结果存储字元件首址，占用 D～D+5 个寄存器
n	要检索数据的个数，16 位：n=1～256；32 位：n=1～128

SER 功能： 当驱动条件成立时，从源址 S1 为首址的 n 个数据中检索出符合条件 S2 的数据的位置值，并把它们存放在以 D 为首址的 5 个寄存器中。

使用要点：

如果源址中有多个"1"时，只对最高位的"1"位进行编码，其余的"1"位被忽略。当 ENCO 指令执行以后，即使驱动条件断开，已经在运行的编码输出仍会保持当前的状态，不会随驱动条件断开而改变，如果需要清除比较结果，可使用 RST 或 ZRST 指令进行复位处理。

23．七段译码指令

七段译码指令的助记符与梯形图如表 A-62 所示。

表 A-62　七段译码指令的助记符与梯形图

助 记 符	名　称	梯形图表示
SEGD	七段译码	─┤├─ SEGD | S | D

七段译码指令可用软元件说明如表 A-63 所示。

表 A-63　七段译码指令可用软元件说明

操作数	位元件				字元件									常数	
	X	Y	M	S	KnX	KnY	KnM	KnS	T	C	D	V	Z	K	H
S					·	·	·	·	·	·	·	·	·	·	·
D						·	·	·	·	·	·	·	·		

七段译码指令的操作数内容说明如表 A-64 所示。

表 A-64　操作数内容说明

源址和终址	内 容 说 明
S	存放译码数据或其存储字元件地址，其低 4 位存一位十六进制数 0～F
D	七段码存储字元件地址，其低 8 位存七段码，高 8 位为 0

SEGD 功能：当驱动条件成立时，把源址 S 中所存放的低 4 位十六进制数编译成相应的七段码，并将七段码保存在 D 的低 8 位中。

使用要点：
当 SEGD 指令执行以后，即使驱动条件断开，已经在运行的七段码输出仍会保持当前的状态，不会随驱动条件断开而改变，如果需要清除比较结果，可使用 RST 或 ZRST 指令进行复位处理。

24．脉冲密度指令

脉冲密度指令的助记符与梯形图如表 A-65 所示。

表 A-65　脉冲密度指令的助记符与梯形图

助 记 符	名　称	梯形图表示
SPD	脉冲密度	─┤├─ SPD | S1 | S2 | D

脉冲密度指令可用软元件说明如表 A-66 所示。

表 A-66　脉冲密度指令可用软元件说明

操作数	位元件				字元件									常数	
	X	Y	M	S	KnX	KnY	KnM	KnS	T	C	D	V	Z	K	H
S1	·														
S2					·	·	·	·	·	·	·	·	·	·	·
D						·	·	·	·	·	·	·	·		

脉冲密度指令的操作数内容说明如表 A-67 所示。

表 A-67 操作数内容说明

源址和终址	内 容 说 明
S1	计数脉冲输入口地址，X0~X5
S2	测量计数脉冲规定时间数据或其存储字元件，单位 ms
D	在 S2 时间里测量计数脉冲的存储首址，占用 3 个点

SPD 功能：当驱动条件成立时，把在 S2 时间里对 S1 输入的脉冲的计量值送到 D 中保存。

25．条件转移指令

条件转移指令的助记符与梯形图如表 A-68 所示。

表 A-68 条件转移指令的助记符与梯形图

助 记 符	名 称	梯形图表示
CJ	条件转移	─┤├──[CJ │ S]──

条件转移指令可用软元件说明如表 A-69 所示。

表 A-69 条件转移指令可用软元件说明

操作数	位元件				字元件							常数		指针
	X	Y	M	S	KnX	KnY	KnM	KnS	T	C	D	V	Z	K	P
S															·

CJ 功能：当驱动条件成立时，主程序转移到指针为 S 的程序段往下执行。当驱动条件不成立时，主程序按顺序执行指令的下一行程序并往下继续执行。

> **使用要点：**
> 利用 CJ 转移时，可以向 CJ 指令的后面程序进行转移，也可以向 CJ 指令的前面程序进行转移。虽然转移的标号具有唯一性，但多个 CJ 指令使用同一个标号，这样主程序就能够跳转到同一个程序转移入口地址。

26．子程序调用/子程序返回指令

子程序调用/子程序返回指令的助记符与梯形图如表 A-70 所示。

表 A-70 子程序调用/子程序返回指令的助记符与梯形图

助 记 符	名 称	梯形图表示
CALL	子程序调用	─┤├──[CALL │ S]──
SRET	子程序返回	─┤├──[SRET]──

子程序调用指令可用软元件说明如表 A-71 所示。

附录 A FX 系列 PLC 常用指令详解

表 A-71 子程序调用指令可用软元件说明

操作数	位元件				字元件								常数		指针
	X	Y	M	S	KnX	KnY	KnM	KnS	T	C	D	V	Z	K	P
S															•

CALL 功能：当驱动条件成立时，调用程序入口地址标号为 S 的子程序，即转移到标号为 S 的子程序去执行。在子程序中，执行到子程序返回指令 SRET 时，立即返回到主程序调用指令的下一行继续往下执行。

使用要点：
标号不能重复使用，也不能与 CJ 指令共同使用同一个标号，但一个标号可以被多个调用子程序指令调用。子程序必须放在主程序结束指令 FEND 后面，子程序必须以子程序返回指令 SRET 结束。

27．中断指令

中断指令的助记符与梯形图如表 A-72 所示。

表 A-72 中断指令的助记符与梯形图

助记符	名称	梯形图表示
EI	中断允许	─┤├─[EI]
DI	中断禁止	─┤├─[DI]
IRET	中断返回	─┤├─[IRET]

EI 功能：允许中断。执行 EI 指令后，在其后的程序直到出现中断禁止指令 DI 之间均允许去执行中断服务程序。

DI 功能：禁止中断。执行 DI 指令后，在其后的程序直到出现中断允许指令 EI 之间均不允许去执行中断服务程序。

IRET 功能：中断返回。在中断服务程序中，执行到 IRET 指令，表示中断服务程序执行结束，无条件返回到主程序继续往下执行。

FX PLC 中断有三种中断源：外部中断、内部定时器中断和高速计数器中断，其中外部中断最为常用。外部中断指针有 6 个，对应的输入端口为 X0～X5，如表 A-73 所示。

表 A-73 外部中断指针

外部输入端口	下降沿中断	上降沿中断	禁止中断继电器
X0	I000	I001	M8050
X1	I100	I101	M8051
X2	I200	I201	M8052
X3	I300	I301	M8053
X4	I400	I401	M8054
X5	I500	I501	M8055

使用要点：

当系统上电后，FX PLC 默认工作在中断禁止状态，如果需要中断处理，则必须在程序中设置中断允许。当有多个中断请求时，中断指针编号越小，其优先级越高。

28．循环指令

循环指令的助记符与梯形图如表 A-74 所示。

表 A-74　循环指令的助记符与梯形图

助 记 符	名　　称	梯形图表示
FOR	循环开始	─┤ ├──[FOR　S]
NEXT	循环结束	─┤ ├──[NEXT]

循环指令可用软元件说明如表 A-75 所示。

表 A-75　循环指令可用软元件说明

操作数	位元件				字元件							常数	
	X	Y	M	S	KnX	KnY	KnM	KnS	T	C	D	V Z	K	H
S					•	•	•	•	•	•	•	•	•	•

FOR/NEXT 功能：在程序中扫描到 FOR/NEXT 指令时，对 FOR 和 NEXT 指令之间的程序重复执行 S 次。当循环执行 S 次后，PLC 转入执行 NEXT 指令下一行程序。

使用要点：

FOR/NEXT 指令必须成对出现在程序中，不要出现图 A-4 所示的错误。

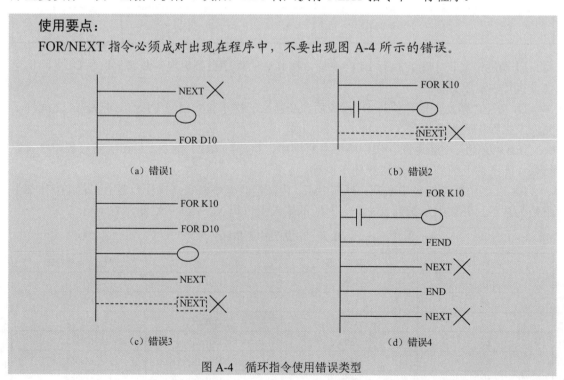

图 A-4　循环指令使用错误类型

29. 特殊功能模块读指令

特殊功能模块读指令的助记符与梯形图如表 A-76 所示。

表 A-76 特殊功能模块读指令的助记符与梯形图

助 记 符	名 称	梯形图表示
FROM	读特殊功能模块	─┤├─ FROM m1 m2 D n

特殊功能模块读指令可用软元件说明如表 A-77 所示。

表 A-77 特殊功能模块读指令可用软元件说明

操作数	位元件				字元件									常数	
	X	Y	M	S	KnX	KnY	KnM	KnS	T	C	D	V	Z	K	H
m1														·	·
m2														·	·
D					·	·	·	·	·	·	·				
n														·	·

特殊功能模块读指令的操作数内容说明如表 A-78 所示。

表 A-78 操作数内容说明

操 作 数	内 容 说 明
m1	特殊模块位置编号，m1=0～7
m2	被读出数据的 BFM 首址，m2=0～32765
D	存储 BFM 数据的字元件首址
n	传送数据个数，n=1～32765

FROM 功能：当驱动条件成立时，把 m1 模块中的以 m2 为首址的 n 个缓冲存储单元的内容，读到 PLC 的以 D 为首址的 n 个数据单元当中。

30. 特殊功能模块写指令

特殊功能模块写指令的助记符与梯形图如表 A-79 所示。

表 A-79 特殊功能模块写指令的助记符与梯形图

助 记 符	名 称	梯形图表示
TO	读特殊功能模块	─┤├─ TO m1 m2 S n

特殊功能模块写指令可用软元件说明如表 A-80 所示。

表 A-80 特殊功能模块写指令可用软元件说明

操作数	位元件				字元件								常数	
	X	Y	M	S	KnX	KnY	KnM	KnS	T	C	D	V	Z	K	H
m1														•	•
m2														•	•
D					•	•	•	•	•	•	•	•	•		
n														•	•

特殊功能模块写指令的操作数内容说明如表 A-81 所示。

表 A-81 操作数内容说明

操 作 数	内 容 说 明
m1	特殊模块位置编号，m1=0～7
m2	被写入数据的 BFM 首址，m2=0～32765
S	写入到 BFM 数据的字元件首址
n	传送数据个数，n=1～32765

TO 功能：当驱动条件成立时，把 PLC 中以 S 为首址的 n 个数据单元中的内容写入到 m1 模块的以 m2（BFM#）为首址的 n 个缓冲存储单元当中。

31．变频器运行监视指令

变频器运行监视指令的助记符与梯形图如表 A-82 所示。

表 A-82 变频器运行监视指令的助记符与梯形图

助 记 符	名 称	梯形图表示
IVCK	变频器运行监视	─┤├─ IVCK S1 S2 D n

变频器运行监视指令可用软元件说明如表 A-83 所示。

表 A-83 变频器运行监视指令可用软元件说明

操作数	位元件				字元件								常数	
	X	Y	M	S	KnX	KnY	KnM	KnS	T	C	D	V	Z	K	H
S1											•			•	•
S2											•			•	•
D					•	•	•	•			•				
n														•	•

变频器运行监视指令的操作数内容说明如表 A-84 所示。

表 A-84 操作数内容说明

操作数	内容说明
S1	变频器站号或站号存储地址，m1=0～7
S2	功能操作指令代码或代码存储地址，十六进制表示
D	PLC 从变频器读出的监视数据字元件地址
n	信道号

IVCK 功能：当驱动条件成立时，按照指令代码 S2 的要求，把通道 n 所连接的 S1 号变频器的运行监视数据读（复制）到 PLC 的数据存储单元 D 中。

IVCK 指令的使用说明如表 A-85 所示。

表 A-85 IVCK 指令的使用说明

读取内容（目标参数）	指令代码	操作数释义	通信方向	操作形式	通道号
输出频率值	H6F	当前值；单位 0.01Hz	变频器 ↓ PLC	读操作	CH1 ↓ K1
输出电流值	H70	当前值；单位 0.1A			
输出电压值	H71	当前值；单位 0.1V			
运行状态监控	H7A	b0 = 1、H1； 正在运行 b1 = 1、H2； 正转运行 b2 = 1、H4； 反转运行			

32．变频器运行控制指令

变频器运行控制指令的助记符与梯形图如表 A-86 所示。

表 A-86 变频器运行控制指令的助记符与梯形图

助记符	名称	梯形图表示
IVDR	变频器运行控制	─┤ ├──── IVCR │ S1 │ S2 │ S1 │ n │

变频器运行控制指令可用软元件说明如表 A-87 所示。

表 A-87 变频器运行控制指令可用软元件说明

操作数	位元件				字元件								常数	
	X	Y	M	S	KnX	KnY	KnM	KnS	T	C	D	V	Z	K	H
S1											•			•	•
S2											•			•	•
S3					•	•	•				•			•	•
n														•	

变频器运行控制指令的操作数内容说明如表 A-88 所示。

表 A-88 操作数内容说明

操作数	内 容 说 明
S1	变频器站号或站号存储地址，m1=0～7
S2	功能操作指令代码或代码存储地址，十六进制表示
S3	PLC 向变频器写入的运行数据字元件地址
n	信道号

IVDR 功能：当驱动条件成立时，按照指令代码 S2 的要求，把通道 n 所连接的 S1 号变频器的运行设定值 S3 写（复制）入该变频器当中。

IVDR 指令的使用说明如表 A-89 所示。

表 A-89 IVDR 指令的使用说明

读取内容（目标参数）	指令代码	操作数释义	通信方向	操作形式	通道号
设定频率值	HED	设定值 单位 0.01Hz	PLC ↓ 变频器	写操作	CH1 ↓ K1
设定运行状态	HFA	H1 → 停止运行			
		H2 → 正转运行			
		H4 → 反转运行			
		H8 → 低速运行			
		H10 → 中速运行			
		H20 → 高速运行			
		H40 → 点动运行			
设定运行模式	HFB	H0 → 网络模式			
		H1 → 外部模式			
		H2 → PU 模式			

参 考 文 献

[1] 李金城. 三菱 FX_{2N} PLC 功能指令应用详解[M]. 北京：电子工业出版社，2011.
[2] 王阿根. PLC 控制程序精编 108 例[M]. 北京：电子工业出版社，2014.
[3] 傅钟庆. 跟我学 PLC 编程仿真和调试[M]. 北京：中国电力出版社，2013.
[4] 高安邦，冉旭. 例说 PLC[M]. 北京：中国电力出版社，2015.
[5] 蔡杏山. 三菱 FX 系列 PLC 技术一看就懂[M]. 北京：化学工业出版社，1996.
[6] 阳胜峰. 视频学工控三菱 FX 系列 PLC[M]. 北京：中国电力出版社，1996.
[7] 马宏骞. 变频器应用与实训教学做一体化教程[M]. 北京：电子工业出版社，2016.
[8] 卓建华，叶焕锋. PLC 基础及综合应用教程[M]. 成都：西南交通大学出版社，2015.
[9] 三菱通用变频器 FR-A700 使用手册（应用篇）.
[10] 三菱 FX_{3U} PLC 编程手册.
[11] 三菱 FX_{3U} PLC 操作手册.

反侵权盗版声明

电子工业出版社依法对本作品享有专有出版权。任何未经权利人书面许可，复制、销售或通过信息网络传播本作品的行为，歪曲、篡改、剽窃本作品的行为，均违反《中华人民共和国著作权法》，其行为人应承担相应的民事责任和行政责任，构成犯罪的，将被依法追究刑事责任。

为了维护市场秩序，保护权利人的合法权益，我社将依法查处和打击侵权盗版的单位和个人。欢迎社会各界人士积极举报侵权盗版行为，本社将奖励举报有功人员，并保证举报人的信息不被泄露。

举报电话：(010) 88254396；(010) 88258888
传　　真：(010) 88254397
E-mail：　dbqq@phei.com.cn
通信地址：北京市海淀区万寿路173信箱
　　　　　电子工业出版社总编办公室
邮　　编：100036